国家"十二五"重点图书
健康养殖致富技术丛书

兔健康养殖技术

王福强　主编

中国农业大学出版社
·北京·

内 容 提 要

《兔健康养殖技术》以推进家兔健康养殖，实现安全、优质、高效、无公害健康生产为出发点。主要内容包括兔健康养殖投资效益分析，兔健康养殖优良品种，兔健康养殖建筑与环境控制，兔健康养殖营养需要及饲料配合技术，繁殖种兔健康养殖技术，商品兔健康养殖技术，兔健康养殖卫生消毒与防疫。着重阐述养殖环境控制、绿色饲料加工调制、疾病净化、粪污处理等。本书为家兔健康养殖和提高生产水平及确保生产安全卫生的兔产品提供一整套技术措施，体现了系统性、科学性、践行性特点。

图书在版编目(CIP)数据

兔健康养殖技术/王福强主编.—北京：中国农业大学出版社，2013.2

ISBN 978-7-5655-0641-3

Ⅰ.①兔… Ⅱ.①王… Ⅲ.①兔-饲料管理 Ⅳ.①S829.1

中国版本图书馆 CIP 数据核字(2012)第 299877 号

书　　名 兔健康养殖技术
作　　者 王福强　主编

策划编辑 赵　中　　**责任编辑** 洪重光
封面设计 郑　川　　**责任校对** 王晓凤　陈　莹
出版发行 中国农业大学出版社
社　　址 北京市海淀区圆明园西路 2 号　　**邮政编码** 100193
电　　话 发行部 010-62818525,8625　　读者服务部 010-62732336
编辑部 010-62732617,2618　　出　版　部 010-62733440
网　　址 http://www.cau.edu.cn/caup　　**E-mail** cbsszs @ cau.edu.cn
经　　销 新华书店
印　　刷 涿州市星河印刷有限公司
版　　次 2013 年 2 月第 1 版　2013 年 2 月第 1 次印刷
规　　格 880×1 230　32 开本　12.375 印张　340 千字
印　　数 1～5 500
定　　价 20.00 元

《健康养殖致富技术丛书》
编 委 会

主　编　王福强

副主编　杨万郊　伏桂华　王洪利　王钰龙

参　编　肖　锋　宋之波　范秀丽　李治明

发展健康养殖　造福城乡居民

近年来，我国养殖业得到了长足发展，同时也极大地丰富了人们的膳食结构。但从业者对养殖业可持续发展的意识不足，在发展的同时，也面临诸多问题，例如养殖生态环境恶化，病害、污染事故频繁发生，产品质量下降引发消费者健康问题等。这些问题已成为养殖业健康持续发展的巨大障碍，同时也给一切违背自然规律的生产活动敲响了警钟。那么，如何改变这一现状？健康养殖是养殖业的发展方向，发展健康养殖势在必行。作为新时代的养殖从业者，必须提高对健康养殖的认识，在养殖生产过程中选择优质种畜禽和优良鱼种，规范管理，不要滥用药物，保证产品质量，共同维护养殖业的健康发展！

健康养殖的概念最早是在20世纪90年代中后期我国海水养殖界提出的，以后陆续向淡水养殖、生猪养殖和家禽养殖领域渗透并完善。健康养殖概念的提出，目的是使养殖行为更加符合客观规律，使人与自然和谐发展。专家认为：健康养殖是根据养殖对象的生物学特性，运用生态学、营养学原理来指导生产，为养殖对象营造一个良好的、有利于快速生长的生态环境，提供充足的全价营养饲料，使其在生长发育期间，最大限度地减少疾病发生，使生产的食用商品无污染，个体健康，产品营养丰富、与天然鲜品相当；并对养殖环境无污染，实现养殖生态体系平衡，人与自然和谐发展。

健康养殖业是以安全、优质、高效、无公害为主要内涵的可持续发展的养殖业，是在以主要追求数量增长为主的传统养殖业的基础上实现数量、质量和生态效益并重发展的现代养殖业。推进动物健康养殖，实现养殖业安全、优质、高效、无公害健康生产，保障畜产品安全，是养殖业发展的必由之路。

健康养殖跟传统养殖有很大的区别，健康养殖业提出了生产的规模化、产业化、良种化和标准化。健康养殖要靠规模化转变养殖方式，靠产业化转变经营方式，靠良种化提高生产水平，靠标准化提高畜产品和水产品的质量安全。养殖方式要从散养户发展到养殖小区和养殖场；在生产过程中，要有档案记录和标识，抓好监督和监控，达到生态生产、清洁生产，实现资源再利用；产品要达到无公害标准等。

近年来，我国对健康养殖非常重视，陆续出台了一系列重要方针政策，健康养殖得到快速发展。例如，2004 年提出“积极发展农区畜牧业”，2005 年提出“加快发展畜牧业，增强农业综合生产能力必须培育发达的畜牧业”，2006 年提出“大力发展畜牧业”，2007 年又提出了“做大做强畜牧产业，发展健康养殖业”。同时，我国把发展养殖业作为农村经济结构调整的重要举措和建设现代农业的重要任务，采取了一系列促进养殖业发展的措施，实施健康养殖业推进行动，加快养殖业增长方式转变，优化产品区域布局，实施良种工程，加强饲料质量监管，提高畜牧业产业化水平，努力做好重大动物疫病防控工作，等等。

但是，我国健康养殖研究的广度与深度还十分有限，加上对健康养殖概念理解和认识上存在一定的片面性与分歧，许多具体的“健康养殖模式”尚处于尝试探索阶段。

这套丛书的专家们对健康养殖技术进行系统的分析与总结，从养殖场的选址、投资建设、环境控制以及饲养管理、疫病防控等环节，对健康养殖进行了详细的剖析，为我国健康养殖的快速发展提供理论参考和技术支持，以促进我国健康养殖快速、有序、健康的发展。

有感于专家们对畜禽水产养殖技术的精心设计与打造，是为序。

山东省畜牧协会会长

2012 年 10 月 20 日于泉城

前　言

近年来我国的养殖业发展迅猛，在追求数量的增长、集约化程度的提高和经济利润的同时，需要重视畜产品质量和生态效益，健康养殖成为养殖业发展的必然趋势。健康养殖是以安全、优质、高效、无公害为主要内涵的可持续发展的养殖业，是在以追求数量增长为主的传统养殖业的基础上实现数量、质量和生态效益并重发展的现代养殖业。推进动物健康养殖，实现养殖业安全、优质、高效、无公害健康生产，生产无公害、安全的畜产品，保障人类安全，是养殖业发展的必由之路。20世纪90年代中后期以来，健康养殖概念在我国初步形成，经过十几年的探索和发展，在养殖环境控制、绿色饲料加工调制、疾病净化、粪污处理等诸多方面都取得了很多经验与成就。为进一步推动健康养殖技术的普及和推广，强化健康养殖观念，提高畜产品的市场竞争力，我们依据多年来在教学、生产、科研中积累的经验和资料，参考有关文献，编写了这本《兔健康养殖技术》，书中着重突出改善兔养殖设施，采用先进饲养方式，致力控制兔场环境，使用绿色饲料等理念和思想，期望能对兔健康养殖有所指导。借此向提供文献的作者表示衷心感谢！由于编写时间仓促，书中内容难免不详或错误，敬请读者指正。

编　者

2012.5

目 录

概 述

20 世纪 90 年代中后期以来，国际上健康养殖的研究内容主要涉及养殖生态环境的保护与修复，动物疫病防治，绿色药物研发，优质饲料配制，畜产品质量安全等领域。健康养殖关键技术研究已成为与产业发展具有强劲互动作用的重要技术领域，是当前养殖业科技活动中最为核心和活跃的研究领域。健康养殖是指根据养殖对象的生物学特性，运用生态学、营养学原理来指导生产，为养殖对象营造一个良好的、有利于快速生长的生态环境，提供充足的全价营养饲料，使其生长发育期间，最大限度地减少疾病发生，保障动物个体健康，生产的食用商品无污染，营养丰富与天然鲜品相当。同时应对养殖环境无污染，实现养殖生态体系平衡，人与自然和谐。

我国现代养殖业起步于 20 世纪 70 年代末，30 多年来养殖业产量和产值以两位数的速度快速增长，迅速解决了我国动物性食品短缺的矛盾。近 20 年来，我国养殖业科技活动也主要以解决支撑养殖业数量增长的技术需求而展开，在动物高产品种培育，动物营养需要量和饲料配方技术等方面取得了一批成果。但当前我国健康养殖业仍存在着一些问题。如违禁饲料添加剂的使用和抗生素的滥用，养殖造成的严重环境污染，疫情需净化和控制不利等重大问题，其中有毒有害物质的污染及残留就是一大类亟待解决的问题。这些物质进入人体后，具有一定的毒性反应，如致癌、激素样作用，病菌耐药性增加以及产生过敏反应等。我国是养殖大国，也是旧养殖模式弊端的最大受害国。由于长期以来养殖基础设施差、基础理论研究薄弱、养殖技术及管理水平较低、盲目追求短期效益等原因，一度导致了我国低水平养殖的急剧膨胀，大量产品良莠不齐涌上市场，又在出口通道上遭遇绿色屏障；与此同时，随着人们食品健康消费意识的提高，“激素滥用、色素添加投喂、药残”等风波，也让国人对诸多养殖产品望而却步。

当前，健康养殖在技术上需要抓住两个重点问题：一是力求通过营养调控降低畜禽有毒有害物质的排出量。①粪尿中的含氮物质大量降解，产生具有恶臭味的物质，污染环境。饲料中使用合成氨基酸，降低粪尿中氮的排出量。荷兰的一项研究将动物日粮粗蛋白从13.9%降至11%，同时添加某些合成氨基酸，动物增重和饲料转化率都没有下降，但氮排出量降低约30%。②饲料中使用植酸酶，降低粪尿中磷的排出量。畜禽植物性饲料中约75%的磷是植酸磷，其吸收利用率很低，大部分从粪尿中排出。使用植酸酶可提高畜禽对磷的消化吸收，从而在植物性饲料中减少或者完全不添加无机磷，大大降低生产成本和改善对环境的影响。③饲料中使用益生素和非淀粉多糖（NSP）降解酶，提高饲料转化率，降低不可消化营养素的排出量。益生素指能够用来促进生物体微生态平衡的一些有益微生物或其发酵产物，它与抗生素的作用机理不同，抗生素是直接杀死或抑制有害菌的生长，而益生素则是通过促进有益菌的增长来达到抑制有害菌数量的目的。据报道，在动物饲料中添加5%的EM发酵饲料，可使畜舍空气中氨气下降30.5%，硫化氢下降72.9%，起到理想的除臭效果。使用NSP降解酶可以消除NSP的抗营养作用，使饲料中营养成分得到充分利用，减少饲料浪费，降低动物对环境的影响。④饲料中使用有机微量元素，降低微量元素的排出量；饲料中使用除臭剂，降低有害气体的产生。在畜禽日粮中添加环保、安全的植物提取液、酶制剂、沸石、活性炭、冻干酵母培养物、酸化剂等，可以提高营养物质的消化利用率并具有较好的除臭效果。二是强化对畜禽粪污进行无害化处理，变废为宝。一段时间以来，为降低粪便对环境的污染程度，不少专家在物理和化学方法处理粪污方面进行了广泛的研究和尝试，目前，对粪污的处理比较客观实际的方式还是作为有机肥料和生产沼气。①作为有机肥料。畜禽粪便是优质的有机肥，含有大量的有机质和氮、磷、钾等作物生长所需要的营养物质。据有关资料报道，我国年产畜禽粪便折合含氮量是现有氮肥使用量的近80%，磷近60%，钾近300%。把粪便作为有机肥不仅可以降低使用化肥的生产成本，而且可以解决粪便对环境造成的污染，促进绿色食品和有机食品生产的发展。当然，将粪污作为肥料也要充分考虑集约化养殖场周边土壤的实际消化能力，要深入研究养殖场规模和集中程度与生态环境的关系，否则环保畜牧业的发展只会成为一句空话。②作为生产沼气的原料。利用畜禽粪便生产沼气，既可以实现生物能源的再生，又保护了环境。

家兔吃草节粮，产品优质，生长速度快，饲料报酬高，是适合商品生产的主干畜牧产品之一。但家兔个体小，抵御不良环境的能力差，容易遭受疾病侵袭。实现家兔健康养殖应紧紧抓住以下关键控制点：养殖场选址恰当，周围无环境疫情，场区内建设合理区划，防止交叉污染；采用现代先进设施，调节温度、湿度、通风等生活环境，合理处理粪污和病死尸体，防止养殖环境污染破坏；坚持自繁自养，全进全出饲养制度，搞好疾病净化工作，保持种群健康无病；科学调制日粮，保证营养合理，利用充分；贯彻预防为主方针，加强兔场卫生消毒、免疫等工作，创建卫生洁净的环境，保持家兔健康。

总之，动物健康养殖讲求三大效益并重，即以采用具有较高经济效益的生产方式为过程；以可持续发展，有良好的生态效益为目标；以保护动物健康，保护人类健康，生产安全、营养、无公害的畜产品为目的。动物健康养殖体现现代畜牧业经济、生态和社会效益的高度统一。

第一章

兔健康养殖投资效益分析

导　读　养兔需要投资，投资要求回报，这是热衷养兔事业人士的共同认识和良好愿望。本章简要介绍养殖家兔在生态、经济等方面的重要意义，对市场扩展空间较大的肉兔养殖投资效益作了重点介绍；旨在引起人们对养兔事业的关注，正确评估养兔的投资价值，积极参与养兔事业。

第一节　发展家兔生产的重要意义

家兔在畜牧史上属于驯化较晚的家畜，人们对其经济价值的认识也较晚。直到 19 世纪末 20 世纪初，家兔作为经济动物进行养殖才引起世界各国的重视。同时受孟德尔遗传规律学说的影响和育种工作国际化、标准化的推动，家兔的育种、科研以及生产才有了很快发展。目前全世界共有 106 个养兔国家，其中，42 个国家已有专门的养兔研究机构 218 个(其中意大利 26 个，德国 21 个，法国 17 个，美国 17 个，西班牙 14 个，中国 10 个）。这些研究机构在家兔生物学、育种学、营养学等方面都已取得了很大成绩，为养兔生产的发展奠定了科技创新基础。

随着世界各国人民生活水平的不断提高，家兔生产在商品经济、产品质量等方面的优势也日益突出，具有很大的发展潜力。

一、家兔食草节粮，生态效率高

家兔是草食动物，能够把人类不能直接利用的饲草转化为优质畜产品。研究表明，家兔转化饲草的能力在所有家畜中是名列前茅的。

①家兔对饲料、饲草中能量和蛋白质的转化率高（表 1-1）。

表 1-1 家畜对能量和蛋白质的转化率 %

畜产品	能量转化率（产品中能量/饲料中能量×100%）	蛋白质转化率（产品中氮/饲料中氮×100%）
牛奶	20.0	17～42
牛肉	5.2～7.8	8
羊肉	11.0～14.6	16.4
肉仔鸡	16.0	30
猪肉	35.0	25～32
鸡蛋	10.0～11.0	16～29
兔肉	12.5～17.5	34

②家兔每年每公顷土地生产的畜产品中所含能量和蛋白质高（表 1-2）。

表 1-2 每年每公顷土地生产的畜产品中所含能量和蛋白质

畜产品	能量/兆焦	蛋白质/千克
牛奶	10 460	115
牛肉	3 100～4 600	27～57
羊肉	2 100～7 500	23～62
鸡肉	4 600	92
猪肉	7 900	50
兔肉	7 400	180

③家兔的生态效率比牛高(表1-3)。

表1-3 家兔与牛生态效率比较

项目	牛	家兔
动物数量/(头、只)	1	300
体重/千克	600	600
每天消耗干草/千克	7.5	30
每天增重/千克	0.9	3.6

家兔吃草,节约粮食。我国地少人多,在我国大力发展养兔更具有特别重要的意义。目前,我国人均占有粮食不足400千克,在保证人均口粮300千克的前提下,按全国目前畜牧业发展水平,每年需要饲料粮1 500多亿千克,尚缺乏饲料粮300多亿千克,"人畜争粮"的矛盾非常突出。我国年产6亿吨左右农作物秸秆,作青贮、氨化的不到3%,如果能利用20%,每年可从家畜口中夺回400多亿千克粮食。养兔既可以充分利用饲草资源和农作物秸秆资源,缓解"人畜争粮"矛盾,又可以生产出优质产品,丰富人民物质生活,可谓一举多得。

二、家兔产品优质,符合国内外市场需求

"家兔虽小,浑身是宝"。家兔产品质量优异,独具特色。

1.兔肉

兔肉是高质量的动物食品,其营养价值居各种畜禽肉类之首(表1-4)。

表1-4 兔肉与其他肉类的营养价值比较

成分	猪肉	牛肉	羊肉	鸡肉	兔肉
蛋白质/%	15.7	17.4	16.5	18.6	21
脂肪/%	26.7	25.1	21.3	49	8.0
赖氨酸/%	3.7	8.0	8.7	8.4	9.6
胆固醇/(毫克/100克)	126	106	60	60～90	65
消化率/%	75	55	68	50	85

(1)蛋白质含量高,品质好。兔肉含有高达21%的蛋白质,且人体营养所必需的氨基酸含量高。

(2)脂肪含量低,胆固醇含量低,磷脂含量高。磷脂在人体内可形成一种有助于记忆、信息传递的物质——乙酰胆碱,所以,若能经常食用兔肉,可提高儿童智商。

(3)兔肉纤维细嫩,容易消化。

正是由于兔肉具有高蛋白、低脂肪、高磷脂、高消化率等特点,在欧美等发达国家称兔肉为“健康肉”,日本人称之为“美容肉”。我国自古就对兔肉有很高的评价,李时珍在《本草纲目》中称兔肉是食品中的上乘品,我国四川等地也有“飞禽莫如鸪,走兽莫如兔”的高度评价。

2.兔毛

兔毛是高档的天然蛋白质纤维,是高档的纺织原料,其有以下特点:

(1)兔毛具有长、白、松、净的特点。作为纺织原料,在加工制纱过程中,省却清洗、蓬松等多项预处理工序,也便于加工成纱。

(2)兔毛中不管是绒毛,还是粗毛,在组织构造上均为有髓毛,故其制品轻柔而保暖性强。

(3)兔毛制品具有轻便、舒适、柔软、立体感强、美观大方等特点,备受国内外消费者青睐。

3.兔皮

兔皮是制裘的好原料,用兔皮制出的裘皮柔软,保暖性强。而且兔皮来源广泛,既有价格低廉的中、低档兔皮,也有高贵华丽的高档兔皮(如獭兔皮),可以适应和满足不同消费水平消费者的需求。

除了上述主要产品外,兔的脑、血、肝、胆、心、胃、肠等产品,既可直接食用,也可为制药工业提供原料,为人、畜保健提供服务。

三、家兔生产性能高,适合商品经济生产

家兔是小动物,具有生产性能高,经济效益高的特点。

1. 生产力高

家兔的繁殖力强，生长快，生产周期短。以肉兔为例，一只体重4～5 千克的基础母兔，年产 4～5 胎，每胎产仔 8～9 只，一年可繁殖商品肉兔 32～45 只；家兔的生长速度快，在良好的饲养管理条件下，肉兔 8 周龄体重可达到 1.8 千克以上，3 月龄可达到 2.5 千克以上。如此，一只基础母兔一年可生产活兔 60～100 千克，是其本身体重的 12～25 倍。

家兔单位体重的产毛量也远远高于羊。安哥拉毛兔平均每年每千克体重产原毛 0.2～0.25 千克，绵羊仅为 0.05～0.07 千克。如果按净毛量计算，家兔的单位体重产毛量是绵羊的 7～8 倍。

2. 生产成本低

由于家兔能有效地利用植物中的粗蛋白质和部分粗纤维，使生产成本大大降低。据研究测定，各种畜禽每生产 1 千克内需消耗饲料消化能如表 1-5 所示。

表 1-5　各种畜禽每生产 1 千克肉需消耗饲料消化能　　兆焦

畜禽	需消化能
家兔	11.98
绵羊	19.61
肉牛	22.49
猪	11.75
肉鸡	9.10

可以看出，兔肉生产消耗能量虽略高于猪和鸡，但猪、鸡生产需耗费大量粮食，饲养成本高。从生产净毛消耗能量情况看，安哥拉毛兔每生产 1 千克净毛消耗能量仅为绵羊的 26.2%。

第二节　家兔养殖经济效益

以山东省 2009 年有关数据作为参考，分析 100 只种兔中等规模肉兔养殖场经济效益。

一、投资分析

以 100 只基础母兔规模的兔场为例，公母比例 1∶5，种公兔数量为 20 只。

1. 土建投资

(1)种兔舍面积：子母种兔笼长 200 厘米，宽 60 厘米，高 150 厘米，3 层，占地面积为

$$2.0\times0.6=1.2(\text{米}^2)$$

养种兔 3 只，120 只种兔共需种兔笼 40 个，占地面积为

$$1.2\times40=48(\text{米}^2)$$

兔笼占地面积为有效面积，有效面积按 80%计算，种兔舍建筑面积为

$$48/0.8=60(\text{米}^2)$$

(2)商品兔舍面积：商品兔笼长 120 厘米，宽 50 厘米，高 150 厘米，3 层，占地面积为

$$1.2\times0.5=0.6(\text{米}^2)$$

可养商品兔 9 只。

按 90%繁殖率，平均每胎产仔 9 只，100 只基础母兔 1 个批次的总产仔数为

$$9\times0.9\times100=810(\text{只})$$

810 只商品肉兔需兔笼数量为 810/9=90 个，占地面积为

$$0.6\times90=54(\text{米}^2)$$

兔笼占地面积为有效面积，有效面积按 80%计算，商品兔舍建筑面积为

$$54/0.8=68(\text{米}^2)$$

为实现良好周转及落实全进全出饲养制度，需建设 2 个相同面积的商品兔舍。

兔舍总建筑面积为

$$60+68\times2=196(米^2)$$

按山东省 2009 年砖混结构兔舍的建筑造价 300 元/米^2 计算，土建投资为

$$300\times196=58\ 800(元)$$

2. 笼位投资

(1)种兔笼位投资：种兔笼位包括兔笼、产仔箱、料槽、饮水器等，平均每个笼位 30 元。种兔笼位投资为

$$30\times120=3\ 600(元)$$

(2)商品兔笼位投资：商品兔笼位包括兔笼、料槽、饮水器等，平均每个笼位 20 元。商品兔笼位投资为

$$20\times540=10\ 800(元)$$

3. 总投资

$$\frac{土建投资}{58\ 800元}+\frac{种兔笼位投资}{3\ 600元}+\frac{商品兔笼位投资}{10\ 800元}=73\ 200.0元$$

二、利润分析

1. 种兔饲料费用

每只种兔每天平均采食颗粒饲料的量 130 克，种兔全年采食饲料的量为

$$130\times365\times120/1\ 000=5\ 694(千克)$$

种兔饲料平均价格 1.4 元/千克，种兔饲料费用为

$$1.4\times5\ 694=7\ 971.6(元)$$

2. 商品肉兔饲料费用

全年按 90%的繁殖率，平均窝产 9 只仔兔，年产 5 窝，商品肉兔 70 日龄出栏，出栏成活率 80%，出栏平均体重 2.5 千克，饲料报酬 3.2∶1，饲料平均价格 1.2 元/千克。

(1)出栏肉兔饲料费用为

$$1.2\times2.5\times3.2\times100\times0.9\times5\times9\times0.8=31\ 104.0(\text{元})$$

(2)每只死亡兔饲料费用按出栏兔的 50%计算。死亡兔饲料费用为

$$1.2\times2.5\times3.2\times100\times0.9\times5\times9\times0.2\times0.5=3\ 888.0(\text{元})$$

3. 全场全年饲料费用

$$\begin{matrix}\text{种兔饲料费}\\ 7\ 971.6\ \text{元}\end{matrix}+\begin{matrix}\text{出栏商品兔饲料费}\\ 31\ 104.0\ \text{元}\end{matrix}+\begin{matrix}\text{死亡兔饲料费}\\ 3\ 888.0\ \text{元}\end{matrix}=42\ 963.6(\text{元})$$

4. 生产成本

通常情况下，畜牧生产中饲料占生产成本的比例为 60%～70%，此按饲料费用占生产成本的 60%计算。生产成本为

$$42\ 963.6/0.6=71\ 606.0(\text{元})$$

5. 出售商品兔收入

按 2009 年山东省肉兔平均出售价格 13 元/千克计算，出售商品兔收入为

$$13\times2.5\times100\times0.9\times5\times9\times0.8=105\ 300.0(\text{元})$$

6. 全年利润

$$105\ 300.0-71\ 606.0=33\ 694.0(\text{元})$$

可见，根据 2009 年肉兔行情，投资肉兔养殖，2 年多时间就可收回全部投资，经济效益显著。

第二章

兔健康养殖优良品种

导　　读　养殖项目首先应选择适应性好，抗病力强，生产力高的优良品种，这是生产力的源泉。建立健全良种兔繁育体系，保持种质不断提高，是实现养兔业持续高产高效的法宝。本章重点介绍伊拉肉兔、新西兰白兔等家兔优良品种的特点，有利于兔场根据具体情况选择兔种；介绍种兔外貌选择、综合鉴定等选种选育方法的目的是强调正确地对种兔进行选育，以保持种群品质不发生退化。简要介绍引种过程检疫、运输、隔离观察等应注意的问题，以保障引种过程及兔场安全。

第一节　家兔品种的分类

一、按被毛特点分类

(1)长毛型　毛长可达 10 厘米以上，最长可达 17 厘米。每年可采毛 4～5 次。安哥拉兔就是这一个类型。

(2)标准毛型　毛长3～5厘米,粗毛突出于绒毛之上并且含量较高。属于这种毛型的家兔主要是肉用兔和皮肉兼用兔,被毛的等级质量以及利用价值都不高。

(3)短毛型　主要特点是被毛短,一般毛长不超过2.2厘米,不短于1.3厘米。属于这种类型的兔主要是力克斯兔。

二、按经济用途分类

(1)毛用兔　以生产兔毛为主的兔,主要有安哥拉兔。

(2)肉用兔　生产兔肉为主,生长速度较快,如新西兰白兔、加利福尼亚兔、比利时兔等。

(3)皮用兔　生产兔皮为主,毛皮质量好,如力克斯兔、银狐兔等。

(4)皮肉兼用兔　生长速度较快,产肉性能好,同时毛皮质量也较好,如青紫蓝兔、日本白兔等。

三、按体形大小分类

(1)大型兔　成年体重6千克以上,如比利时兔、德国大白兔等。

(2)中型兔　成年体重约4～5千克,如新西兰白兔、加利福尼亚兔等。

(3)小型兔　成年体重3千克以下,如中国白兔、中系安哥拉兔等。

第二节　家兔品种及配套系

一、中国白兔

中国白兔又名中国菜兔。中国白兔是我国劳动人民长期饲养和培育的一个古老品种，我国各地均有饲养，但以四川省饲养较多。

中国白兔体型较小，成年体重 2.0～2.5 千克。全身各部结构紧凑而匀称，头型清秀，嘴较尖，耳短小直立，被毛洁白紧密。

中国白兔适应性好，耐粗饲，抗病力强，繁殖性能好，年产 5～6 胎，平均每胎产仔 7～9 只，多者达 15 只。

中国白兔生长速度缓慢，产肉性能不高。尽管如此，中国白兔仍不失为优良的育种素材，它曾参与过日本白兔的育成。近年来由于受外来品种的冲击，中国白兔数量有减少的趋势。

二、新西兰白兔

新西兰兔原产于美国，是当代著名的中型肉用品种。有白色、红黄色和黑色 3 种，其中以白色新西兰兔最为著名。

新西兰白兔体型中等，被毛全白，头圆额宽，耳较小而直立，耳尖钝圆，耳稍厚。背部宽平，腰肋肌肉丰满，后躯发达，臀部丰圆，是典型的肉用体型。四肢粗壮有力，脚底有毛耐磨，很适合笼养。

新西兰白兔早期生长速度快，2 月龄体重可达 1.8～2.0 千克，3 月龄达 2.7 千克以上。成年体重：母兔 4.0～5.0 千克，公兔 4.0～4.5 千克。肉质细嫩，屠宰率高达 52%。繁殖力较强，年产 5 胎以上，平均每胎产仔 7～9 只。

新西兰白兔的缺点是毛皮品质欠佳，不耐粗饲，对饲养管理条件要求较高。

据实验，新西兰白兔与加利福尼亚兔或比利时兔杂交能取得较好的杂种优势。

三、加利福尼亚兔

加利福尼亚兔原产于美国加利福尼亚州，所以又称加州兔。

加利福尼亚兔体型中等，颈部粗短，耳小而直立，胸部、肩部和后躯发育良好，肌肉丰满，具有肉用型品种的体型特征。被毛整体为白色，两耳、鼻端、四肢下部及尾部为黑褐色，具有“八点黑”特征。加利福尼亚兔与其他品种的家兔杂交时，“八点黑”特征也呈规律性变化，如与青紫蓝兔或有色毛兔杂交，其杂种后代均不表现“八点黑”；而与日本白兔、新西兰白兔、丹麦白兔杂交，杂种后代均有“八点黑”特征。

加利福尼亚兔早期生长快，2 月龄体重 1.8～2.0 千克。成年体重：母兔 3.5～4.5 千克，公兔 3.5～4.0 千克。屠宰率 52%左右，肉质鲜嫩。母兔性情温顺，母性好，泌乳力高，是著名的“保姆兔”；繁殖力强，年产 4～6 胎，平均每胎产仔 6～8 只，仔兔发育均匀，成活率高。

该兔还有适应性好、抗病力强、杂交效果好等特点。国外多用之与新西兰白兔杂交生产商品兔，杂种后代 56 日龄体重可达 1.8 千克以上。

四、日本白兔

日本白兔原产于日本，由中国白兔和日本兔杂交选育而成。

日本白兔体格强健，较耐粗饲，适应性强，我国各地广为饲养。该兔被毛全白，耳大直立，耳根细，耳端尖，耳薄，形同柳叶，故又称日本大耳白兔。

日本白兔繁殖力强，年产 4～5 胎，每胎产仔 8～10 只，多者达 12 只。母兔母性好，泌乳量大。仔兔生长较快，2 月龄体重 1.4 千克，4 月龄达 3.0 千克。成年体重：母兔 4.5～5.0 千克，公兔 4.0～4.5 千克。该兔的被毛浓密柔软，质地良好。

五、青紫蓝兔

青紫蓝兔原产于法国，育成后于 1913 年首次在法国展出，由于其毛色酷似南美洲珍贵毛皮兽青紫蓝绒鼠的毛皮，由此而得名青紫蓝兔（体型小，也称小型或标准型青紫蓝兔），并引起各国重视，竞相引种饲养。后经各国选育，又育成了中型（美国型）和巨型青紫蓝兔。

3种类型的青紫蓝兔毛色基本相似，被毛整体为蓝灰色，耳尖和尾部为黑色，眼圈、尾底、腹下和额后三角区的毛色较淡呈灰白色。单根毛纤维可分为五段不同的颜色，从毛纤维基部至毛梢依次为深灰色—乳白色—灰色—白色—黑色，当吹开被毛时呈现彩色轮状旋涡，非常美观。

3种类型青紫蓝兔的特点介绍如下：

1.小型（标准型）青紫蓝兔

体型较小，体质结构紧凑，耳短直立，颌下无肉髯。成年体重：母兔2.7～3.6千克，公兔2.5～3.4千克。被毛匀净，色泽美观，偏向皮用型。

2.中型（美国型）青紫蓝兔

1919年，美国从英国引进小型青紫蓝兔并经多年选育而成，最初称为大型青紫蓝兔。其体长中等，腰臀丰满，体质结实。成年体重：母兔4.5～5.4千克，公兔4.1～5.0千克。繁殖性能好，生长发育较快，40日龄体重0.9～1.0千克，90日龄2.2～2.3千克。该类型属于皮肉兼用型。

3.巨型青紫蓝兔

育成史不详，可能由弗朗德巨兔与青紫蓝兔杂交选育而成。体型大，肌肉丰满，偏向肉用型。耳朵较长，有的一耳竖立，一耳下垂，母兔颌下有肉髯。成年体重：母兔5.9～7.3千克，公兔5.4～6.8千克。

青紫蓝兔培育者的初衷是培育一个具有青紫蓝绒鼠优质毛皮的家兔品种，即以生产毛皮为主要目的。各国引进后，经过风土驯化和选育，不仅保留了其较高的产皮性能，也使其适应性能、耐粗性能、产肉性能、繁殖性能等有很大提高。我国引进青紫蓝兔半个多世纪，已完全适应我国的自然条件，自南到北都有饲养，深受生产者欢迎。

六、比利时兔

比利时兔由英国育成，系利用原产于比利时贝韦伦一带的野生穴兔选育而成，属于大型肉用品种。该兔体长清秀，腿长，腹部离地较高，被誉为兔族的“竞走马”。

比利时兔外貌酷似野兔，被毛黄褐色或深褐色，单根毛纤维的两端色深。该兔头形似“马头”，颊部突出，额宽圆，鼻梁隆起，颈部短粗，颌下有肉髯，眼黑色，耳较长，耳尖有光亮的黑色毛边，体躯较长，胸腹紧凑。成年体重5.5～6.0千克，高者达9.0千克。生长发育快，40日龄断乳体重1.2～1.3千克，3月龄体重达2.8千克以上。繁殖性能较好，年产4～5胎，每胎产仔8只左右。比利时兔对我国兔种改良和新品种的育成都起过重要作用，各地广为饲养。

七、德国花巨兔

德国花巨兔原产于德国，是大型的皮肉兼用兔。

该兔被毛底色为白色，口鼻部、眼圈及耳朵的被毛为黑色，从颈部沿背脊至尾根有一条锯齿状渐宽的黑色被毛带，体躯两侧有若干对称、大小不一的蝶状黑斑，故也称“蝶斑兔”。

德国花巨兔性情活泼，行动敏捷，善跳跃。繁殖力强，年产4～5胎，每胎产仔11～12只，高者达17～19只。仔兔早期生长发育快，40日龄断乳体重1.1～1.25千克，90日龄达2.5～2.7千克，成年体重5～6千克。抗病力强。但该兔母性不好，哺乳力较差，仔兔成活率较低。

八、公羊兔

原产于北非，也称法比兔或垂耳兔，是一种大型皮肉兼用品种，有法系、德系、英系和荷系，我国引入的主要是英系和法系。

公羊兔因其两耳长宽而下垂，头型似公羊而得名。两耳较大，两耳尖的直线距离最大可达 60～70 厘米，宽 20 厘米。被毛颜色以黄褐色者最多，也有黑色、白色和棕色的。头粗糙、眼小、颈短、背腰宽、胸围大、臀圆、骨骼粗壮，体形比较疏松肥大，动作迟缓。

公羊兔体型大，早期生长快，40 日龄断乳重 1.5 千克，成年体重 5 千克以上，最重者可达 6～9 千克。耐粗饲，抗病力强，易于饲养，性情温顺，不爱活动。繁殖性能较低，主要表现在受胎率低，育仔能力差，产仔数少。公羊兔和比利时兔杂交生产商品肉兔效果较好。

九、哈白兔

哈白兔是中国农业科学院哈尔滨兽医研究所培育的大型肉用型品种。1976 年起，选用哈尔滨本地白兔和上海白兔为母本，用比利时兔、德国花巨兔为父本，采用复杂杂交并选育而成，1986 年通过国家鉴定，定名为哈尔滨白兔。

该兔体型较大，成年体重 6.3～6.6 千克。头大小适中，耳大直立，被毛纯白，体质结实，结构匀称，肌肉丰满，四肢强健，适应性强。年产 4～5 胎，平均每胎产仔 8.83～11.5 只，40 日龄断乳体重约 1.08 千克，3 月龄达 2.7 千克以上，屠宰率 53.5%。

十、塞北兔

塞北兔是张家口农业专科学校杨正教授等培育的大型皮肉兼用型品种。1978 年起，选用法国公羊兔、比利时兔和弗朗德巨兔为亲本，采用轮回杂交并严格选育而成，1988 年通过省级鉴定，定名为塞北兔。

该兔体型呈长方形，被毛以黄褐色为主，也有纯白色和干草黄色或橘黄色的。头大小适中，眼眶突出，眼大而微向内陷，鼻梁有一黑线。耳宽大，一耳直立，一耳下垂，故称“斜耳兔”，这是该品种的重要外貌特征。体质强健，颈部粗短，颌下有肉髯，背腰平直，后躯宽而丰满，四肢短而粗壮。

该兔年产 4～5 胎，平均每胎产仔 7.1 只，40 日龄断乳体重 1.0 千克左右，2 月龄达 1.7 千克以上，成年体重 5.3～5.5 千克，屠宰率 52.6%。

十一、安哥拉兔

安哥拉兔是世界上最著名的毛用兔品种，也是已知最古老的家兔品种之一。安哥拉兔的来源说法不一，早先认为起源于土耳其安哥拉城，后据调查考证起源于英国。

安哥拉兔被各国引进后，在不同的社会经济条件下饲养，培育出了若干品质不同、特性各异的安哥拉兔。比较有名的有英系、法系、日系、德系和中系。

1. 英系安哥拉兔

据考证，英国于 1765 年以前就开始饲养安哥拉兔。英系安哥拉兔被毛蓬松似雪球，毛长时以脊背为界自然分开向两边披下；头较圆，耳小直立，耳尖有一撮毛；额部、颊部、四肢及趾间也长有长毛。绒毛纤细柔软，粗毛含量少。

该兔成年体重 2.5～3.0 千克，年产毛 250 克左右，年产 4～5 胎，每胎产仔 5 只左右。另外，该兔体质弱，抗病力差，目前已很少饲养。

2. 法系安哥拉兔

法系安哥拉兔体型较大，骨骼粗重，成年体重 3.5～4.0 千克。头尖削，耳大而薄，耳背无长毛，俗称“光板”。额部、颊部、脚部的毛也较短。

该兔产毛量较高，年产毛量 600～800 克，粗毛含量 15%以上，属于粗毛型长毛兔。繁殖力、抗病力、适应性等均比英系安哥拉兔好。我国以法系安哥拉兔为基础，已培育出我国自己的粗毛型安哥拉兔，如苏系（江苏）、浙系（浙江）、皖系（安徽）安哥拉兔等，为我国长毛兔改良和粗毛型长毛兔的培育做出了很大贡献。

3. 德系安哥拉兔

德系安哥拉兔原产于德国，是目前世界上饲养最普遍、产毛量最高的一个品系。我国从 1978 年末开始引进饲养，对改良中系安哥拉兔起了重要作用。

该兔体型较大，成年体重 3.5～5.2 千克；其属于细毛型长毛兔，被毛浓密，有毛丛结构，不易缠结。产毛量高，年产毛量母兔 1 351 克，公兔 1 140 克。

该兔外貌表现很不一致，头有的圆，有的长（马头），额部、颊部有的长有长毛，有的则不长长毛。

德系安哥拉兔的繁殖性能不高，年产 3～4 胎，每胎产仔 6～8 只，主要是受胎率低，受胎率只有 53.6%。另外，该兔的适应性、生活力、抗病力等均较差，对饲养管理条件要求高。

4. 中系安哥拉兔

据报道，1926 年法国传教士将安哥拉兔引入上海，以后又从日本引进英系安哥拉兔。我国著名动物学家冯焕文先生，于新中国成立前在上海创办中华种兔场，倡导饲养安哥拉兔。无锡陆理成先生则创办惠康牧场饲养安哥拉兔。新中国成立后，群众在英系、法系安哥拉兔杂交的基础上，并导入中国白兔的血统，经过长期选育育成了中系安哥拉兔。它的代表类型是全耳毛狮子头，简称全耳毛兔。

中系安哥拉兔的特点是适应性强，耐粗饲，繁殖力好，绒毛品质好。它头毛丰盛，耳毛浓密，脚如虎爪。主要缺点是体型小，成年体重只有 2.5～3.0 千克；产毛量低，年产毛量只有 200～300 克。由于德系安哥拉兔的引进和推广，纯种中系安哥拉兔已越来越少，几近绝迹。但在杂交改良过程中也选育出了很多含有中系安哥拉兔血统的高产兔群。

十二、力克斯兔

力克斯兔，俗称獭兔。原产于法国，是由普通家兔基因突变发展而成的。1919 年，一位名叫卡隆的牧场主，在家养的灰色兔中繁殖出红棕色短毛多绒的后代。一位名叫吉利的神父买下了突变兔，并经几代扩繁和选育，逐渐自成一系。由于这种家兔绒毛短而整齐，枪毛不露出绒面，颜色又漂亮，故命名为“Rex rabbit”，即“兔中之王”的意思。1924 年，獭兔首次在法国巴黎国际家兔博览会上展出，得到了养兔界人士的高度评价，成为当时最受欢迎的新品种，从而迅速流传到世界各地。目前，英国、美国、德国、日本等国家都已培育出了其他色型的獭兔，英国得到公认的有 28 种，美国有 14 种。

我国于 1936 年和 1950 年前后两次从日本和苏联引进獭兔，1980—1988 年又数次从美国引进獭兔。目前全国各地均有饲养。

獭兔体型中等，成年体重 3.5～4.0 千克。繁殖力较强，年产 4～5 胎，每胎产仔 6～8 只。商品獭兔 5 月龄左右，体重达 2.75～3.0 千克时宰杀取皮，毛皮品质最好，产肉率也较高。

獭兔毛皮的特点是：

(1)被毛短　毛纤维长度仅有 1.3～2.2 厘米，理想型为 1.6 厘米。

(2)被毛细　绒毛含量 93%～96%，平均细度 16～19 微米。

(3)被毛密　每平方厘米皮肤着生的毛纤维根数，普通家兔 1.1 万～1.5 万根，长毛兔 1.2 万～1.3 万根，獭兔高达 1.6 万～3.8 万根。

(4)被毛平　毛纤维长短一致，整齐均匀，表面看十分平整。

(5)被毛美　獭兔毛色类型很多，但每种毛色都很纯正，色泽光润，柔软而富有弹性，外观绚丽多彩。

(6)被毛牢　毛纤维与皮板的附着度良好，绒毛不易脱落，皮质坚韧。

獭兔对饲养管理条件要求较高，不适宜粗放管理，对疾病的抵抗力较差，特别容易感染巴氏杆菌病、球虫病、疥癣病和脚皮炎。

十三、布列塔尼亚兔

布列塔尼亚兔简称 ELCO，该兔具有适应性强，抗病力强，商品代生长发育快，兔肉品质好，饲料报酬高，种兔有很强的繁殖力等优点。布列塔尼亚兔采用四系配套，各系生产性能和外貌特征如下：

1. 祖代公系公兔(GP111)

被毛纯白，红眼，性成熟期为 26～28 周龄，成年体重 5.8 千克以上，70 日龄体重 2.5～2.7 千克，28～70 天料肉比 2.8：1。

2. 祖代公系母兔(GP121)

被毛纯白，红眼，性成熟期(121±2)天，成年体重 5.0 千克以上，70 日龄体重 2.5～2.7 千克，28～70 天料肉比 3.0：1，年产 6 胎，平均每胎产仔 9 只，全年可育成断乳仔兔 50 只，其中可选用种公兔 15～18 只。

3. 祖代母系公兔(GP172)

被毛纯白，红眼，性成熟期 22～24 周龄，成年体重 3.8～4.2 千克，性欲强，配种能力强。

4. 祖代母系母兔(GP122)

被毛纯白，红眼，性成熟期(117±2)天，成年体重 4.2～4.4 千克。每只母兔年产成活仔兔 50～60 只，其中可选用种母兔 25～30 只。

5. 父母代公兔(P231)

被毛纯白，红眼，性成熟期 26～28 周龄，成年体重 5.5 千克以上，28～70 天的料肉比 2.8：1，平均每天增重 42 克，屠宰率 58%。

6. 父母代母兔(P292)

被毛纯白，红眼，性成熟期(117±2)天，成年体重 4.0～4.2 千克，每年生产断乳成活仔兔 55～65 只，平均每胎产仔 10.2 只。

7. 商品代(PF320)

商品代的形成是按以下配套模式：

祖代　　GP111♂×GP121♀　　　GP172♂×GP122♀
　　　　　　↓　　　　　　　　　　　↓
父母代　　　P231♂　　　　×　　　　P292♀
　　　　　　　　　　　　↓
商品代　　　　　　　　PF320

商品代35天断乳体重900～980克,70天体重可达2.5～2.6千克,35～70天料肉比为2.7∶1,屠宰率59%,屠体净肉率85%以上。

十四、齐卡肉兔

齐卡肉兔是德国ZIKA种兔公司经过10多年努力培育成的。我国于1996年由四川省畜牧兽医研究所引进,经适应性观察和培育,在四川省可以正常的生长、繁殖,生产性能成绩接近或达到原种原产地的水平。该配套系由大型(德国巨型白兔)、中型(大型新西兰白兔)和小型(德国合成白兔)3个品系构成。

1. 德国巨型白兔(G系)

被毛纯白,红眼,两耳大而直立,头粗壮,体躯长而丰满。成年体重6～7千克,初生重70～80克,35天断乳体重1.0～1.2千克,90日龄体重2.7～3.4千克,35～90天料肉比3.2∶1。四川省畜牧兽医研究所测定结果表明,G系兔早期生长速度比哈白兔高18%,比大型比利时兔高11%,是杂交改良本地白兔的理想父本,并且该兔耐粗饲,适应性好。该兔年产3～4胎,平均每胎产仔6～10只。但G系兔性成熟较晚,7月龄才能参加配种,夏季不孕期较长,一般用作父本。

2. 大型新西兰白兔(N系)

全身被毛洁白,红眼,头粗壮,耳朵短、宽、厚,体躯丰满,呈典型的肉用砖块型。成年体重4.5～5.0千克。该兔早期生长发育快,肉用性能好,饲料报酬高。据德国介绍,56日龄体重1.9千克,90日龄体重2.8～3.0千克,年产仔50只。据四川省畜牧兽医研究所测定,该兔35日龄断乳体重700～800克,90日龄体重2.3～2.6千克,平均日增重30克,35～90天料肉比3.2∶1。年产5～6胎,每胎产仔7～8只。该兔对饲养管理条件要求较高。

3. 德国合成白兔(Z系)

被毛白色,红眼,头清秀,耳短薄直立,体躯长。成年体重3.5～4.0千克。繁殖性能好,每胎产仔8～10只,年产60只。幼兔成活率高，适应性强，耐粗饲，适宜作配套系的母本。

齐卡肉兔配套模式如下：

祖代　　G♂×N♀　　　　N♂×Z♀或Z♂×N♀
　　　　　↓　　　　　　　　↓　　　　↓
父母代　GN♂　　　×　　　NZ♀　或　ZN♀
　　　　　　　　　　↓
商品代　　　　GNNZ 或 GNZN

在德国，商品代28日龄断乳体重650克，56日龄体重2.0千克，84日龄体重2.9～3.0千克，28～84天平均日增重40克，料肉比2.8∶1。四川省畜牧兽医研究所在一般饲养条件下测定，商品兔90日龄体重2.4～2.6千克，35～90天平均日增重32克，料肉比3.3∶1，屠宰率51%～52%，属于国内领先水平。

十五、伊拉肉兔

伊拉肉兔也称法国大白兔，是四系配套的现代优良兔种。2002年由山东省安丘市绿洲兔业有限公司引进，适应性养殖结果表明，该兔种充分体现出现代兔种突出的生长速度快，饲料报酬高，抗病力强，配套要求高等特点，适合我国各地自然环境条件。

曾祖A系：除耳、鼻、肢端和尾是黑色外，全身为白色。成年公兔5.0千克，母兔4.7千克，70日龄平均日增重42克，平均胎产仔数8.35只，受胎率达76%，断乳死亡率10.31%，饲料转化率2.9∶1。

曾祖B系：除耳、鼻、肢端和尾是黑色外，全身为白色。成年公兔4.9千克，母兔4.3千克，平均日增重40克，平均胎产仔数9.05只，受胎率80%，断乳死亡率10.96%，饲料转化率3.0∶1。

曾祖C系：全身为白色。成年公兔4.5千克，母兔4.3千克，平均日增重40克，平均胎产仔数8.99只，受胎率87%，断乳死亡率10.93%。

曾祖D系:全身为白色。成年公兔4.6千克,母兔4.5千克,平均日增重40克,平均胎产仔数9.33只,受胎率81%,断乳死亡率8.08%。

商品代:伊拉肉兔商品代全身白色,耳、鼻、肢端和尾呈黑色,28天断奶重680克,70天体重2.5千克,平均日增重43克,饲料转化率(2.7~2.9):1,出肉率59%。

第三节 种兔的选育

一、家兔的选种

简单地说,选种就是选择种兔。种兔是有效保持和提高兔群质量的重要工具。因此,对种兔不仅要求其身体各部发育良好,本身各项性能优良,而且还要求具有优秀的遗传品质,使优良性能传递给下一代。为了确切地从兔群中选出优秀者作种兔,必须从体质、外貌、个体品质、祖先品质、同胞品质以及后代品质等方面全面进行综合鉴定。

(一)外形鉴定

外形是指家兔的外部形态,它是机体生长发育的一种表现,而且不同品种有不同的外形特征。所以,外形鉴定可以评定某家兔品种特征是否明显,还可评定生长发育的程度以及推测生产力的高低。

1.鉴定的项目和要求

家兔的外形虽因品种或类型的不同而有区别,但总的要求是体质健康结实、发育良好、身体各部匀称,没有任何外形缺陷。

(1)头部 头部的形状可以反映出家兔的体质状况,头过大的家兔往往偏于粗糙类型,头过小则又偏于细致类型,理想的种兔头部大小与体躯应有协调的比例。

家兔的眼睛应圆睁而明亮，没有流泪和眼屎。眼球的颜色应符合品种特征，如新西兰白兔、日本白兔、加利福尼亚兔等，眼球颜色为粉红色，否则是品种不纯的表现。

兔耳的大小和形状也随品种不同而异，除了个别品种的耳朵正常下垂外（如法国公羊兔），绝大多数品种都应两耳竖立。如有一耳或两耳下垂，或是遗传缺陷，或是不健康的象征，均不宜留种。

（2）体躯　发育正常、体质强壮的家兔，胸部宽而深，背腰宽广、平直，臀部丰满。鉴定时可用手触摸脊椎骨，探测体躯是否丰满结实，如果脊椎骨如算盘珠状凸出，表明该兔膘情很差，体质较弱。

（3）四肢　四肢应强壮有力，肌肉发达。四肢有缺陷者，应严格淘汰。

（4）被毛　被毛色泽应符合品种要求，如新西兰白兔、日本大耳白兔的被毛全白，加利福尼亚兔具有“八点黑”，青紫蓝兔为胡麻色等。另外，肉用兔被毛应柔软、细致、浓密、富有光泽和弹性。毛用兔则要求洁白光亮，松软，无结块，密度大。鉴定被毛密度可用手感和眼观来初步测定。手感测定是用手抓握臀部被毛，感觉紧密厚实，说明密度大；手感空、松、稀、薄，说明密度小。肉眼观察时，可在背部或体侧用嘴逆毛向吹开被毛，如果看不到皮肤或暴露的皮肤面积很小，说明密度大；如果露出的皮肤面积较大（超过 12 平方毫米），说明密度较差。

（5）体重　从养兔商品生产角度，无论哪种类型的家兔都要求有较大的体重。应根据品种不同和不同生长发育时期，订立选种的最低标准体重，达不到要求的则不能留作种用。

（6）其他　公兔要求睾丸匀称，雄性强，隐睾或睾丸大小不等的不能留种。母兔至少要有 4 对乳头。另外，性能凶暴，经常咬人的公、母兔均不宜留种。

2.外形鉴定的方法

在具体评定家兔的外形时，可以采用百分制的鉴定法。这种方法是：在鉴定之前，首先订立外形鉴定项目，并根据各项目的重要性分配给一定的分数，总分数100分。如日本长野县种兔场对安哥拉兔外形鉴定的标准，见表2-1。

表 2-1　日本长野县种兔场安哥拉兔外形鉴定标准

项目	部位	标准	
总要求		被毛白色，密生，毛质优良；生后8个月体重3千克，产毛量为体重的10%以上	
一般外形（30分）	头颈	头广，颈粗细适度且短，头、颈与体躯间结合良好；被覆细毛，颜面短广，额及颊毛丰富，眼清秀，呈石竹色	6分
	耳	附着良好，大小适中，不厚，上覆均匀的细毛	2分
	前躯	肩宽广，与体躯结合良好，胸宽深且充实	4分
	中躯	背宽，长且紧凑，肋长且开张，腹充实，紧凑	4分
	后躯及尾	腰宽，长且有力，尻长，缓慢倾斜，尾大挺立，与臀部附着良好	4分
	四肢	富有弹力，肢势正常，肢与肢末端都覆有细毛	2分
	乳房及生殖器	雄性睾丸发达，匀称；雌性乳腺正常，乳头数4对以上	2分
	整体状况	体质强健，发育良好，品系特征明显	6分
被毛（50分）	密度	密度大且均匀，毛量多	20分
	品质	毛色洁白，富有光泽，毛纤细，弹性强，枪毛少	20分
	整体状况	毛长，匀度好，没有脱毛部	10分
体重（20分）		8月龄体重为3千克，完全成熟体重达3.75千克为理想	20分
合计			100分
失格		体躯短小，畸形；出现不应有的毛色和眼色	

表2-1中分配的分数都是在完全合乎该项目要求时应得的满分。实际鉴定时总会出现这样或那样的不足之处，届时应根据缺点的程度，在各项中扣除一定的分数，最后将每项所得分数相加，就得出对鉴定兔的外形评分。

（二）个体鉴定

个体鉴定是根据个体生产性能表现情况进行选种的方法。当家兔生长发育到一定年龄并且具有一定的生产记录时，则可对个体进行鉴定。在生产实践中，一般是根据家兔生产的目的，重点鉴定生产性能，如肉兔的育肥性能、毛兔的产毛性能等，而其他的一些性能或性状只用来作为补充或参考。家兔生产性能是由多个性状共同构成的，所以，必须进行综合评定才能克服片面评价而作出全面的评价。目前，综合评定中较为广泛使用的方法是指数选择法。

指数选择法是将各性状表型值通过计算而成为选择指数，然后根据指数高低留种。选择指数的计算有很多种，有的为了增进遗传改进量，在公式中加入了遗传力和遗传相关等遗传信息。我国的兔场大都未进行过遗传力和遗传相关的测定，这里介绍一种简便易行的计算公式：

$$I = a_1P_1 + a_2P_2 + \cdots + a_nP_n$$

式中：I 为选择指数；$P_1, P_2, \cdots, P_n$ 为各有关的重要性状；$a_1, a_2, \cdots, a_n$ 为各相关性状的系数。

以这个计算公式进行选择时，以 $I=100$ 作为及格水平，也就是说，当某各个性状的表型值只达到兔群的平均水平时，那么计算出来的选择指数为 100。在实际应用时，必须有群体的资料，才能使用这个公式。例如，评定毛兔的单次产毛性能，可以用剪毛量（P_1）、优质毛率（P_2）、产毛率（P_3）和体重（P_4）4 个性状进行评定。以现有一个兔群，这 4 个性状的平均值分别为 185 克、80%、5%和 3.5 千克为例计算如下。

1. 确定各性状的比重

上述 4 个性状在毛兔产毛性能中的重要程度是不同的，相对重要的性状可使之在总分中占有的比重大一些，作用小一些的性状占的比重小一些。4 个性状中，应以剪毛量最为重要，优质毛率次之，再次之为产毛率和体重。因此，可以规定它们占总分的比重分别为 40、30、15 和 15（这些性状所占比重的总和必须等于 100）。

2. 求性状系数 a

性状系数 a 的计算公式为：

$$a = \frac{W}{P}$$

式中：W 为性状所占的比重。实际应用的公式则为：

$$I = 0.216P_1 + 0.375P_2 + 3.0P_3 + 4.29P_4$$

将兔群中每只兔的 4 个性状的表型值代入即可得到每只兔的选择指数。例如 4 只毛兔，其性能表现如表 2-2 所示。

表 2-2 毛兔的性能表现

兔别	剪毛量/克	优质毛率/%	产毛率/%	体重/千克
A	250	90	6.5	3.9
B	230	92	6.6	3.8
C	220	88	6.8	4.2
D	200	85	6.3	4.3

计算各只兔的选择指数为：

$$I_A = (0.216 \times 250) + (0.375 \times 90) + (3.0 \times 6.5) + (4.29 \times 3.9) = 123.98$$

$$I_B = (0.216 \times 230) + (0.375 \times 92) + (3.0 \times 6.6) + (4.29 \times 3.8) = 120.282$$

$$I_C = (0.216 \times 220) + (0.375 \times 88) + (3.0 \times 6.8) + (4.29 \times 4.2) = 118.94$$

$$I_D = (0.216 \times 200) + (0.375 \times 85) + (3.0 \times 6.3) + (4.29 \times 4.3) = 112.422$$

通过指数计算，可以认为 A 兔最好，依次为 B 兔、C 兔，D 兔最差。

以上所列举的都是正向选择的性状，即该性状的表型值越大则得分越多。与之相反，逆向选择的性状，其表型值越大，则得分越少。例如饲料消耗比、仔兔死亡率、生长至一定体重需要的天数等，所以，这类性状的选择指数需采用相减的方式，并需加以校正系数，使这几个性状在兔群平均水平时的指数为 100。例如鉴定肉用兔的育肥性能时，可以用饲料消耗比（P_1），长至 2.5 千克体重时的日龄（P_2）和同窝同胞胴体重（P_3）3 个性状构成选择指数公式，即：

$$I = A - a_1P_1 - a_2P_2 + a_3P_3$$

某兔群平均每千克体重饲料消耗为3.5千克，长至2.5千克体重的平均日龄为86日龄，同窝同胞平均胴体重为1 150克，根据这3个性状在育肥性能上的重要性，分别确定它们占总分的比重为40、30和30，则各性状的系数为：

$$a_1 = 40/3.5 = 11.439$$

$$a_2 = 30/86 = 0.349$$

$$a_3 = 30/1\ 150 = 0.026$$

由于在平均水平时选择指数应该等于100，但由于 P_1 和 P_2 是逆向选择性状，构成选择指数则不可能等于100。

$$-a_1P_1 - a_2P_2 + a_3P_3 = -40.12$$

为了使选择指数在平均水平下为100，必须加上校正系数(A)。

$$A = 100 - (-40.12) = 140.12$$

构成的实用公式则为：

$$I = 140.12 - 11.429P_1 - 0.349P_2 + 0.026P_3$$

如以下4只兔的性能表现见表2-3。

表2-3　兔的性能表现

兔别	每千克体重饲料消耗/千克	生长到2.5千克体重的日龄	胴体重/克
A	3.85	93	1 175
B	3.36	85	1 160
C	3.62	91	1 165
D	3.28	83	1 165

$$I_A = 140.12 - 11.429 \times 3.85 - 0.349 \times 93 + 0.026 \times 1\ 175 = 94.21$$

$$I_B = 140.12 - 11.429 \times 3.36 - 0.349 \times 85 + 0.026 \times 1\ 160 = 102.21$$

$$I_C = 140.12 - 11.429 \times 3.62 - 0.349 \times 91 + 0.026 \times 1\ 165 = 97.28$$

$$I_D = 140.12 - 11.429 \times 3.28 - 0.349 \times 83 + 0.026 \times 1\ 165 = 103.96$$

D 兔最好，A 兔最差。

关于母兔繁殖性能的选择指数，一般由窝产活仔数、窝断乳仔兔数和断乳窝重三项性状组成，它们占总分的比重为 30∶30∶40。

(三)系谱鉴定

系谱是记载祖先情况的表格或图表，系谱鉴定就是根据祖先情况来选择种兔。系谱的形式主要有以下几种。

1. 横式系谱

种兔的编号列在系谱的最左端，历代祖先依次列在右边。公兔列在上方，母兔列在下方，各个体的有关资料分别填写在该个体的栏目内。

- 种兔编号
  - 父
    - 祖父
      - 祖父的父亲
      - 祖父的母亲
    - 祖母
      - 祖母的父亲
      - 祖母的母亲
  - 母
    - 外祖父
      - 外祖父的父亲
      - 外祖父的母亲
    - 外祖母
      - 外祖母的父亲
      - 外祖母的母亲

2. 竖式系谱

种兔的编号列在最上面，其下是父母，用罗马数字Ⅰ表示。再向下是祖父母和外祖父母，用罗马数字Ⅱ表示。每一代祖先中的公兔记录在右侧，母兔记录在左侧。即左侧为母系，右侧为父系(表 2-4)。

表 2-4　竖式系谱

	种兔的编号或名称							
Ⅰ	母				父			
Ⅱ	外祖母		外祖父		祖母		祖父	
Ⅲ	外祖母的母亲	外祖母的父亲	外祖父的母亲	外祖父的父亲	祖母的母亲	祖母的父亲	祖父的母亲	祖父的父亲

一张完整的系谱不仅记上祖先的编号，而且还应把每个祖先的主要品质扼要地写上，以便于通过上下代之间的比较来估测当代家兔在某一生产性能上的遗传基础。例如365号长毛公兔的系谱材料如下：

```
                                   ┌161(3.9-810-87)*
          ┌289(3.8-800-86)*┤
          │                        └182(4.0-820-82)*
365┤
          │                        ┌189(3.7-795-86)*
          └268(4.0-820-80)*┤
                                   └144(4.1-830-79)*
```

*括弧内的数字表示为

成年体重（千克）-年产毛量（克）-外形评分

由于遗传基因有分离和自由组合的定律，系谱鉴定的效果则存在不确实的可能性。但系谱鉴定用于早期选种仍具有重要的实际意义。如对断乳仔兔进行选择，除了哺乳期本身生长发育的记录外，别无其他可鉴定的材料。为了尽可能从多方面对其进行鉴定，则可参考它的系谱材料。系谱鉴定时应把重点放在：

(1)系谱中优良祖先的个数。优良祖先个数越多，后代获得优良基因的机会也多。

(2)祖先中是否出现过遗传疾病或缺陷，如果有这一类的记录，后代一概不留作种用。

(四)同胞鉴定

同胞鉴定是根据同胞的性能选择种兔的一种方法。在某些性状上，如屠宰和胴体品质等无法对种兔直接测定，只能通过对它同窝同胞的测定而作间接的了解。再如对种公兔不可能测得产仔数、泌乳性能等限性性状，也只能通过对它同窝姊妹的测定来判断该公兔在这些限性性状上的遗传潜能。

同胞鉴定同样受基因分离和自由组合定律的影响，鉴定的结果同样存在不确实的可能性，只能供作参考。

(五)后裔鉴定

这是根据子代的品质来鉴定亲代遗传性能的一种选种方法。因为子代的性状表现是由亲代所传递给子代的遗传物质和环境条件共同作用的结果。所以在一定的环境条件下,子代的表现就可以反映出亲代的遗传基础。后裔鉴定是迄今为止鉴定种兔品质最为有效的方法,但在具体鉴定方法上比个体鉴定、系谱鉴定和同胞鉴定都复杂得多。由于种公兔的后代多,在育种上的影响也大于母兔,所以,一般情况下只对种公兔进行后裔鉴定。

种兔后裔鉴定时可按以下具体要求进行。

1. 选择与配母兔

后代品质的好坏不仅受公兔的影响,而且也受母兔的影响,为了使测定的结果能反映出受测公兔的遗传品质,必须选择在体形、生产性能、繁殖性能及系谱鉴定等方面都良好的母兔,而且应饲养在同样的饲养管理条件下。另外,母兔应处在 3～5 胎之间。至于与配母兔的数量,当然以越多越好,但数量太多肯定存在实际困难,根据法国对种公兔后裔测定的经验,一只受测公兔选择 6 只与配母兔,保证有 20 只以上可供测定的后裔即可。

2. 控制环境条件

为消除环境因素对测定结果的影响,应尽可能将所有后裔处在相同的环境条件下,这要求做到以下几点。

(1)在 2～3 天内将与配母兔配种,使后代能在相差不大的时期内出生。

(2)将母兔饲养在同一环境条件下,供给优质饲料。必须改变饲料时,应在同时逐渐变换。

(3)仔兔规定统一的断乳日期,达到断乳日期即将母仔分开饲养,测定的仔兔同样应处在相同的环境条件下。

(4)详细记载与配母兔的繁殖性能及受测后代所有个体的性能表现,以便全面地鉴定受测种公兔。

3. 幼兔的鉴定

幼兔在断乳后，可以根据断乳个体重进行第一次鉴定。以后在每只母兔中选出 2～4 只幼兔饲养在同样环境条件下，待第二次鉴定。肉用兔约在 3 月龄进行第二次鉴定，以生长发育和育肥性能为主。毛用兔在 5 月龄左右以生长发育和产毛性能为主进行第二次鉴定。鉴定时对各项品质可以规定一定的分数并评价。

4. 种公兔的评价

根据后裔的品质鉴定种公兔的种用价值，一般情况可通过与整个兔群同龄兔的比较来进行。其方法是：将该种公兔的后裔的品质(可以用总分数)计算出一个平均值，再将整个兔群的同龄后裔的品质也计算出一个平均值，两者比较。如果种公兔后裔的平均值高于兔群同龄后裔的平均值，说明该种公兔具有较高的种用价值，其差值越大，表明种公兔的种用价值越大，反之，可能说明种公兔尽管本身在体型、生产性能等各方面表现良好，但种用价值不高，尚不宜留作种用。

当然，除了对种公兔作整体的鉴定外，还不能完全否决种公兔的价值，在必要时还应针对性、突出性地作某一性状的单项鉴定，以便得出更为准确的结论，并对育种工作有所裨益。

总体来说，后裔鉴定的要求比较高，在目前尚不具备条件的兔场，建议暂时采用以下方式来粗略地评价种公兔的遗传品质：假如某公兔的后代大多数品质优良，且未出现缺陷，可以认为这只公兔具有良好的遗传品质，适宜种用；而公兔的后代大多数品质不良或出现了缺陷，除了特殊需要外，一般不宜留作种用。

(六)综合鉴定

种兔的个体鉴定、系谱鉴定、同胞鉴定和后裔鉴定，在育种实践中是相互联系而不可分割的，只有把几种方法融为一体，才能对种兔作出最可靠的评价。将上述几种方法综合起来鉴定和选择种兔，称为综合鉴定。由于种兔的各项性能分别在特定的时期内得以表现，因此，对它们的鉴定和选择必然也需分阶段进行。

1. 肉用型种兔的综合鉴定

(1)断乳阶段的选择　刚断乳的幼兔，其外形还没有固定，在个体品质上除了断乳体重外，还没有其他可供借鉴的选择依据。幼兔的断乳体重对以后的生长速度有较大影响。据 Jenson(1976)测定，$r=0.56$，因而应选择断乳体重大的幼兔。除此之外，还应结合系谱鉴定以及同窝同胞在生长发育上的均匀性进行选择。

(2)3 月龄时的选择　从断乳到 3 月龄的整个阶段内，幼兔的绝对生长和相对生长速度都很高，这对肉用型兔尤为重要。因此，3 月龄体重和断乳到 3 月龄的平均日增重，并且测定同胞的育肥性能，这三项指标构成选择指数可达到较好的选择效果。

(3)初配时的选择　种兔在 7 月龄左右初配，此时家兔的生长发育已较完善，应着重于外形鉴定。因初配体重与仔兔的初生窝重有很大的关系，所以，这些选择仍然要重视体重的选择。对公兔必须进行性欲和精液品质检查，严格淘汰生殖性能差的公兔。

(4)1 岁以后的选择　主要鉴定母兔的繁殖性能，对多次配种不孕的母兔予以淘汰。母兔初次产仔情况尚不能作为选种的依据，应等到母兔第三胎仔兔断乳后，由产活仔数、断乳活仔数和断乳窝重 3 个性状计算选择指数，并参考第一、二胎受胎需要的交配次数，评定其繁殖性能。

(5)根据后代品质的选择　当种兔的后代已有生产记录时，根据它们后代的品质对种兔进行遗传性能的鉴定。

2. 毛用型种兔的鉴定

由于第一次剪毛的时间和剪毛间隔期等情况差异甚大，对毛用种兔的具体鉴定时间很难统一要求。在此举例 2 月龄左右第一次剪毛，剪毛间隔期为 3 个月的制度下，对毛用种兔综合鉴定的方法，供参考。

(1)断乳阶段的选择　鉴定项目和要求与肉用型种兔的基本相同。

(2)第一次剪毛时的选择　2 月龄左右时，毛兔的衍生分生毛囊还未完全形成或虽已形成但未长出绒毛，所以这次的剪毛量很少，且与以后的剪毛量没有多大的相关性。因此，这次剪毛不能作为选种的依据。

但是,如果发现第一次剪毛中结块毛多,并且判定不是饲养管理上的原因所造成,那么应淘汰这只幼兔。这次选择时还应重视体重的选择。

(3)第二次剪毛时的选择　这时毛兔一般在4.5～5月龄,剪毛量显著增多,且与以后的产毛量有着较高的表型相关(r=0.41～0.72,江苏农学院,1984),可以根据这次的剪毛情况对毛兔的产生性能进行初选。

(4)第三次剪毛时的选择　第三次剪毛一般在7～8月龄,此时毛兔的生长发育已较完善,且剪毛量与以后的年产毛量相关性强(r=0.77),故此次应着重对产毛性能进行鉴定,同时由于到了初配年龄,还应对外形及公兔的性欲、精液品质等进行评定。

1岁后的选择及后裔鉴定,其内容与肉用型兔相同,恕不赘述。

二、家兔的选配

一般认为,优秀的种公兔与种母兔交配总能产生品质优良的后代。其实不然,优良后代的产生取决于父、母双方的遗传性,虽然种兔是优秀的,但如果选配不当,非但不能把种兔的优良品质遗传下去,有时还会产生品质低劣的后代。这就是说,在养兔生产实践中不仅要注重选种,而且要注重选配。

1.同型选配

选择性能一致、性状相同的公、母兔进行交配。其目的是增加遗传性的同质性,使优良性状在后代中得到固定,不发生变异。同型选配还有增加种群中相同类型数量的作用。例如:生长速度快的种公兔与生长速度快的种母兔交配,使后代能保持生长快的特性。

同型选配能巩固优良性状,也能固定不良缺陷。所以,同型选配时应注意公、母兔不能有相同的缺点。

2.异型选配

选择性状上不相似的公、母兔进行交配。其目的是企望把公、母兔各自的优良品质在后代中汇集起来。例如:在长毛兔中,同是产毛量高的种兔，它们之间的特点却不一定相同。有的体型中等，但被毛密度大，有的则可能被毛密度不突出，但体型大。如果选择这两种不同特点的公、母兔交配，后代中则有较高频率出现体型大、被毛密度也大的后代，产毛量将会大大提高。

需要注意，选择品质好的公兔与品质差的母兔交配，虽然也属异质选配，但这不是我们的目的。我们在养兔生产中使用异质选配，是在好的基础上进一步提高。

3. 亲缘选配

相互有亲缘关系的种兔之间进行交配，称亲缘选配，简称近交。相互有亲缘关系的个体必定有共同的祖先。离共同祖先越近的个体间交配所生后代近交程度越高。从畜牧学的观点出发，交配双方到共同祖先的世代数在6代以内的种兔间的交配，都属近亲交配。近交在培育新品种中最重要的遗传效应是容易引起基因型的纯合，优良性状可以因基因型的纯合而得以固定。一些隐性有害基因因纯合得以固定。但近交也容易使一些隐性有害基因因纯合而暴露出来，使兔群生活力减弱，抗病力变差，生产水平下降。所以，在养兔生产中应严格系谱记载，防止近交。

三、种兔引种

1. 调出种兔起运前的检疫

调出种兔于起运前15～30天内在原种兔场或隔离场进行检疫。

(1)调查了解该种兔场近6个月内的疫情情况，若发现有一类传染病及炭疽、鼻疽、布鲁氏菌病和兔病毒性出血症的疫情时，停止调运易感种兔。

(2)查看调出种兔的档案和预防接种记录，然后进行群体和个体检疫，并做详细记录。

(3)应作临床检查和实验室检验的疫病有兔病毒性出血症、魏氏梭菌病、兔螺旋体病、兔球虫病。经以上检查确定为健康种兔时，发给"健康合格证”，准予起运。

2. 种畜禽运输时的检疫

(1)种兔装运时，当地畜禽检疫部门应派员到现场进行监督检查。

(2)运载种兔的车辆、船舶、机舱以及饲养用具等必须在装货前进行清扫、洗刷和消毒。经当地畜禽检疫部门检查合格，发给运输检疫证明。

(3)运输途中，不准在疫区车站、港口、机场装填草料、饮水和有关物资。

(4)运输途中，押运员应经常观察种兔的健康状况，发现异常及时与当地畜禽检疫部门联系，按有关规定处理。

3. 种兔到达养兔场后的检疫

(1)种兔到场后，根据检疫需要，在隔离场观察15～30天。

(2)在隔离观察期内，须进行兔病毒性出血症、魏氏梭菌病、兔螺旋体病、兔球虫病的检疫。

(3)经检查确定为健康动物后，方可供繁殖、生产使用。

思考题

1. 家兔按经济用途分哪几类？

2. 现代兔种有哪些特点？

3. 优秀种兔有哪些外貌特征？

4. 怎样记录种兔的系谱资料？

5. 怎样综合选择种兔？

6. 从外地引种时应注意哪些问题？

第三章

兔健康养殖建筑与环境控制

导　　读　良好的园区生态环境和干净卫生的生活环境不仅是健康养兔的要求，也是防止环境污染破坏的要求。养殖过程中如果不能创造良好环境条件，家兔的健康就会受到影响甚至生病，就会背离健康养殖的技术目标。本章主要介绍的内容：兔场场址选择、功能区规划、兔舍建筑基本要求；养兔常用设备的性能和使用；兔舍环境控制要求及控制技术；粪污处理技术方法等。

第一节　兔场规划设计

一、兔场自然环境及社会环境

兔场是集中饲养家兔和组织家兔生产的场所，是家兔的重要外界环境条件。为了有效地组织生产，必须根据地方资源分布情况、国家畜牧生产布局、家兔的生物学特性、兔场的发展规划，本着节约耕地，有利于家兔健康和提高生产力的原则，进行兔场场址的选择，并在其上按最佳的生产联系和卫生要求等配置有关建筑物，以合理利用自然条件和社会经济条件，最有效地进行生产具有重要的意义。

随着国民经济的发展，兔场的经营逐渐向高效能的集约化、工厂化方向发展，并逐步走向现代化，对兔场的设置要求更加严格，因此，必须考虑以下几个方面：

①保证场区具有良好的小气候，有利于舍内空气环境卫生控制；

②便于严格执行各种卫生防疫制度和措施；

③便于合理组织生产，有效地提高设备利用率和工作人员的劳动生产率；

④利于环境保护和避免环境污染。

因此，兔场的设置，要从场址选择、场区布局规划、场内卫生防疫、设施等方面进行综合考虑，合理安排，从而做到完善合理。

兔场场址的选择，应根据兔场的经营方式、生产特点、管理形式以及生产的集约化程度等特点，对自然环境条件和社会环境条件进行全面考虑。

（一）自然条件

自然环境包括地势地形、水源水质、地质土壤、气候因素等方面。

1. 地势地形

地势是指场地的高低起伏状况；地形是指场地的形状范围以及地物，如山岭、河流、道路、草地、树林、居民等的相对平面位置状况。兔场应选在地势较高燥、平坦、排水良好和向阳背风的地方。

平原地区一般场地较平坦、开阔，场址应注意选拔在较周围地段稍高的地方。根据家兔喜干燥、厌潮湿污浊这一特性，要求地势高燥，地下水位要低，其地下水位应在 2 米以下。在靠近河流、湖泊的地区，场地应比当地水文资料中最高水位高 1～2 米，以防汛期涨水时被水淹没。若在低洼地带，场区易积水而潮湿、泥泞，夏季通风不良，空气闷热，不利于家兔的体热调节，而有利于病原微生物的生长繁殖。特别是寄生虫如疥癣、球虫的生存。此外，低洼潮湿，还会降低兔舍保温隔热性能和使用年限。

山区建场应选在稍平缓的坡上，坡面向阳，建筑区地面坡度以不超过3%为宜。兔场总坡度以不超过25%为宜，坡度大则在施工中需要大量填挖土方，从而增加工程投资；在建成投产后也会给场内运输和管理工作造成不便。山区建场还要注意地质结构情况，注意断层、滑坡、塌方的地段；避开坡底和长形谷地以及风口，以免空气产生涡流，遭受山洪和暴风雪的袭击。

兔场地形要开阔、整齐和紧凑，不宜过于狭长和边角太多。以便于合理布置场区建筑物和各种设施，缩短道路和管线长度，节约投资和利于管理。要充分利用自然地形地物，如利用原有林带树木、山岭、河川、沟渠等作为场界的天然屏障。

兔场占地面积，应本着既要节约用地，少占农田，不占良田，又要满足生产和为以后发展留有余地的原则。在设计时，要根据兔场的生产方向、经营特点、饲养规模、饲养管理方式和集约化程度等因素而确定。如一只基础母兔及其仔兔占0.8 $米^2$ 建筑面积，兔场的建筑系数约为20%，1 000只基础母兔的兔场需要占地4 000 $米^2$。

2.水源水质

水源水质关系着生产和生活用水，要给予足够的重视。在家兔的生产过程中，需要大量的水，如家兔的饮水、饲料的情况与调制、粪尿的冲刷、用具及笼舍的消毒和洗涤，以及生活用水等，因此，建立一个兔场，必须有一个可靠的水源，应将水源作为一个重要因素考虑。

作为兔场的水源应符合下列要求：

①水量要充足，能够满足场内人、家兔饮用和其他生产生活用水，同时应考虑防火和未来发展的需要。

②水质要好，不经处理即能符合饮用标准的水质为理想。此外，在选择时要调查当地是否因水质不良而出现过某些地方性疾病以及是否存在介水传染的可能等。

③取用方便，处理技术简单易行，设备投资少。

④便于防护，以保证水源水质经常保持良好状态，不受周围环境条件的污染。

兔场的水源归纳起来，可分为三大类，根据来源、环境条件和存在形式不同，各有其特点。

第一类为地下水。这种水源为封闭性的水源，受污染的机会较少。是降水和地面水经过地层的渗滤贮积而成。因在渗透过程中绝大部分杂质被滤除，所以比较洁净。深层地下水几乎不存在有机物污染的可能。水质水量都比较稳定，是最好的水源。但地下水往往受到某些地质化学成分的影响而含有某些矿物成分，硬度一般较地面水大，甚至有时会因某些矿物性毒物而引起地方性疾病。对此，在选用地下水时，应事前对水质进行化验分析，了解水源水质状况，要特别注意这方面的问题。

第二类为地面水。主要包括江、河、湖、泊及水库水等。其主要由地下泉水和降水汇集而成，其水质和水量受自然条件的影响机会较多，易受污染。特别容易受到生活污水及工业废水的污染，常因此而引发某些疾病或造成中毒。使用此类水源应经常进行水质的检查，但此类水源一般来源广，水量足，又因为它本身有较好的自净能力，所以仍是较广泛使用的水源。需要强调的是：活水比死水自净能力强。在条件许可的情况下，应尽量选用水量大的，流动的地面水作为兔场的水源。供饮用的地面水要进行人工净化和消毒处理。

第三类为降水。常以雨、雪等形式降落在地面汇集而成。因其在大气中凝集和降落时，吸收了大气中的各种杂质和可溶性的气体，因而受到污染。降水的水质、水量都不稳定，收集不易，贮存困难。所以除干旱缺水地区外，一般不宜采用。

3. 地质土壤

兔场场地土壤情况，如土壤的物理、化学和生物学特性，不仅直接、间接影响场区的空气、水质和植被的化学成分及生长状态，还可影响建筑物、土壤的净化作用。

因此，在选择兔场场址时，应选用适于建造兔场的土壤。根据土壤的特性不同大致分为以下3类。

沙土类：颗粒直径大，透水性透气性强，吸湿性小，毛细管作用弱，地面干燥，不潮湿，不泥泞，自净作用好。但其导热性强，热容量小，易增温，也易降温，地面空气昼夜温差明显，这种特性对家兔不利，因此不适于建造兔场。

黏土类：颗粒直径小，粒间孔隙小，透水性、透气性弱，毛细管作用明显，吸湿性强，容水量大，因此地面潮湿，潮湿的环境是微生物得以生存的条件，也是病原微生物、寄生虫卵以及蝇蛆等存活和滋生的良好场所。潮湿的土壤可使场区和舍内空气湿度过大。此外，吸湿性强，含水量多的土壤，因抗压性低，不仅使建筑物的基础变形，大大缩短其使用年限，而且当受到粪尿等有机物污染后，往往在厌氧条件下进行分解转化，产生气味难闻的有害气体如氨、硫化氢等，使场区空气受到污染，此种土壤自净能力差，故也不适于建造兔场。

沙壤土类：此类土壤，介于黏土和沙土之间的一类土壤，由于沙粒和黏粒的比例比较适宜，兼具沙土和黏土的优点，既有一定的毛细管作用，又有一定数量的大孔隙，所以透水性、透气性良好，持水性小，雨后不会过于潮湿、泥泞，易于保持土壤适当的干燥，自净能力也较强，可防止病原菌、寄生虫卵、蚊蝇等生存和繁殖。这种土壤的导热性小，热容量较大，土温比较稳定，对家兔的健康、卫生防疫、绿化种植等都比较好。又由于其具有较强的抗压性，膨胀性小，也适于做兔舍建筑地基。

总之，适于建立兔场的土壤，应是透气透水性强，毛细管作用弱，吸湿性和导热性小，质地均匀，抗压性强、自净能力强的土壤。从建筑学和家畜环境卫生等观点来看，沙壤土是建造兔场的理想土壤。但是在一定地区内，由于受到某些客观条件的限制，选择最理想的土壤是不容易的。这就要求在兔舍的设计、施工、使用和其他日常管理上，尽量设法弥补当地土壤的缺陷和不足，以选择较理想的土壤在其上建造兔场。

4.气候因素

主要指与兔场建筑设计有关和造成兔场小气候有关的气候气象资料，如气温、气湿、风力、风向等及灾害性天气的情况。

拟建场区选择兔场要考查当地的常年气象变化，包括气温日较差、气温年较差、绝对最高最低气温、土壤、冻结深度、降雨量与积雪厚度、最大风力、常年主导风向、风向频率、日照情况等。各地区均有建筑热工舍外温度最高最低的设计规范标准资料，在设计兔舍建筑的热工计算时可参照使用。当地的风向风力对兔舍的方位朝向布置、各区的设置、兔舍的排列距离、次序都有关系，主要考虑如何排污，改善场区小气候环境，对人畜环境卫生及防疫工作有利。

(二)社会条件

社会条件是指兔场与其周围环境的联系，如居民区、交通道路、电力供应及排污等。

1.电力

机械化程度较高的兔场对电的依赖性较大，如仔兔供暖、机械通风、自动供料、自动清粪、照明、饲料的加工以及生活用电都要求可靠的供电条件。要了解供电源的位置与兔场的距离，最大供电允许量，是否供电正常，有无可能双路供电等。如果供电无保证，则需自备发电机，以保证场内供电的稳定性和可靠性。电力安装容量每只种兔为3～4.5瓦，商品兔为2.5～3瓦。

2.交通

大型兔场要求交通便利，特别是集约化程度较高的兔场，如饲料、产品、粪污废弃物运输量大，对外界的联系密切，所以要保证交通方便。但为了防疫卫生，防止疫病传播，在选择场址时既要考虑到交通方便，又要使兔场与交通干线保持一定的距离。一般来说，距一、二级公路和铁路重要交通道路应不少于300～500米，距三级公路(省内公路)应不少于150～200米，距四级公路(县级和地方公路)不少于100米。非本场的牲畜牧道在300米以上。

由于家兔胆小怕惊，在选择场址时，尽量与公路保持适当的距离，为了避免噪声对家兔产生影响，要修建专用道路与公路相连。

3. 排污

兔场场址的选择要充分考虑在生产过程中，产生大量的粪尿、污水以及其他废弃物的排放，使兔场不致造成对周围环境的污染，同时也要注意免受周围环境的污染。因此，兔场应建在居民区的下风处，地势低于居民区，但也要远离居民区污水排出口，更要避开化工厂、屠宰场、畜产品加工厂、制革厂，以及易造成环境污染企业的附近或下风处。

因此，兔场与居民区之间要保持适当的距离，一般小型兔场在500米以上，大型的兔场应在1 500米以上。

与各种易造成污染的企业如化工厂、畜产品加工厂等的距离应不小于1 500米。

总之，合理而科学地选好兔场场址，是养兔生产成功的关键，对组织兔场高效、安全生产具有重大的意义。

二、兔场分区规划

场址选定后，须根据场地地形、地势以及当地的主导风向，计划并确定不同建筑功能区的位置。兔场的功能分区是否合理、各区建筑物布局是否得当，不仅直接关系到经营管理、基建投资、生产的组织、劳动生产率和经济效益，而且影响到场区小气候环境状况和兽医卫生情况。合理的总平面布置可以节省土地面积、节省建场投资，给管理工作创造方便的条件。因此，兔场的环境规划和总平面布置是一项非常重要的工作，要综合分析研究各种因素，给以科学的合理安排，是建立良好的兔场环境和组织高效率生产的前提和可靠保证。

（一）分区规划的原则

兔场各种房舍和设施的分区规划，应从人和兔保健的角度出发以及从有利于防疫、有利于组织安全生产出发，以建立最佳生产联系和卫生防疫条件，合理安排不同功能区的建筑物。因此，根据地势和风向处理好兔场内各类建筑的安排问题，即就地势的高低、水流方向、主导风向，将各种房舍和建筑设施按其环境卫生条件的要求次序排列。如地势与风向按防疫环境条件的要求为人—兔—污的排列安排各房舍顺序。

总之，兔场分区规划应注意的原则是：人、兔、污，以人为先、污为后的排列顺序；风与水，则以风为主的排列顺序。

(二)各种房舍的分区规划

1.兔场建筑物的种类

按建筑设施用途不同，大致可分为5类：

(1)行政管理用房　主要包括行政办公室、接待室、会议室、财务室、资料图书室、值班警卫室以及配电、供电、供暖锅炉、车库、机修等。

(2)职工生活用房　包括食堂、宿舍、医务室、浴室等。

(3)生产用房　包括种兔舍(种公兔舍、种母兔舍)、繁殖舍、育成舍、幼兔舍、育肥舍等。

(4)生产辅助用房　包括饲料加工、饲料贮存、消毒更衣室、兽医室等。

(5)粪便污水处理用房　包括粪场、粪库、污水、化粪处理池等。

以上为一般兔场必需的房舍建筑，根据兔场的规模不同、经营特点、生产任务性质不同，还须具备其他房舍。如集约化程度较高的大型工厂化养兔场需设完备的一套剖检、化验、生产统计等用房，可根据工作的性质和实际情况合理列入有关的用房之列。

2.房舍的分区规划

兔场内各种房舍的分区规划，应按照兔场分区规划的原则，首先要考虑人的工作和生活区的环境保证，以免受到饲料粉尘、粪便气味和其他废弃物的影响。其次要注意兔场的防疫卫生、生产环节的有序联系，综合考虑，合理安排。根据兔场的地形地势和主导风向进行分工规划，如图3-1所示。

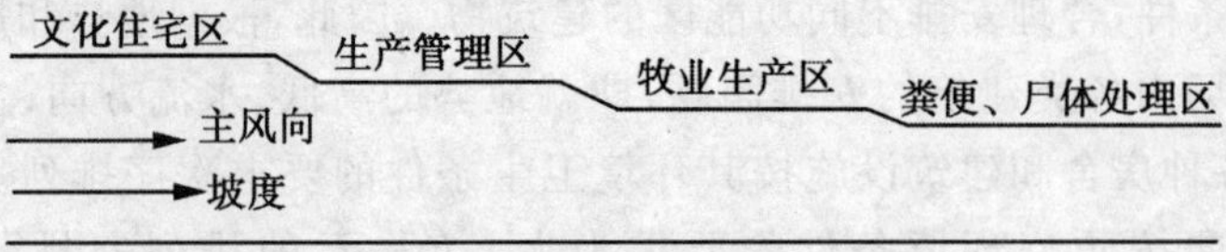

图 3-1　按地势、风向兔场分区规划先后顺序

职工生活区应占全场的地势较高地段和上风处，管理区、生产区应建在生活区的下风和较低处，但应高于兽医治疗室、隔离舍，并在其上风处，粪便处理区设在全场的地势最低地段和下风处。

(1)管理区　主要包括与经营管理有关的房舍、饲料加工房舍、饲料库、维修间、配电室、供水设施等。因该区的经营管理活动与社会经常发生密切的联系。在规划时，该区位置的确定，应有效地利用原有的道路和输电线路，充分考虑饲料和其他生产资料的供应、产品的销售及与居民区的联系。由于兔场的经营活动与社会联系频繁，造成疫病传播的危险比较大，所以管理区要单独成为一个小区，应与生产区加以隔离，外来人员只能在管理区活动，不得进入生产区。场外运输应严格与场内运输分开，负责场外运输的车辆严禁进入生产区，其车库应设在生产区之外。饲料原料库和加工车间、饲料成品贮存库尽量靠近生产区，与兔舍保持较短的距离，以缩短饲料的运输路线和工作人员的往返路程。

因此，在设置该区时，应着重考虑两个方面，既有利于防疫，避免造成疾病的传播，又有利于组织生产，提高劳动效率。一般来说，管理区与生产区应至少保持 200～300 米的距离，最好保持 500 米的距离。

(2)生产区　建筑房舍包括种兔舍(种公兔、种母兔舍)、繁殖兔舍、幼兔舍、育成兔舍和育肥兔舍等。

生产区是兔场的核心，对生产区的规划，应给予全面的考虑。优良种兔舍应置于防疫比较安全和环境最佳的位置，必要时要加强与外界隔离措施；幼兔舍和后备育成兔舍要安排在空气新鲜、疫病较少的位置，可为以后生产力的发挥打下良好的体质基础；育肥兔舍应安排在靠近场门交流比较方便的地段，以减少外界的疫情对场区深处传播的机会，同时也便于与外界的联系。

(3)病兔和粪污处理区　包括兽医诊疗室、病兔隔离舍、粪污处理设施用房等。该区是病兔-污物集中之地，是卫生防疫和环境保护工作的重点，为了防止疫病传播、蔓延，应设在全场下风和地势最低处，并设隔离屏障如界沟、栅栏、浓密的林带和围墙等。

兽医诊疗室应与兔舍保持 300 米的卫生间距，处理病死兔的尸坑、焚尸炉等设施与兔舍保持 300～500 米的间距，应单独设出入口，隔离应严密。粪污处理区应与兔舍保持 100 米的卫生间距，若有围墙，可缩小至 50 米，但贮粪池深度以不受地下水的浸渍为宜，底部应不渗水。

3. 房舍的合理布局

兔场房舍规划的任务是合理设计各种房舍建筑物及其设施的排列方式和次序，在已确定的功能区内，房舍布局合理与否，对场区的环境条件、卫生防疫条件、生产组织及劳动生产率的发挥等都有直接的影响。

因此，为搞好兔场房舍的合理布局，必先根据本场的任务和要求、饲养管理方式、集约化程度等，然后进一步确定各种房舍建筑物的种类、形式、面积和数量，在此基础上综合考虑建筑物之间的功能关系、小气候的改善、卫生防疫、防火和节约占地等，根据实际情况进行设计。

(1)根据生产环节确定房舍之间的最佳生产联系　兔场的生产过程包括的环节大致如下：种兔的饲养与繁殖，幼兔的培育，商品生产群的饲养管理，饲料的加工、调制与分类，兔舍的清扫，粪污的清除与处理，疫病的防治。

上述过程需在不同建筑物中进行，彼此发生功能联系，统筹安排，否则将影响生产的顺利进行，难以组织有效的生产，甚至造成无法克服的后果。各类建筑物之间的功能联系模式如图 3-2 所示。

在确定每栋房舍设施的位置时，应主要考虑它们彼此之间的功能关系即建立最佳的生产联系和卫生防疫要求，将相互有关的、联系密切的建筑物和设施相互靠近，做到既有利于生产的联系又有利于卫生防

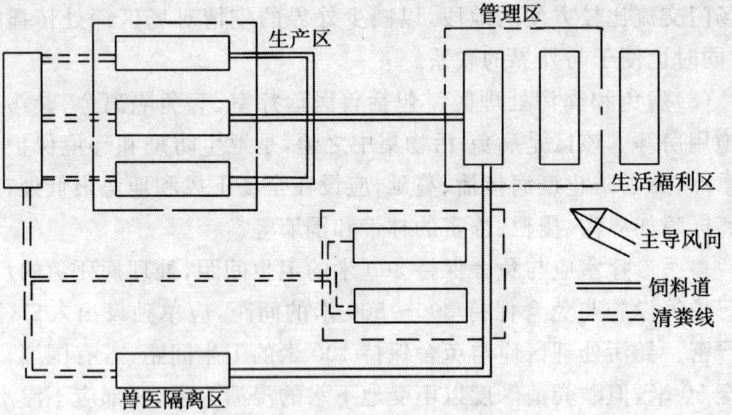

图 3-2　兔场各类建筑物之间的功能联系模式图

疫。为了减轻劳动强度，便于实现生产过程机械化，提高劳动效率，建筑物之间的功能联系，尽量做到紧凑地配置，以保证最短的运输、供电、供水线路。饲料库、饲料加工调制间等，应尽量靠近或集中在一个或几个建筑内进行，并应靠近消耗饲料最多的兔舍，以便于组织流水作业和实现生产过程的机械化。

此外，对于料库和贮粪场等，与每栋兔舍都发生联系，其位置应考虑到净道和污道的分工布置，为相反的方向或偏角的位置，并尽量使其与各兔舍的线路保持最短线路距离或相关不大。

(2)兔舍的间距　兔舍间距是兔场总体布置的一项重要内容，它不仅关系到兔场的占地面积，还影响到场区小气候的改善。因此，兔舍的间距应以防疫、排污、防火三方面要求为主，在总体设计布置中若能满足以上三方面的距离要求，其他方面也可满足。

①防疫要求：从防疫卫生角度确定兔舍的间距，目的是为避免或减少兔舍之间的相互感染。兔舍通过通风经常排出大量的污浊空气，污浊的空气常常含有大量的饲料粉尘和微粒，若某栋兔舍中的兔群发生疾病，舍中的病菌微生物常可借助于排出的微小颗粒而被携带出，威胁着相邻兔舍的兔群。为有利于卫生防疫，兔舍排出的污浊空气不能进

入相邻兔舍。因此,从防疫要求确定兔舍间距时,应取最不利的间距所需的数值,即应使下风向的兔舍不处于相邻上风向兔舍的涡风区内,这样可满足卫生防疫要求。同济大学在烟风洞剖面模型的试验结果表明:当风向垂直于兔舍纵墙时,涡风区最大,约为其檐高(H)的 5 倍。

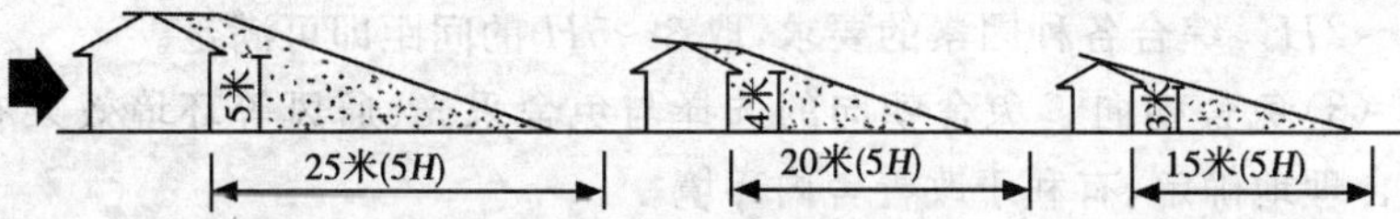

图 3-3 风向垂直于纵墙时兔舍高度与涡风区的关系

当风向与纵墙不垂直时,涡风区缩小,如当主导风向入射角为 30°~60°时,涡漩长度约缩小到 $3H$。此时对开放式兔舍的防疫,通风更有利;对于密闭型兔舍,由于兔舍的通风换气多采用相邻舍相向排气和进气,所以影响不大。$3H$ 的间距即可满足卫生防疫要求,如以舍高为 3 米计,舍间距为 9~10 米。

②排污要求:为有利于改善兔场的环境,有效地排除各栋兔舍排出的有害气体及粪尿散发的难闻气味以及灰尘,确定兔舍间距要考虑排污效果。场区的排污需要借助于自然通风进行,因此,要充分利用主导风向与兔舍纵轴所形成的角度,在考虑节约占地面积满足场区排污需要的前提下,可适当减小兔舍的间距。试验证明,若兔舍长轴与主风向所夹角取 30°~60°,采取 1.3~1.5H 的兔舍间距,也可达到排污的需要。所以要合理地组织场区通风,使兔舍纵轴与主导风向呈一定的角度,从而以较小的兔舍间距达到较好的排污效果。

③防火要求:防火间距取决于建筑材料、结构和使用特点,兔舍的防火间距可参照民用建筑的防火间距规定,民用建筑的最大防火间距为 12 米。兔舍建筑一般为砖墙、混凝土屋顶或木质屋顶并做吊顶,无须采用最大防火间距,多采用 6~10 米,相当于 2~3H。

此外,与确定兔舍间距有关的还有日照因素。为保证充分采光,要求兔舍与其相邻建筑物或树木间的距离不能小于建筑物和树木高度的 2 倍即 $2H$。

由此可见，兔舍间距的确定，不能单纯从节约用地考虑，而必须综合防疫、防火、排污、通风和采光等因素。兔舍的间距大小，从不同角度要求与兔舍高度的比值各有不同：防疫间距因兔舍形式的不同而有差异，一般为 $3\sim5H$；排污间距为 $3H$；防火间距为 $2\sim3H$；日照间距为 $1.5\sim2H$。综合各种因素的要求，取 $3\sim5H$ 的间距即可满足。

(3)兔舍朝向　兔舍朝向的选择与兔舍采光、通风等环境效果有关，合理地确定，有利于改善舍内环境。

从采光方面考虑：太阳光是很好的自然光能，有很好的杀菌消毒作用，是兔场净化环境有效的"杀菌剂"，是促进家兔正常生长、发育和繁殖等不可缺少的环境因素。同时太阳光照对舍内温度变化影响很大。我国地处北纬 20°～50°，各地太阳高度角因季节和地理纬度不同而有差异，各地区对房舍的朝向方位也因当地自然因素和风俗习惯等原因各有不同的观点，但总的看来，由于我国处于北半球，冬季日光斜射，太阳高度角小，夏季日光直射，太阳高度角大。太阳高度角大小不同，其辐射强度有很大的差别。为此确定兔舍适宜的朝向应遵循以有利于采光，改善舍内温度状况，取得冬暖夏凉的效果为原则。由于兔舍的纵墙面积比山墙大得多，适宜的朝向以使其纵墙和屋顶在冬季多接受日照，有利于提高舍温，而夏季少接受日照，有利于防暑。

确定合理的兔舍朝向，可向当地气象部门了解本地日辐射总量变化图，结合当地自然气候变化因素而定。总的来看，由于我国处于北半球，各地冬季辐射日总量均为南向最大，北向最小；而夏季各地辐射日总量均为东西向远远大于南北向。由此可见，从采光、防暑防寒角度考虑，兔舍朝向均以南向或者南偏东、偏西为宜。这样的朝向可使冬季南墙和屋顶接受较多的辐射热，而夏季接受辐射热较多的是东西山墙，故冬暖夏凉。东西向的兔舍与此相反，导致冬冷夏热，而不利于防暑防寒。

从通风方面考虑，在自然通风的情况下，需要借助于自然气流来实现兔舍的通风换气，气流的均匀性和通风量的大小，主要取决于进入兔舍的风向角度。若风向角为零度时，从窗口而入的气流则以最短的距离流向对面的窗子，因此形成穿堂风，对于冬季舍内的保温是不利的。同时在窗间墙的区域没有气流，易形成无风带或称“滞流区”。若风向为45°时，滞流区最小，通风效果最好；若风向为90°时，即兔舍与主导风向平行，两面墙壁风压差为零，失去了由风压形成的通风动力，故此时通风效果最差。

综合采光和通风的要求，确定兔舍的适宜朝向，要根据各个地区的太阳辐射和主导风向两个主要因素加以选择而确定。

按照上述方法确定兔舍的最佳朝向，往往比较烦琐，为此，在确定兔舍的朝向时，可参照我国部分地区民用建筑最佳和适宜朝向作参考（表3-1）。

表3-1 全国部分地区建筑朝向表

地区	最佳朝向	适宜朝向	不宜朝向
北京地区	南偏东或西30°以内	南偏东或西45°以内	北偏西30°～60°
上海地区	南至南偏东15°	南偏东30°，南偏西15°	北、西北
太原地区	南偏东15°	南偏东至东	西、北
哈尔滨地区	南偏东15°～20°	南至南偏东或西各15°	西、西北、北
长春地区	南偏东30°，南偏西10°	南偏东或西各45°	北、东北、西北
沈阳地区	南、南偏东20°	南偏东至东，南偏西至西	东北、东至西北、西
济南地区	南、南偏东10°～15°	南偏东30°	西偏北5°～10°
南京地区	南偏东15°	南偏东25°，南偏西10°	西、北
合肥地区	南偏东5°～15°	南偏东15°，南偏西5°	西
杭州地区	南偏东10°～15°，北偏东6°	南、南偏东30°	北、西
福州地区	南、南偏东5°～10°	南偏东20°以内	西
郑州地区	南偏东15°	南偏东25°	西北
武汉地区	南偏西15°	南偏东15°	西、西北
长沙地区	南偏东9°左右	南	西、西北
广州地区	南偏东15°，南偏西5°	南偏东22°30′，南偏西5°至西	

续表 3-1

地区	最佳朝向	适宜朝向	不宜朝向
南宁地区	南、南偏东 15°	南、南偏东 15°～25°，南偏西 5°	东、西
西安地区	南偏东 15°	南、南偏西	西、西北
兰州地区	南至南偏东 15°	南、偏东或偏西各 30°	西、西北
银川地区	南至南偏东 23°	南偏东 34°，南偏西 20°	西、北
西宁地区	南至南偏西 30°	南偏东 30°至南偏西 30°	北、西北
乌鲁木齐地区	南偏东 40°，南偏西 30°	东南、东、西	北、西北
成都地区	南偏东 45°至南偏西 15°	南偏东 45°至东偏北 30°	西、北
昆明地区	南偏东 25°～56°	东至南至西	北偏东或西各 35°
拉萨地区	南偏东 10°，南偏西 5°	南偏东 15°，南偏西 10°	东、西
厦门地区	南偏东 5°～10°	南偏东 22°30′，南偏西 10°	南偏西 25°，西偏北 30°
重庆地区	南、南偏东 10°	南偏东 15°，南偏西 5°，北	东、西
青岛地区	南、南偏东 5°～15°	南偏东 15°至南偏西 15°	西、北
旅大地区	南、南偏西 15°	南偏东 45°至南偏西、西	北、西北、东北

在具体实践中，必须结合当地的地形地势和地方性小气候等条件综合考虑，切不可盲目按表照搬。

(4)场区道路　场区道路的设置是总体布置的一个组成部分，是场区建筑物之间、建筑物与建筑设施、场内外之间联系的纽带，不仅关系到场内运输、组织生产活动的正常进行，而且对卫生防疫、提高工作效率都具有重要的作用。因此，要求道路直而线路短，以保证场内各生产环节保持最方便的联系。

生产区的道路应区分为运送饲料、产品和用于生产联系的净道，以及运送病、死兔，粪污的污道。净道和污道不得交叉或混用，以有利于防疫。为了保证净道不受污染，在布置道路时可按梳状分布，道路末端只到兔舍，不再延伸，更不可与污道贯通。净道和污道以草坪、沟渠、池塘或者矮小灌木林带相隔。

场前区的道路和隔离区的道路应分别设与场外相通的道路，决不能直接与生产区的道路相连。

养兔场道路的宽度要考虑场内和车辆的流量，主要着重于主干道即行车道。主干道因与场外运输线路相连接，其宽度要保证顺利错车，为 5.5～6.0 米。支干道与饲料库、兔舍、兽医治疗室、贮粪场等连接，此类道路一般不行驶载重车，其宽度一般为 1.5～3.0 米。但应考虑火警等特殊情况下车辆进入生产区时，对路宽、会车和转弯半径的需要。

场内道路应坚实、不透水，路面断面应具有一定的坡度，如向一侧倾斜或由路中心向两侧倾斜，其坡度一般为 1%～3%为宜，以利于排水。

(5)场区的绿化　兔场的绿化越来越受到人们的重视，绿化不仅可美化环境，改善场区的自然面貌，而且可起到防火、防疫等良好的作用。

在场内规划时，必须规划出绿化地，绿化目的性要明确，发挥各种林木的功能作用，美化环境。养兔场的绿化林带有如下几种。

防风林带：以降低场内风速，防低温气流，防风沙对场区、兔舍的侵袭为目的，防风林带应设在冬季上风向，沿围墙内外分布，林带的宽度以 5～8 米为宜，植树行数视当地冬季主风的风力而定，株距 1.5 米，呈品字形栽植。

树种选择最好是落叶树和常年绿树搭配，高矮树种搭配。

隔离林绿化带：主要设在各场区之间及围墙内外，场界周边种植乔木混合林带，特别是夏季上风向的隔离林带，应选择树干高，树冠大的乔木，行株距应稍大些。场区内隔离林带，以分隔场内各区，此区的隔离林应按防风林设计。

遮阴绿化林：既要注意遮阴效果，又要注意不影响通风排污。因此，近舍的绿化起到为兔舍墙壁、屋顶、门窗遮阴的作用，在植物配置选择方面，可根据树种特点和当地太阳高度角，合理确定植树位置及树木类别。

绿化遮阴一般选择如柿、核桃、枣等枝条长、树冠大而透风性好的树种，以防夏季阻碍通风和冬季的遮挡阳光。

在运动场内植树，应选择花荫树种，以相邻二株树冠相连，又能通风为好。

三、兔舍建筑

兔舍是家兔生活和生产的场所。为使家兔在适宜的环境中生活，在设计兔舍时，不仅要满足其生物学特性的要求，而且还要根据养兔场的生产工艺方案和环境工程管理等设计参数，只有这样才能有效地控制舍内的环境因素，为家兔生产创造一个最佳的生活空间，充分发挥其生产潜力，提高经济效益。

（一）兔舍建筑类型

兔舍的建筑类型，根据不同地区气候环境特点、社会经济条件、生产水平、饲养管理方式及生产方向而定，其形式多种多样，各有其特点。现就对不同形式的兔舍分述如下：

1. 按兔舍的封密程度划分

（1）封闭舍　四周有墙，上有屋顶，依靠门、窗或通风管道通风换气，舍内外空气环境差异较大。其优点是具有较好的保温隔热能力，便于人工控制舍内环境和人工管理，可防兽害。缺点是由于墙壁和屋顶等围护结构形成封闭状态的兔舍形式，舍内的水汽、有害气体浓度较高，若不能进行有效地通风，易发生呼吸道疾病。尤其是在冬季，通风和保温往往形成矛盾。但此种兔舍是目前我国各地应用最多的一种。

（2）开放式兔舍　三面有墙，上有屋顶，正面（向阳面）敞开或设有铁丝网。其特点是通风好，有利于采光，保持舍内空气清新，管理方便，造价较低。但舍内温度因舍内空气流动性强而受到外界气温的影响较大，不便于进行环境控制，防寒能力较差，不利于防兽害，适于较温暖地区（图 3-4）。

（3）半开放式兔舍　三面有墙，上有屋顶，正面（阳面）设有半截墙，为防止兽害的侵袭，在半截墙之上可安装丝网。为了提高其实用效果，在冬季为加强保温，可封上活动式的塑料膜；为夏季有利于通风，在后

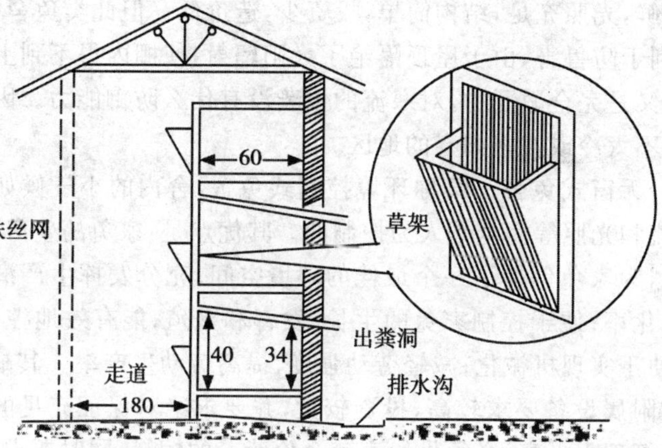

图 3-4　开放式兔舍(单位:厘米)

墙设窗户。此种类型兔舍通风、采光较好。舍内空气新鲜,有一定的防寒能力,因此,适于冬季不太冷、夏季不太热的地区(图 3-5)。

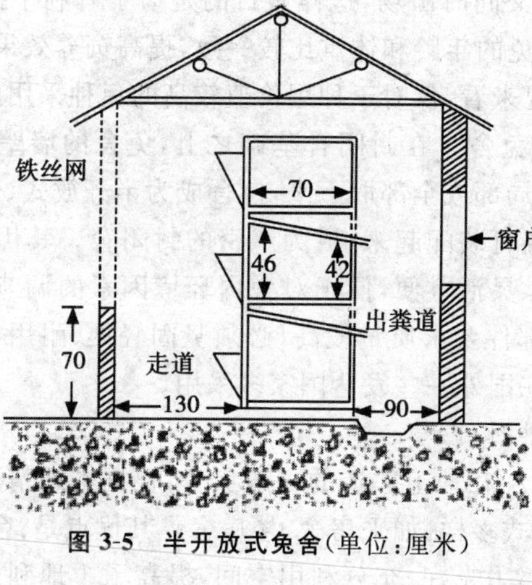

图 3-5　半开放式兔舍(单位:厘米)

(4)棚式兔舍　四周无墙,只有舍顶,靠立柱支撑。其特点是防止日晒,减少辐射热和空气流通大等,是一种防暑的有效形式,同时舍内空气新鲜，光照充足，结构简单，投资少，造价低。但此类兔舍四周无墙壁，不利于防兽害，由于屋顶隔绝了太阳辐射，使棚内得不到上来热量，而四周又是完全敞开的，对寒流的侵袭没有什么防御能力。因此，仅适于冬季不太冷或四季如春的地区。

(5)无窗式兔舍　又称环境控制式兔舍，舍内的小气候如温度、湿度、气流和光照等完全是人为控制的。其优点是：家兔的生产不受季节的影响，为家兔创造了一个最佳的环境空间；充分发挥生产潜力，提高饲料转化率；便于控制家兔的生长、发育和繁殖；能有效地控制疾病的传播；便于实现机械化；减轻劳动强度，提高劳动生产率。其缺点是：建筑物和附属设备要求较高，投资较大，并要求绝对保证充足的电力；要求饲养管理水平高，必须供给家兔全价营养的饲料；同时要求兔群质量高，规格一致，为无特定病原群。

采用无窗式兔舍，必须有科学的管理手段，周密的生产计划，有效的防疫措施。在生产过程中，一般都采用："全进全出制"，即同舍内的家兔，同时进舍又同时出场，这样做目的是为了有利于控制疾病，便于饲养管理，使家兔的年龄和体重比较一致，提高饲养效果。就目前我国畜牧业发展情况来看，仅对于种用价值较高的兔种采用此种兔舍饲养。

(6)组装式兔舍　在封闭舍基础之上，兔舍的墙壁和门窗是活动的，天热时可以局部或全部取下来，使舍成为半开放式、开放式或棚舍，冬季为加强保温可装配起来，成为严密的封闭舍。其优点是适于不同地区、不同季节、灵活方便，便于对舍内环境因素的调节和控制。缺点是兔舍结构各部件要求质量较高，必须坚固轻便、耐用，保温隔热性能好。此种兔舍在国外一些发达国家多采用。

2.按空间排列划分

(1)地上舍　在地上建造的一般兔舍，根据本地情况及生产特点，可合理设计，形式多样，如平房舍、楼房舍。其优点是：舍内环境因素便于调节，通风好，采光好，充分利用空间，提高了土地利用率。缺点是：此种兔舍在设计时，要充分考虑建筑材料的坚固性，保温性等；造价高，适于城郊土地资源紧张、资金较雄厚的大、中型集约化养兔场。

(2)地下式兔舍　在地下建造兔舍,可充分利用地下温度较高和相对稳定的特点(图 3-6)。

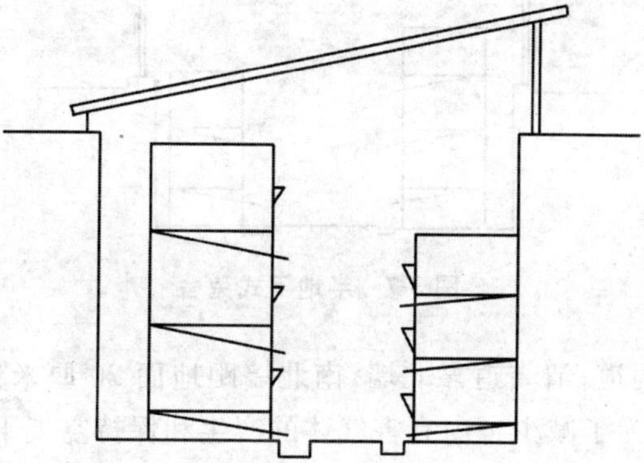

图 3-6　地下式兔舍

建造兔舍时,应选择地势高燥、向阳背风、土质要好、地下水位低的地方;切忌建在低洼易涝、潮湿、土质稀松、含沙量大的地段。其优点是:舍内温度稳定而适宜,冬暖夏凉,有较好的保温能力;舍内噪声小,相对安静。缺点是:地下舍往往通风、采光不便,舍湿度大,空气污浊;饲料的发放、粪便的清除处理比较麻烦,增加了劳动强度。

地下舍的形式多种多样,根据地方特点,因地制宜。如圆桶式地下舍、长方形地下舍、长沟槽式地下舍等。地下舍建筑要防止塌倒,为防雨水倒灌,舍顶要高出地面,在舍顶开天窗,留有通气孔,以有利于通风和采光。此种兔舍适于我国北部及西北寒冷地区。

(3)半地下式兔舍　该兔舍一半在地下,一半在地上,具有地下舍的优点,环境温度较高和稳定,同时与地下舍比较可较大地改善舍内湿度高、采光性差的缺点,造价低、省材料,冬暖夏凉(图 3-7)。但仍不便于管理和对粪便的清除,舍内湿度较大。适于较寒冷地区小型兔场。

3. 按舍内兔笼的排列划分

(1)单列式兔舍　舍内兔笼沿纵轴布置一列的兔舍(见图 3-5),一般是 3 层,放在兔舍的北面。笼门朝南,兔舍的北墙可开窗。兔笼与南

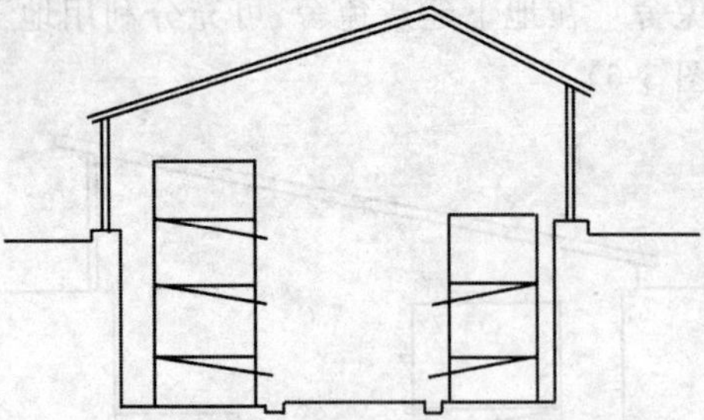

图 3-7　半地下式兔舍

墙之间为喂饲道，清粪道靠北墙，南北墙距地面 20 厘米处留对应的通风孔。此外，为了减少舍内有害气体的产生和保持空气干燥，可把粪沟设在舍外。此种兔舍跨度小，有利于采光，通风好，但不利于保温且利用率低，适于气候温暖地区。

(2)双列式兔舍　舍内兔笼纵轴布置两列的兔舍(图 3-8A)。笼在舍内的布置有两种形式，一种是兔笼背靠背排列，中间为粪尿沟，靠近南北墙各一条喂饲道；另一种是兔笼分别设置在南北墙，中间为喂饲道。这种兔舍，室内温度易于控制，通风透光良好，兔舍的利用率也较高，但朝北一列兔笼光照、通风、保暖条件较差。这种形式的兔舍在我国各地应用较普遍。

(3)多列式兔舍　舍内兔笼沿纵轴布置三列或三列以上的兔舍(图 3-8B)。该舍放置兔笼以单层或双层为宜，否则，兔笼层数多，不利于通风和采光。该舍一般适用于大型集约化生产的兔场。

4. 其他形式的兔舍

(1)室外笼养式兔舍　又称露天兔场，它和一般兔笼不同，既是兔笼又是兔舍。在室外以砖、石或土坯等砌成的笼舍合一结构，表面抹刷白石灰，笼底用竹条、木板钉成可装饰的活动底架，多层的设承粪板和集粪沟，前面装木制门或铁丝网木门(图 3-9)。兔舍覆以较大而厚的顶，以遮阳、挡风、防雨雪。一般 2 层或 3 层，重叠式。其优点是：坚固耐用，洗刷方便；通风、透风、干燥、卫生、造价低。缺点是：无法对环境

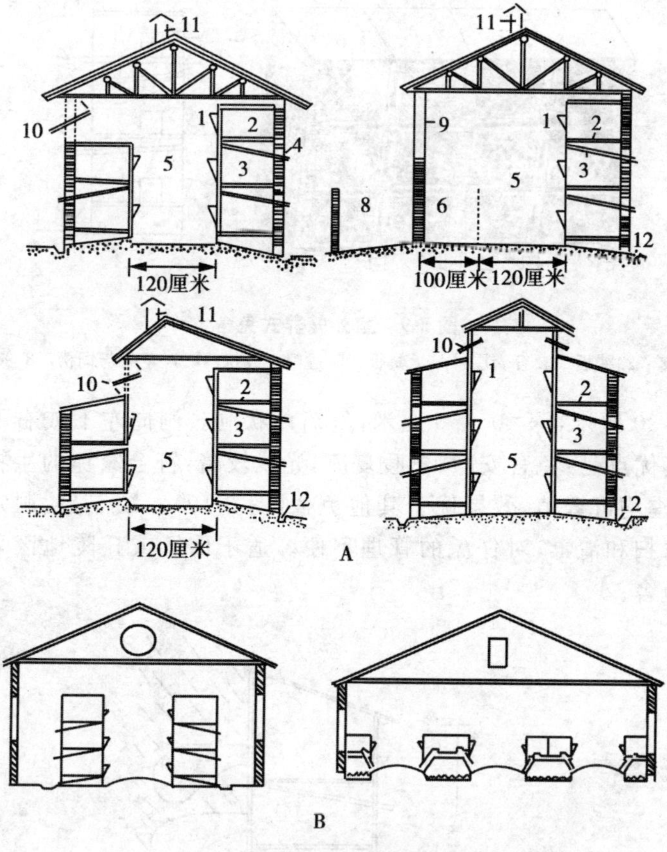

图 3-8　双列式和多列式兔舍

A. 双列式兔舍　B. 多列式兔舍

1. 草架　2. 漏粪栅　3. 承粪板　4. 除粪口　5. 走道　6. 室内运动场　7. 出入门　8. 室外运动场　9. 支柱　10. 翻转窗　11. 出气口　12. 排水沟

进行控制，尤其是冬季保温差，遇不良天气管理不方便。适于温暖干燥地区小规模兔场。

(2)洞笼结合式兔舍　将室外笼舍建在背风向阳的土山处，在其后壁向山内掏洞。入口处一般宽约12厘米，高14厘米左右，里面25

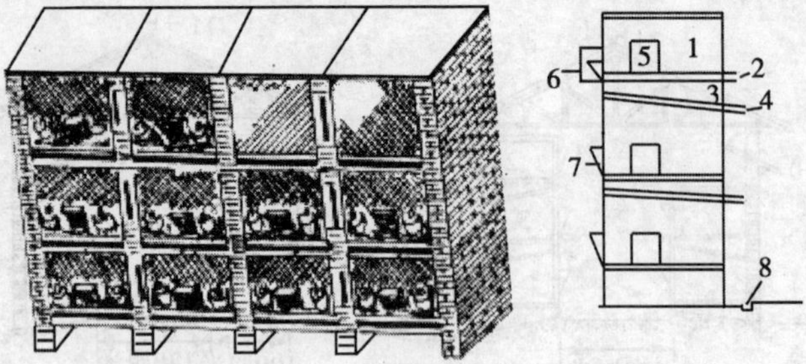

图 3-9　室外笼养式兔舍

1.兔窝　2.踏板　3.容粪层　4.承粪板　5.过门　6.拉门　7.草架与饲槽　8.粪尿沟

厘米×30 厘米，深 40～50 厘米，呈葫芦状洞。洞向左下或右下方倾斜。其优点是：兔舍安静，冬暖夏凉，光线较暗，符合家兔的生物学特性，四季均可繁殖，效果优于其他兔舍（图 3-10）。缺点是：洞穴难以彻底清扫和清毒，对仔兔的管理不便。适于山区或丘陵地区采用的一种兔舍。

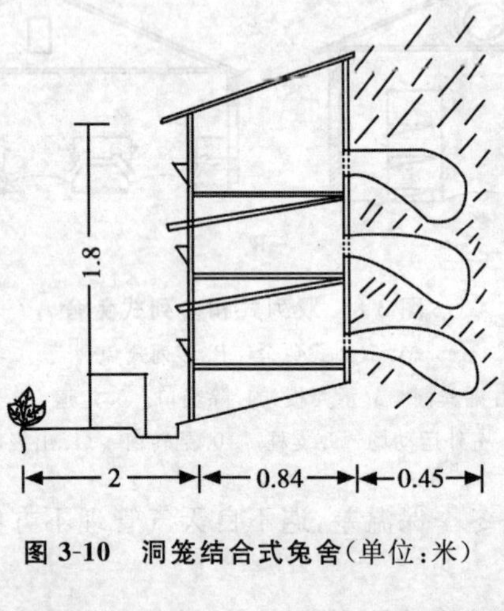

图 3-10　洞笼结合式兔舍（单位：米）

（3）栅饲兔舍　在室内用竹片、小树棍、铁丝等隔成若干隔栏，隔栏的向阳一侧可开小门通向室外的运动场，同样隔成若干隔栏。室内隔栏一般设漏粪踏板柜或采用垫草办法，弄脏后可垫上一层草，达一定厚度，可彻底清除并消毒，再重新垫上一层。室外运动场铺垫河沙，场内设置食槽、草架和饮水器。室外运动场与室内隔栏中间最好设有可关闭的洞门，这样白天可打开洞门，让兔群出来采食运动，接受更多的阳光，夜间或天气突变时将兔群赶回室内关闭。其优点：饲养量大、管理方便、节省人力；空气新鲜、光照充足、兔群活动量大，兔体质健康。缺点：不利于掌握定量采食；易发生咬斗和传播疾病。适于饲养后备兔和商品肉兔，也可饲养生产长毛兔和商品皮兔，但公兔需去势，以便于和母兔混群饲养。

(二)建筑设计要求

1.兔舍建筑设计的基本要求

兔舍是家兔生活的场所，建筑干燥、明亮、温暖适宜、空气状况良好的兔舍，是发展养兔业的重要环节。

兔舍建筑设计的基本要求：

①因地制宜，就地取材，经济实用。在兔舍形式和结构的设计和设施的选择上，应突出经济效益，考虑投入产出比。

②兔舍的设计要与家兔的生活习性相适应。家兔怕热、怕脏、怕湿、体小力弱、抗病力差。因此在建筑上要有能防雨、防潮、防风、防暑、防寒、防兽害等措施。

③兔舍的形式结构、大小及内部布置等必须满足不同类型和不同用途家兔的要求。做到便于饲养管理，提高劳动效率和实现机械化，要清洁卫生，有利于防疫，防止疾病传播。

④满足兔舍的功能要求，为兔群创造良好的生长发育和繁殖等生产的环境条件，做到舍内干燥、通风、采光好，冬暖夏凉。

⑤建筑的兔舍坚固耐用，防止被兔啃咬，便于清扫、消毒。

2.兔舍基本结构的要求

兔舍环境在很大程度上取决于兔舍的结构，尤其是外围护结构，由于外围护结构将兔舍空间与外部空间隔开，对舍内各种环境因素影响很大。通过对兔舍的基本结构如地基、基础、墙壁、地面、屋顶与天棚等进行合理的设计，为家兔生活提供一个适宜的环境场所，以利于组织生产。

(1)地基与基础　支持整个建筑物的土层叫地基。一般小型兔舍可直接修建在天然地基上，不需人工捣固和人工敷垫。但大型的兔舍，由于对地基压力大，必须对地基进行加固，以防建筑物下沉，引起裂缝和倾斜，使整体结构坚固性受到影响。作天然地基的土层必须坚实、组成一致、干燥、有足够的厚度、压缩性小、地下水位在2米以下。一般沙砾、碎石、岩性土层的压缩性小，且不受地下冲刷的沙质土层是良好的天然地基。黏土、黄土含水多时压缩性大，且冬季膨胀性很大，如不能保持干燥，不适于做天然地基。

基础是建筑物深入土层的部分，是墙的延伸，作用是承载兔舍本身重量及舍内家兔、设备、屋顶等重量。因此，基础要求坚固耐久，有适当的抗机械能力及抗震、防潮、抗冻能力。一般基础比墙宽10～15厘米，基础埋置深度应根据兔舍的总荷载、地基的承载力、土层的冻胀程度及地下水情况而定，在不膨胀土层上，一般深度为50～70厘米。我国北方地区，在膨胀土层修建兔舍时，应将基础埋置在土层最大冻结深度以下，同时还应加强基础的防潮、防水。目前国外在兔舍建造中广泛采用石棉水泥板及钢性泡沫隔热板以加强兔舍基础的防潮和保温。加强基础的防潮和保温对改善舍内环境、小气候具有重要的意义。

(2)墙壁　墙壁是兔舍的主要结构，是兔舍与外部空间隔离的主要外围护体，对舍内温、湿状况起重要作用。据测定，冬季通过墙散失的热量占整个兔舍总失热量的35%～40%。

对墙壁的要求：坚固、耐久、严密、防水抗震、结构简单，便于清扫、消毒。同时具有良好的保温隔热性能。

墙壁的保温隔热能力取决于采用的建筑材料的特性与厚度，尽可能选用隔热性能好的材料，以保证最高的隔热设计。否则，在冬季，特别是寒冷地区，就不能保证舍内应有的温度而导致水汽在墙壁表面凝结，造成舍内潮湿，不利于对舍内湿度的控制。而在炎热地区，若墙壁隔热能力低，必须导致舍内温度过高，对防暑降温带来一定的困难。

我国建造的兔舍，多采用砖体结构，厚度一般为一砖至一砖半。在寒冷地区，为加强防寒，厚度可在一砖半以上。为加强防潮和隔热能力，应用防水好且耐久的材料抹面，以保护墙面不受雨雪的侵蚀，沿外墙四周做好散水或排水沟，以减少墙身与基础受到浸泡的可能。在舍内墙的下部设墙围，对加强墙的坚固性，防止水汽渗入墙体，提高墙的保温性均有重要意义。为增强反光能力和保持清洁卫生，内表面抹平粉刷成白色。

(3)窗　窗的主要作用在于保证兔的自然采光和通风。但由于窗户多设在墙壁和屋顶上，所以窗户的设置对舍内的采光和保温隔热有较大的影响。

设置的原则：在满足采光要求的前提下，尽量少设，以能保证夏季通风和冬季的保温。在总面积相同时，大窗户比小窗户有利于采光；为保证兔舍的采光均匀，在墙上窗应等距离分布，窗间壁的宽度不应超过窗宽的 2 倍。在窗的形式方面，立式窗比卧式窗更有利于采光，但不利于保温。故在寒冷地区多采用卧式窗。

(4)门　舍门有内外之分，舍内分间的门和兔舍附属建筑通向舍内的门称为内门；通向舍外的门称外门。在设置方面，每栋舍通常至少有两个外门，一般设在两端墙上，正对中央通道，便于运入饲料和粪便的清除，同时便于实现机械化作业。其大小可根据作业特点和机械体积而定。兔舍较长(大于 30 米)时，大纵墙上也可设门，一般设在向阳背风的一侧。寒冷地区端墙及北墙一般不设门，阳面多设门。为了加强保温和防止冷空气的进入，应设门斗，门斗的深度应不小于 2 米，宽度比门大 1.0～2.0 米。

兔舍门一般宽 1.5 米，高 2.0 米左右；人行门宽 0.7 米，高 1.8 米。要求开启方便，坚固耐用，严密，防兽害，保证生产过程(如运饲料、清粪便)的顺利进行。同时，兔舍门应向上开，门上不应有尖锐突出物，不应有门槛、台阶。

(5)舍顶与天棚　舍顶是兔舍上部外围护结构，用以防止雨雪的侵袭及隔绝太阳的辐射，并对保温、隔热具有重要的作用。

舍顶的形式常有以下几种(图 3-11)：

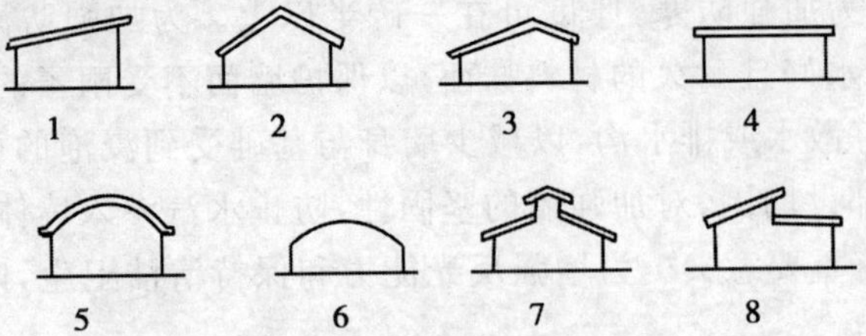

图 3-11　兔舍屋顶形式

1.单坡式　2.双坡式　3.联合式　4.平顶式　5.拱顶式　6.平拱顶式　7.钟楼式　8.半钟楼式

单坡式：屋顶只有一个坡向，结构简单，一般跨度较小，有利于采光，净高较低。只适于单列式或较小规模的兔场舍。

双坡式：最基本的兔舍屋顶形式，舍顶呈对称的人字形，适于较大跨度的兔舍，有利于保温。

联合式：舍顶为不对称的双坡，即顶脊不在舍中轴线上，此种形式适于跨度较小的兔舍。与单坡式比较采光略差，但保温能力较强。

平顶式：舍顶呈水平状，无坡度，一般跨度较小。优点是可充分利用屋顶平台，缺点是防水问题较难解决。适于雨雪不大的地区，我国华北一带常见。

拱顶式和平拱顶式：是一种省材料的屋顶形式，有单曲拱与双曲拱之分，后者比较坚固。此类屋顶造价较低，但屋顶保温能力较差，也不便于安装天窗和其他设施，对施工技术的要求也较高。适用于跨度较小、气候温暖地区的兔舍。

钟楼式和半钟楼式：在双坡式屋顶上增设双侧或单侧天窗的屋顶形式，以增强舍内的采光和通风效果。这种形式多采用于跨度较大的兔舍。跨度较小时，换气效果不好，且建筑费用高。由于保温能力较差，因此适用于温暖地区。

对舍顶的要求：防水、保温、承重、不透气、光滑、耐火、经久耐用、结构轻便简单，造价经济而实用。

在建造设计时，要根据生产形式、经营特点并结合当地的自然气候特点，灵活掌握，以确定最佳的兔舍舍顶形式。

天棚又称顶棚，天花板，是将兔舍与屋顶之下空间隔开的结构，使该空间形成一个不流动的空气缓冲层，对兔舍的保温、隔热具有重要的作用。其主要功能是：加强夏季的防热和冬季的保温，同时也有利于通风换气。

天棚和屋顶的失热最多，一方面是由于其面积较大，另一方面舍内热空气在屋顶和天棚处聚集，热量易通过屋顶和天棚散失。据测定，热量的36%～44%是通过天棚和屋顶散失的，可见天棚对舍温控制的重要性。

因此，天棚必须具备保温、隔热、不透气、不透水、坚固耐久、防潮、不滑、结构轻便简单等性能。

为加强隔热保温性能，除要求天棚严密不透水、不透气外，还可选用隔热性能好的材料。如聚苯乙烯泡沫塑料、玻璃棉等。

兔舍内的高度通常以净高表示。净高指地面到天棚的高，无天棚时，指地面至屋架下缘的高，又称柁下高或举架。兔舍的净高一般为2.5～2.8米，在寒冷地区，可适当降低净高，以利于保温；在炎热地区，为有利于通风、缓和高温的影响可适当增加净高。在实行多层笼养的兔舍，为保证上层笼的通风，上层笼面与天棚应保持1.1～1.3米的高度。

(6)地面　兔舍地面应具备下列基本要求：

①坚实、致密、平坦、有弹性、不硬、不滑；

②有足够的抗机械能力与抗各种消毒方式的能力；

③导热性小，不透水，易于清扫和消毒；

④具有一定的坡度，保证粪便及污水及时排走。

在生产中兔舍地面多为水泥地面，便于消毒、清扫、不渗水，对舍内保持清洁有较好的作用。特别是工厂化、集约化生产的兔舍，要求兔舍地面质量更高，以利于机械化作业和管理。

兔舍由地面损失的热量可达总热量的12%～17%，因此在选择地面建筑材料时，必须注意其导热性。水泥地面属冷地面，若实行地面散养的兔舍，在寒冷季节，则家兔不应直接躺卧在水泥地面上，最好铺上垫草。

3. 兔舍防寒与防热的设计

兔舍的防寒、防热能力，在很大程度上取决于外围护结构的保温隔热性能，通过合理的设计施工，除极端寒冷和炎热地区之外，靠家兔自身散放的体热，一般可以保证家兔对温度的基本要求；即使幼兔，由于热调节机能尚不完善，对低温极其敏感，必须采取供暖、降温措施，也可大大减少设备投资和能源消耗、降低成本。因此，通过合理设计，采取有效的防寒防暑措施，以保证家兔所要求的适宜温度。

(1)兔舍防寒的设计　加强兔舍的隔热设计与施工，以提高兔舍的保温能力，不仅符合家兔的生理要求，而且同时避免家兔大量消耗饲料能量以维持体温或通过采暖以维持舍温，更为经济有效。在我国东北、华北、西北等寒冷地区，由于冬季气温低，持续期长，对家兔的生产有很大的影响。因此，必须采取有效的防寒保暖措施。

——设计成有利保温的兔舍形式　设计兔舍形式应考虑当地冬季严寒程度和饲养家兔的种类及饲养阶段。例如，严寒地区宜选择设计密封式或天窗密闭式兔舍，既有利于保温防寒，同时便于实现机械化，提高劳动生产率。冬冷夏热地区的成年兔舍，可选择开放式或半开放式兔舍，但为冬季加强保温，提高防寒能力，须搭设塑料薄膜，封闭开露部分，或设塑料薄膜窗保温。此外，在热工学设计相同的情况下，大跨度兔舍、圆形兔舍的外围护结构的面积相对地比小型兔舍、小跨度兔舍面积少，故通过外围护结构的总失热值也小，所使用建筑材料也节省。同时，兔舍的可利用面积大，利用率高。

——加强外围护的保温

屋顶、天棚的保温隔热：在兔舍外围护结构中，失热最多的是屋顶与天棚。屋顶失热多，一方面由于面积较大，另一方面舍内热空气上升，因此，热量易通过屋顶而散失。为了充分利用家兔机体散放的热能，将其保存在舍内以提高舍内的温度，加强屋顶的保温，具有重要的意义。为满足保温的要求，屋顶、天棚的结构必须合理，如严密不透气。在寒冷地区，天棚是一个重要的防寒保温结构，其作用在于使屋顶与兔舍空间之间形成一个稳定的空气缓冲层，对保温极其重要。若天棚透气，不仅会破坏顶部空间空气的稳定性，降低保温性能，而且潮湿的空气侵入会使保温层变潮或在屋顶上挂霜、结冰，不但增强导热性，而且对建筑物有破坏作用。

随着建材工业的发展，已生产出一些轻型的高效合成隔热材料，如玻璃棉、聚苯乙烯泡沫塑料、聚氨酯板等，此类材料隔热效果好且轻便，在国外已用于天棚的隔热，这就为改进屋顶保温开辟了广阔的前景。

墙壁的保温隔热：墙壁是兔舍的主要外围护结构，失热仅次于屋顶。因此，在寒冷地区为加强保暖，建立符合家兔要求的适宜环境，必须增强墙壁的保温设计。在设计时，应根据有关的热工指标，通过选择当地常用的导热系数小的材料，以确定最佳的隔热结构和合理施工，这样可大大提高兔舍墙壁的保温御寒能力。

墙壁的保温隔热能力，取决于所用建筑材料的性质和厚度。比如，选用空心砖代替普通红砖，墙的热阻值可提高 41%，而用加气混凝土块，则可提高 6 倍。采用空心墙或在空心中填充隔热材料，也将大大提高墙的热阻值。若施工不合理，如墙体透气、变潮、水汽凝结，都可导致传导和对流失热的增加，从而大大降低墙体的隔热性能。

由此可见，不论是在天气寒冷地区，还是气候温暖地区，在兔舍的保温隔热设计方面，都非常重视屋顶和墙壁的保温隔热作用。特别是屋顶的保温作用。为满足这样的要求，仅靠传统的建筑材料并非易事，难以解决。目前，国外采用的一种新型建筑材料和特殊的墙体结构，这一问题得到了很好的解决，现介绍如下：

墙体外侧为波型铝板，里侧为防水胶合板（10 毫米），而在防水胶合板的里面贴一层很薄的聚乙烯防水汽层（0.1 毫米），在铝板与胶合板间充以玻璃棉(100 毫米),其总厚度不到 120 毫米,但其总热阻值却高达 3.81。这种墙体由于采用新型建筑材料,里侧的防水胶合板有良好的保温性,并且经过防水处理,加上里侧的隔水汽贴面,克服了吸水和透气的缺陷,中间填充隔热性能比普通黏土砖高十几倍的玻璃棉,而外侧为波型铝板,即铝箔波形纸板,既具导热系数小的优点,又具不透气的好处。由于这种特殊的结构,外界的冷空气不能直接吹入、渗透,而舍内的热能也不易传走而散失;水汽被隔绝。故隔热层不会因受潮而降低隔热性能;同时由于墙壁内表面温度不会发生剧烈变化,所以,在墙壁表面不会产生水汽凝结现象,从而大大提高了墙体的隔热效能。

门、窗的保温隔热:门窗的热阻值较小,同时门窗开启及缝隙会造成冬季的冷风渗透,失热量较大,对保温防寒不利。因此,在寒冷地区,可在外门加门斗,设双层窗或临时加塑料薄膜、窗帘等。在满足通风采光的前提条件下,门窗的设置应尽量少。在受冷风侵袭的北墙、西墙少设窗,门尽量不设,北侧窗面积也应酌情减少,一般可按南窗面积的 1/4~1/2 设置,这样对加强兔舍冬季保温均有重要意义。

——加强地面的保温　兔舍地面的保温隔热性能,直接影响地面饲养家兔的体热调节,也关系到舍内热量的散失。因此对地面的保温性能必须给予足够的重视。

夯实土和三合土地面在保持干燥的情况下,具有良好的温热特性,可适于通风好又无重载物通过的小型兔舍。

水泥地面的特点是坚固耐久,不渗水,抗机械能力强等,但其传导性好。若采取地面饲养,家兔卧在地面上,对机体保温不利,特别是在寒冷地区对家兔极为不利。直接用作兔床,必须加铺木板或垫草。

水泥地面只要能使舍温保持适宜的稳定,在干燥的情况下,仍不失为良好的兔舍地面。据 Esmay 认为,舍温稳定在 10~13℃,地面失热不明显。因此,在集约化生产的大型笼养兔舍,综合几方面的因素,使用水泥地面还是比较理想的。

木质地板作为兔床,在保持干燥的情况下,是理想的温暖地面,但木板铺于地上，往往吸水而导致失热快，受到水分的侵蚀，也不结实。另外，木板成本高且不便于消毒。因此，一般情况下仅作为小型的仔兔舍地面以及繁殖母兔舍部分地面。

(2)兔舍防热的设计　从生理上看，家兔比较耐寒而怕热。近年来，发展规模化养兔生产多采用高度密集型的饲养方式，防暑问题显得比较突出，为消除或缓和高温对家兔的健康和生产力所产生的有害影响，必须采取有效的措施，以减少由此而造成的严重的经济损失。

①加强兔舍外围护结构的隔热。夏季造成舍内温度过高的原因有过高的大气温度、强烈的日光照射、家兔自身产生的热量。因此，加强兔舍外围护结构的隔热设计，可有效地防止高温与太阳辐射对舍内温度的影响。

屋顶隔热：在炎热地区，特别是夏季，由于强烈的太阳辐射和高温可使屋面温度高达60～70℃，甚至更高。由此可见，屋顶隔热措施好坏，对舍内温度影响很大，其隔热措施为：

选用隔热好的材料，以加强隔热。与解决兔舍保温防寒一样，要在综合考虑其他建筑学要求与取材方便的情况下，尽量选用导热系数小的材料，以加强隔热。

确定合理的结构，选用一种材料往往不能保证最有效的隔热，因此，从结构上综合几种材料的特点而形成较大的热阻来得到良好的隔热。这是最有效的方法，这种方法就是充分利用几种材料合理确定多层结构屋顶。其原则：在屋顶的最下层铺设导热系数小的材料；其上为蓄热系数比较大的材料；最上层为导热系数大的材料。采用这样的结构，当屋顶受太阳辐射变热后，热传到蓄热系数大的材料层而蓄积起来，再向下传导时，受到阻抑，从而缓和了热量向舍内传播。而夜晚来临时，被蓄积的热又可通过上层导热系数大的材料层迅速得以散失。这样白天可避免舍温升高而导致过热。但这种结构只适于夏热冬暖地区。而在夏热冬寒地区，则应将上层导热系数大的材料换成导热系数小的材料较为有利。

除此之外，无论在何种情况下，要具备良好的隔热作用，必须根据当地气候特点和材料性能保证足够的厚度。

充分利用空气的隔热特性，空气具有的较小的导热系数，不仅可作用保温材料，还可用于防热材料。空气具有可吸收、容纳热量和受热后因密度发生变化而流动的特性。空气用于屋面隔热，其结构一般采用空气间层屋顶，中间空气可以流动。其特点：空气不断从进风口进入，穿过整个间层，而从排风口排出。在空气流动过程中，把屋顶空间由外面传入的热能带走，从而降低了温度，减少了辐射和对流传热量。再加上空气间层本身可减少辐射传热，导热系数小，可增强屋顶的隔热能力，有效地提高了屋顶的隔热效果。

为了保证通风间层隔热良好，要注意合理设计间层的高度和通风口的位置等。对于夏热冬暖地区，为使通风畅通，可适当提高间层高度；在夏热冬冷的北方，间层高度不宜太大，尽量缩小，并要求间层的基层能满足冬季热阻。为有效地保证冬季屋顶的保温，冬季可将山墙风口堵严，以利于顶棚保温。

增强屋面反射，以减少太阳辐射热，舍外表面的颜色深浅和光平程度，决定其对太阳辐射热的吸收与反射能力。色浅而光平的表面对辐射热吸收少而反射多；反之则吸收多而反射少。如深黑色粗糙的油毡屋面，对太阳辐射热的吸收系数值为 0.86；红瓦屋面和水泥粉刷的浅灰色光平面均为 0.56；白色石膏粉刷的光平面仅为 0.26。由此可见，采用浅色光平面可减少对太阳辐射热的吸收，对缓和强烈阳光对舍内温度的影响具有重要的意义。

墙壁的隔热：炎热地区多采用开放舍或半开放舍，在这种情况下，墙壁的隔热没有实际意义。但在夏热冬寒地区，在设计兔舍的墙壁时，须兼顾冬季保温。因此，墙壁必须具备适宜的隔热要求，既有利于保温，又有利于夏季防暑。目前国外用新型的材料，设计的组装式兔舍，冬季为加强防寒组装成保温封闭舍；而到夏季则卸去部分构件，成为半开放兔舍，是一种冬夏两用比较理想的兔舍，但使用的材料要求高，造价亦高。

对于炎热地区的大型封闭式舍的墙壁，则应按屋顶的隔热原则进行处理，可采取有效措施，尽量减少太阳辐射热。

②实行外围护的遮阳与绿化。通过遮阳可在不同方向的外围护结构上使太阳辐射热大大减少，从而使传到舍内的热量减少 17%～35%。兔舍的遮阳应考虑以下几个方面：

绿化遮阳可以种植树干高、树冠大的乔木，也可搭架种植爬蔓植物，在南墙、窗口和屋顶上方形成绿荫棚，但绿化遮阳要注意合理密植，尤其是爬蔓植物，须注意修剪，以免生长过密，影响兔舍的通风与采光。

第二节　兔场设备

一、兔笼

兔笼是养兔生产中不可缺少的设备，它在某种意义上与兔舍同等重要。家兔笼养，使之完全在人为条件下生活，其全部的生活过程在笼内进行。兔笼设计和设备选用是否合理，直接影响家兔的健康和生产性能，合理的笼具可为家兔创造一个良好的生活空间，有利于生产性能的发挥。否则，将会影响其生产性能，乃至导致疾病或死亡。因此，兔笼对养兔生产的重要性不可忽视。

（一）兔笼的基本要求

①符合家兔的生物学特性，坚固耐用，利于保持清洁干燥。

②便于操作，结构合理。

③便于清扫，易于消毒，保证粪便顺利排除。

④结构简单，造价低廉，有利于防兽害。

⑤大小适中，满足家兔的生理要求。

笼门多开在兔笼前面，也有的上开门。一般为轴式，左右或上下启闭，也有的为推拉式，但无论采用哪种形式，应启闭方便，紧闭灵活，无噪声等。

笼门的形式有多种，如大型种兔笼、小群饲养的育肥笼等，可设双门；饲养量小的小型兔笼设一个门即可。门面取材多样，可用竹片，打眼铁皮、钢板或铁丝网、塑料网等制成。规模化兔场多采用镀锌冷拔钢电焊金属网。笼门的宽度依笼的大小而定，高度与笼前高相等或略小。

笼壁可用竹片、砖、木材、金属网等制成。笼壁要光滑，以免勾脱兔毛或伤及兔体。用竹片时，青竹面向内，竹节要削掉，粗细要一致。砖的表面要涂层水泥抹平。也可用金属板或金属网，但应注意防腐蚀生锈。因兔子小便时要顶住后墙，尿顺墙而下。

板条或网丝间距应根据所养家兔的类型而定。大型兔或专为饲养幼兔、育肥兔、青年兔及产毛兔的兔笼，其网丝间距为 3 厘米；繁殖母兔网丝间距为 2 厘米。

笼底是兔笼最关键的部分，要便于家兔行走，平而不滑，坚而有一定的柔性，不吸水，耐腐蚀，易于清理、消毒，能及时排除粪便。

笼底板可用竹片钉制而成，竹片要光滑，边棱不留毛刺，钉头不外露，板条宽度一般为 2.5 厘米左右，竹片间距以 1～1.3 厘米为宜(断乳后的仔兔笼 1.0～1.1 厘米，成兔笼 1.2～1.3 厘米)。板条方向应与笼门垂直，可预防兔脚形成划水姿势。制作良好的竹板笼底，对于防止脚皮炎的发生有良好的效果。若板条质量不佳，制作粗糙，宽窄不一，容易将后腿造成骨折，尤其是种公兔配种时易发生。

工厂化、规模化养兔为便于清洗、消毒及粪便的清除，笼具多用金属丝焊网作底网，网丝一般为 2.4 毫米，网孔为 20 毫米×(150～200)毫米。

承粪板安装在笼底下面承接家兔排出的粪便，落下的水、料及污毛,以免污染下层兔笼。承粪板前面应突出笼外3～5厘米,伸出后壁5～10厘米,并向笼后壁倾斜,以防尿液污水滴落在下层笼上,污染笼具、家兔及安装在笼后网上的饮水器及输水管。一般笼底板与承粪板间距离,前面为15～18厘米,后面为20～25厘米。底层兔笼与地面的距离为30～35厘米。

承粪板的取材不一,多种多样,如镀锌铁板、石棉瓦、水泥板、玻璃钢板及塑料板等。不同的材料各具特点,选用承粪板材料应根据笼具特点及经济状况而定。

此外,兔笼的一般附属设备的配置(如食槽、草架、饮水器等),最好都安装在兔笼前壁或笼门上,饮水器可按装在笼后网上,尽量做到不开门喂食,以节省工时,提高劳动效率。另外,不论是何种形式的兔笼,特别是带仔母兔笼,都应考虑防止鼠类钻入笼内而危害家兔的措施。

(二)兔笼的形式

兔笼可分为活动式和固定式,选用何种形式的兔笼,应根据饲养目的、经济水平、规模大小及家兔的品种而定。不论选用哪种类型的兔笼,都必须以有利于家兔的生产,方便管理,经济实用为原则。

1.活动式兔笼

活动式兔笼由金属、竹、木、塑料等轻体材料制作而成,可进行搬移,适用于小规模养兔。

(1)单层活动式兔笼　笼体和支架多用木、竹制成,笼体四周以竹条和竹片钉制而成,相互间隙为1～1.5厘米。其优点:轻便,可随意搬移,制作简单,适于室内笼养(图3-12)。

(2)单间重叠式兔笼　其结构、用料及制作方法与单层兔笼基本相似(图3-13),前方开门,草架和食槽装在门上,笼下方安装可拆卸的承粪板。笼底与笼壁均可用竹片制成,上面一层前后等高,均为45厘米,下面两层前高45厘米,后高35厘米,长60厘米,宽55厘米。这是目前饲养家兔常采用的尺寸规格。而对于饲养大型及长毛兔兔笼尺寸则应略大些,笼前高50厘米,后高40厘米,宽、长均为70厘米。其优点:

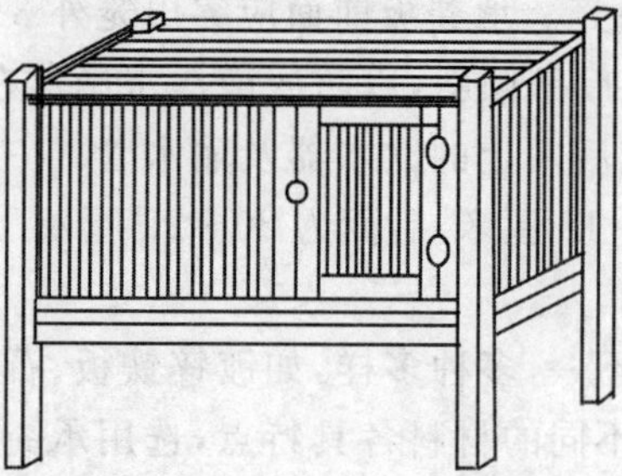

图 3-12 单层活动式兔笼

占地面积小，便于清扫、消毒，易控制疫病，操作方便，节省人力。缺点：由于上下层笼体完全重叠，舍内通风透光性差，兔笼的上下层温度和光照不均匀。若适当饲养层数（2 层），加大走道的宽度，提高底层离地面的高度，可大大改善使用效果。此种兔笼适于家庭农户或小规模饲养场。

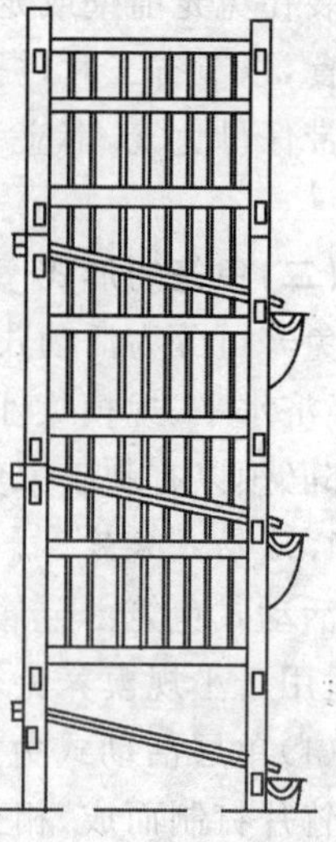

图 3-13 单间重叠式兔笼

（3）双联单层活动式兔笼　两笼中间设有“V”形草架，笼门设在上方，下无承粪板，粪尿直接落在地下，为了地面清洁卫生，需经常清扫或铺垫吸潮垫料并定时清除。适于室内使用（图 3-14）。

（4）双联重叠式兔笼　两笼相联，笼外中间装有草架，尺寸规格与单间重叠式相同（图 3-15）。

2. 固定式兔笼

固定式兔笼常用砖、石、水泥、金属材料等制作而成，其坚固耐用，但不能随意活动搬移。

（1）室外简易兔笼　笼舍合一，要求兔笼的功能要全面，既能防雨、

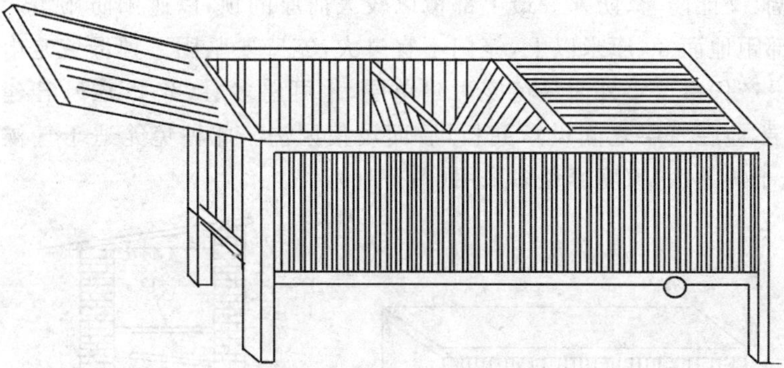

图 3-14　双联单层活动式兔笼

图 3-15　双联重叠式兔笼

防潮，又能防暑、防寒。最上部覆以较大而厚的顶，以遮阳防雨雪。笼底部距地面 30 厘米以上，笼门不宜过大，笼壁要坚固。种母兔笼内还可设产仔室。室外简易兔笼可建单层，也可建多层（2～3 层），若建成多层，应在每层之间设承粪板，后面设集尿沟。此种兔笼适于气候温暖、干燥地区，家庭养兔多采用（图 3-16）。

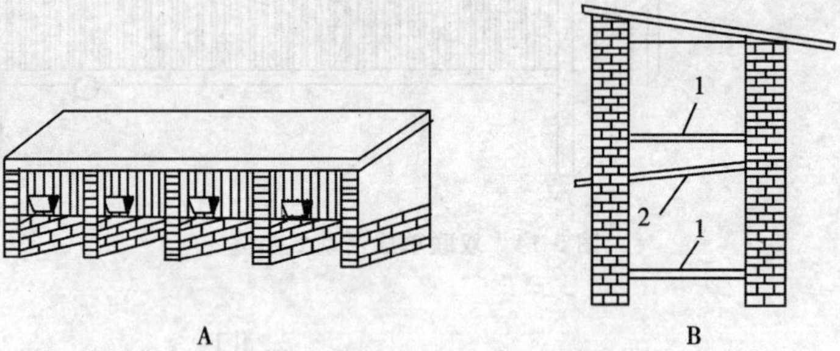

图 3-16　室外单层、多层简易兔笼

A. 单层　B. 多层

1. 笼底板　2. 承粪板

（2）室内多层砖石制兔笼　一般以砖、石、水泥砌成，是我国目前广大农村普遍采用的一种，一般建成 2～3 层，每层之间设承粪板，承粪板、笼侧壁及后壁最好用水泥板，笼底、笼门多以竹板或金属制成，为有利于通风，后壁可用竹板。承粪板由前向后倾斜，以利于粪尿及污水清除和排出。

室内多层兔笼在设置时，可以是单列，也可以是双列。双列的多层兔笼可背靠背式排列，清粪沟设在两排兔笼中间；也有面对面排列，清粪沟设在双列多层笼各自的背面。其优点：笼内通风好，占地面积少，管理方便。缺点：粪尿沟设在室内，易造成舍内空气污染。

（3）室内金属层笼　为实现规模化、工厂化室内密集饲养，满足不同规模的种兔生产及商品兔生产的需要，国内外广泛推广家兔的金属层笼饲养法，并以多种方式在室内进行排列固定，其形式如下：

①平列式兔笼：兔笼全部排列在一个平面上，门多开在笼顶，兔笼

固定在金属支架上或用链条将兔笼悬挂起来。粪尿直接流在笼下的粪尿沟内，不需设承粪板，粪尿可集中清除。其优点：管理方便，环境卫生好，透光性好，便于机械化操作等。缺点：饲养密度小，兔舍的利用率低，一次性投入较高。适于饲养种母兔。

②半阶梯式兔笼：上、下层兔笼部分重叠，仅重叠处设承粪板，以免上层家兔排出的粪尿、污水对下层造成污染。这种排列方式缩短了层间兔笼的纵向距离。因此，较全阶梯式饲养密度大，兔舍的利用率高，即便于手工操作，又适于机械化管理。

如国内生产的 9LBYT-3108 三层半阶梯育肥笼和 9LBZT-318 型三层半阶梯种兔笼，笼具总高分别为 1.5 米和 1.65 米，每组(架)笼有 18 个单笼组成，分别饲养育肥兔 106～108 只和种母兔 18 只。其规格尺寸分别是 66.6 厘米×50.0 厘米×35.0 厘米和 6.6 厘米×55.0 厘米×40.0 厘米。为便于管理和缩短笼间纵向距离以及提高兔舍的利用率，采取笼后上角倒角 6 度，笼门为前上半开口式和轨道推拉式。外挂式产仔箱和自动饲槽，乳头式自动饮水器和玻璃钢承粪板(图 3-17)。

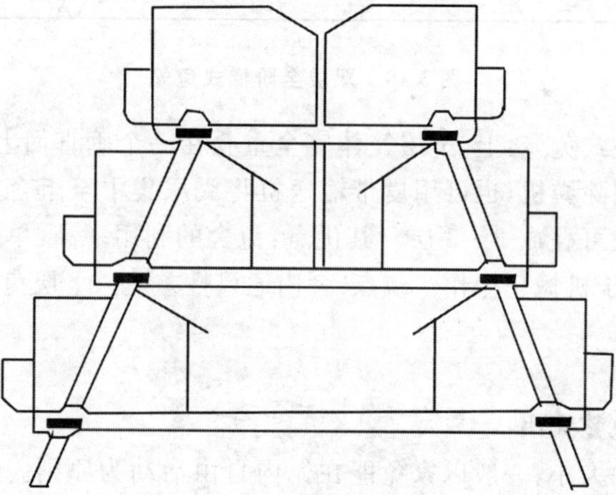

图 3-17　三层半阶梯式兔笼

③全阶梯式兔笼：上、下层笼体完全错开，不需设承粪板，粪便、污水直接落入笼下的粪沟内。因层间兔笼完全错开，层间纵向距离加大，上层笼的管理不方便。同时，日清粪也较困难。但饲养密度较平列式高，兔舍利用率高。最适于二层排列和机械化管理。

如国内生产的 9LY-272 型双层全阶梯育肥兔笼，笼体总高度为 1.20 米，每架兔笼有 12 个单笼组成，每个单笼可饲养 3.0 千克以下育肥兔 6～7 只，每架笼可养 72～84 只，单笼尺寸规格：66.6 厘米×50.0 厘米×29.0 厘米(图 3-18)。

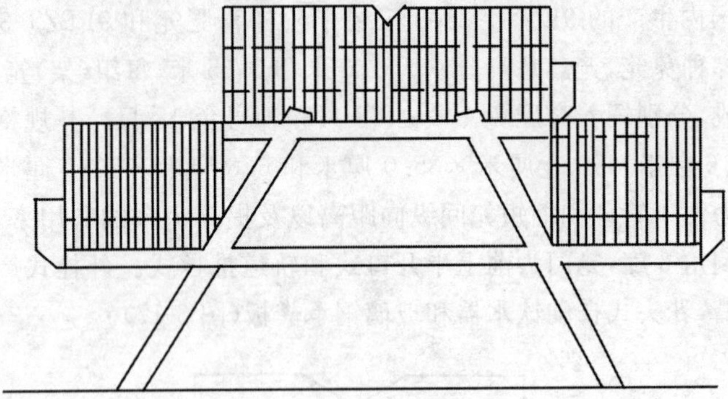

图 3-18　双层全阶梯式兔笼

④重叠式兔笼：上、下层笼体完全重叠在一个垂直面上，层间设承粪板或专用除粪机，也可用皮带输送机将粪尿集中至组合笼末端的粪槽中。一般可叠放 2～3 层。其优点：兔舍的利用率高，单位面积饲养密度大，便于机械化操作。缺点：舍内通风性差，上、下层兔笼温度和光照不均匀。

(三)兔笼大小

兔笼的大小，一般以家兔能在笼内自由活动为原则。家兔在笼内活动的范围，依兔体大小而定。兔笼过大，虽然有利于家兔的运动，但笼具成本高，笼舍利用率低，给管理也带来一定的难度。反之，笼具过小，虽兔舍利用率高，但密度过大，家兔运动不足，不利于家兔的活动，会导致某些疾病的发生，不利于家兔的生长、发育和繁殖。

因此，兔笼规格大小，因品种、性别和环境条件而异。一般而言，育肥兔笼宜小些，繁殖种兔笼宜大些；中小型兔兔笼小些，大型兔兔笼应大些；皮兔、肉兔笼可小些，毛兔笼宜大些；炎热地区宜大些，寒冷地区宜小些。按兔的体长核计，标准笼宽为兔体长的1.5～2倍；笼深为体长的1.1～1.3倍，笼高为体长的0.8～1.2倍。在此介绍有关兔笼尺寸的资料供参考（表3-2至表3-4）。

表3-2　德国兔笼尺寸

兔别	体重/千克	笼底面积/米²	宽×深×高/厘米
种兔	<4.0	0.20	40.0×50.0×30.0
种兔	<5.5	0.30	50.0×60.0×35.0
种兔	>5.5	0.40	55.0×75.0×35.0
育肥兔	<2.7	0.12	30.0×40.0×30.0

表3-3　我国室内笼养种兔笼尺寸　　厘米

种兔类型	笼宽	笼深	笼高
小型	60～70	50	30～35
中型	70～80	50～55	35～40
大型	80～90	55～60	40

表3-4　我国室外笼养种兔笼尺寸　　厘米

种兔类型	笼宽	笼深	笼高
小型	70～80	50	35～40
中型	80～90	50～55	40～45
大型	90～100	55～60	45～50

二、产仔箱

产仔箱是母兔产仔的工具，也是哺育仔兔的场所。产仔箱的形态、大小、箱内垫料及设置位置等，都将直接影响仔兔的生长发育和成活率。

(一)产仔箱的要求

①具有较好的保温性能，易清洗，不吸水，保持干燥。

②产仔箱大小要适宜；一般箱长相当于母兔体长的70%～80%，箱宽为胸宽的2倍左右。

③产仔箱内壁表面要平整，箱底表面应有粗糙的锯纹以防止幼兔走动时滑倒，箱底应设有缝隙或开些小洞，以利于通风或排尿。

④产仔箱内应保持光线暗淡、安静、防风、防寒和一定的透气性。

⑤产仔箱具有一定的高度，既要防止仔兔外爬，又要便于母兔出入。出口处高度以10～12厘米为宜。

(二)产仔箱类型

1. 平口产仔箱

平口产仔箱一般为木制，是一个无顶盖的矩形器具，上口呈水平，箱底设小孔，以利于透气、排尿。其规格一般制成长40厘米，宽26厘米，高13厘米。此种产仔箱制作简单，各侧壁高度相同，对母兔的跳跃出入不便，故不宜做得过高。适于小规模兔场的人工定时辅助哺乳(图3-19)。

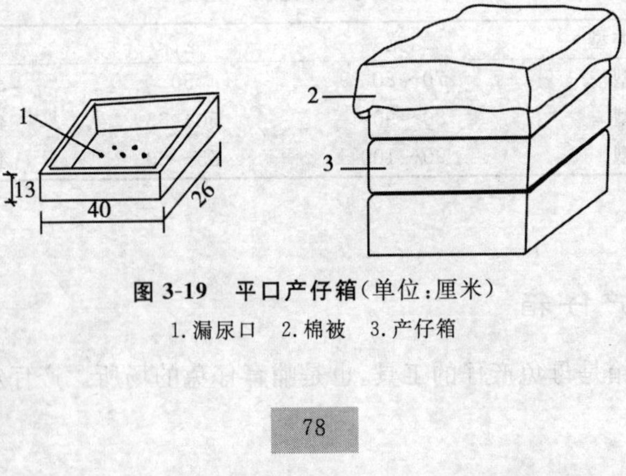

图3-19　平口产仔箱(单位：厘米)

1.漏尿口　2.棉被　3.产仔箱

2. 月牙口形产仔箱

月牙口形产仔箱的形状与平口产仔箱基本相同，所不同的是：产仔箱一侧壁前方上部设有月牙形缺口。可竖起或横倒使用。分娩时将产仔箱侧倒，以增加箱内面积，便于母兔分娩，分娩后再立起，防止仔兔爬出箱外。一般箱长35厘米，宽30厘米，高28厘米，月牙弧弯高12厘米，顶部设6厘米宽的挡板。此种产仔箱有木制、塑料制和金属制等，以木制为主，在我国各地应用较普遍（图3-20）。

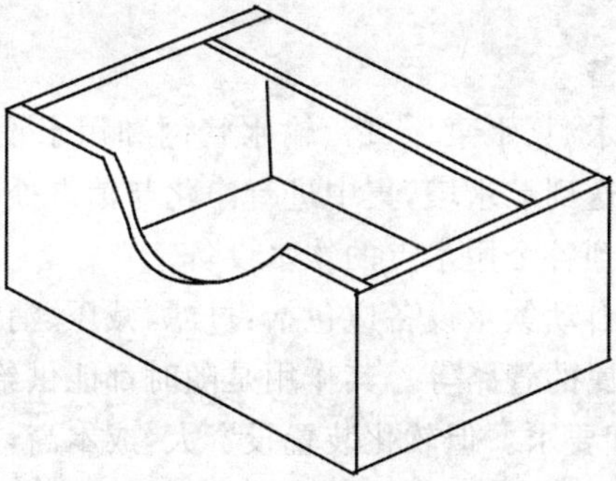

图3-20　月牙口形产仔箱

3. 供暖产仔箱

供暖产仔箱在普通产仔箱的内部即箱底内侧，设置一块大小适中的电热板，为仔兔生后最初几日提供适宜的温度。对于寒冷地区，尤其是在寒冷季节很有必要。采用此措施可大大提高仔兔的成活率，促进仔兔的生长发育，使用效果好。

产仔箱放置的方式有多样，有置于笼内的，挂于笼门前或侧面，还有设在笼底部的。

产仔箱悬挂于兔笼的前壁笼门上或侧壁（双联式兔笼）时，产仔箱应留一圆形、半圆形出入孔，其相对的兔笼壁上也留有相应的孔洞。因此，此种产仔箱要求轻便，多用轻质金属、薄板或塑料制成。

产仔箱悬挂于笼底网上时，产仔前，将母兔笼底网的一部分活动网片取下，放上产仔箱，让母兔产仔，待仔兔出箱后一定时间，将产箱取下，换成活动底网，恢复原状。其优点：产仔箱不占兔笼空间，利于母兔活动；哺乳及时，仔兔不易爬出；不易发生吊奶现象；仔兔成活率高。缺点：产仔箱制作的材料要求高，对笼底要做特殊设计，同时产仔箱的装卸增加了工作量。但因其使用效果好，在国外养兔生产中多采用。

三、供水设备及饮水设备

(一)供水设备

供水系统由水源、水泵、水塔、输水管网和用水设备等组成。水从水源被水泵吸取送到贮水塔，集中进行净化与消毒处理，然后通过配水管网将清洁水送到各个用水点的饮水设备。

完备的舍内自动饮水设备应包括：过滤、减压、消毒和软化装置，以及饮水器及其附属的管路等。其作用是随时都能供给兔充足的清洁的水，满足兔的生理要求。但软化装置投资大，成本高，设备复杂，可以根据当地水质硬度情况给予灵活安排。

1. 过滤器

过滤器用来滤除水中杂质，故应有较大的过水能力和一定的滤清能力，以便使减压装置和饮水器能可靠地工作，并能提供清洁的用水。过滤器主要部件为圆形滤芯，由密度小于 0.04 克/厘米^3 的聚氨甲酸酯泡沫塑料组成或用丙烯腈为主的原料烧制而成。它具有无毒、过滤性好的特点。水进入过滤器后，通过滤芯将污垢杂质滤去只有清洁的水进入其后的管道供应各饮水器。

为了保证过滤效果，一般要定期清洗和更换，如果过滤失效，水中含有较多的杂质时，会导致各种带有密封结构的饮水器失去密封性能，产生大量的漏水，严重破坏兔舍的正常卫生条件。

2. 减压装置

兔场的水源一般为自来水，其水压为 0.5～4 千克/厘米^2，运用于水槽饮水器。而乳头饮水器、杯式饮水器等均需较低的水压，而且压力要控制在一定的范围内，这就需要在饮水管路前端即饮水器前加减压装置，来实现自动降压和稳压的技术要求。减压装置有水箱减压装置和减压阀两种，减压阀可使整个水管路的结构简化，但是，由于防疫方面的需要便于投放药物，水箱应用更为普遍。

(1)水箱减压装置　水箱采用无毒塑料或铁板制成，其结构如图3-21所示。

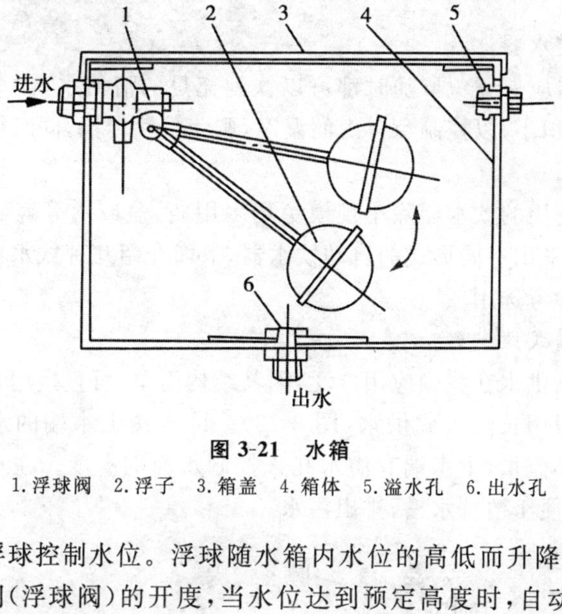

图3-21　水箱

1.浮球阀　2.浮子　3.箱盖　4.箱体　5.溢水孔　6.出水孔

利用浮球控制水位。浮球随水箱内水位的高低而升降，同时控制着进水阀门(浮球阀)的开度，当水位达到预定高度时，自动关闭浮球阀，停止进水，这样即自动控制了水箱内的水位高低。可根据饮水器所需压力大小，水箱设置一定的高度。水箱且设有溢水孔，以防浮球阀失效，它可将多余的水排泄掉，从而维持适当的水压。

水箱减压装置的优点是：使用简单，水位波动小，压力稳定；但在使用水箱减压装置时，为防细菌滋生，应设水箱盖。

(2)减压阀装置　使用减压阀代替水箱可大大简化水道结构。由自来水或水塔引来的较高压力的水，通过减压阀对水压进行适当的调整，较高压力的水即由出水口进入低压管路，由此通向各饮水器。当低压管路内压力过高时，低压水通过连通孔作用在滑阀的底部，同时克服弹簧的压力使滑阀上升，将出水口封住，此时低压水对滑阀的压力与弹簧压力相平衡，低压水维持在一定的水压。当兔饮水后，低压水路的水压降低，弹簧压力使滑阀下降，打开出水口，水流入低压管路，使其升至一定水压。而后出水口又被封住。通过调节螺丝调节弹簧的压力，可调节低压饮水管里的水压大小，以适应饮水器对水压的要求。

(二)饮水器

饮水器应保证兔群随时都可以饮到充足的清洁水，饮水器应渗漏少，蒸发面积小，以控制兔舍内的湿度，避免疾病传播，同时能减少水的消耗。

目前使用的饮水器除小规模兔场多用瓶、盆或盒等容器作为饮水器外，多数采用不同形式的自动饮水器，下面介绍几种饮水器以便在养兔生产中参考选用。

1. 水槽式饮水器

用水槽供水在我国应用广泛，因其结构简单，可直接用自来水龙头供水。一般用长流水式供水(图 3-22)。即水槽上水端的水龙头调节成稳定的小流量，下水端有溢水孔来控制水面的高度。在水槽底部设有排水孔，便于清洗水槽，排出污水。

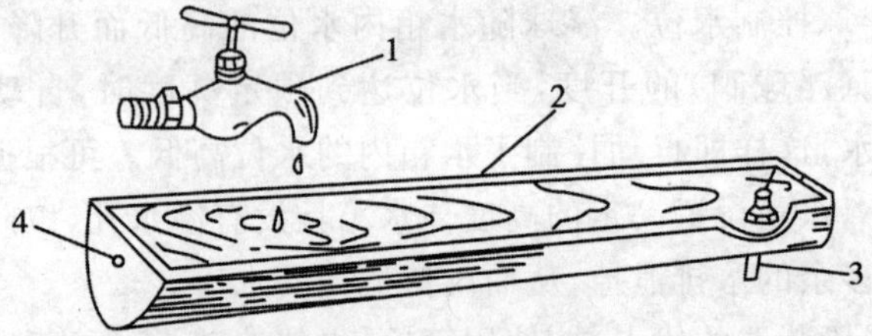

图 3-22　水槽式饮水器

1. 水箱水龙头　2. 水槽　3. 放水塞　4. 溢水口

其优点是结构简单，不需附加其他装置，造价低。供水可靠，便于直接观察。但缺点是水量浪费大，易造成水质污染，增加了疾病的传染机会，对防疫不利，因此使用水槽式饮水器应定期清洗消毒。

2. 瓶式饮水器

瓶式饮水器是将瓶倒扣在特制的饮水槽上，瓶口与槽底保持一定的高度 1～1.5 厘米，槽中的水被兔饮用后，水位下降，空气随即进入瓶中，水流入槽中，保持原有水位，直至将瓶中水饮完，再重新注入新水(图 3-23)。这种饮水器安装在笼外，不占用笼内的空间，饮水槽伸入笼内，便于兔子饮用，而又不易被污染。同时瓶在外，便于更换。其优点是投资少，使用方便，水不易被污染，防止滴漏水。缺点是需每日换水，增加了饲养人员的工作量。此种饮水器适于小规模兔场。

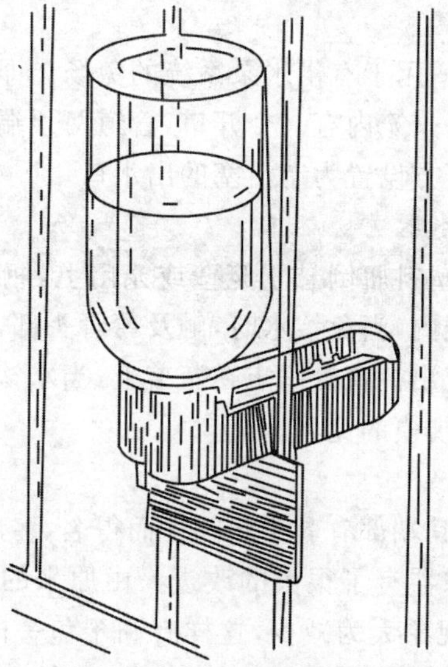

图 3-23　瓶式饮水器

3. 贮水瓶式饮水器

贮水瓶式饮水器与瓶式饮水器相似，采用贮水瓶如塑料瓶等，倒置在兔笼外，瓶口接一根通向笼内的弯玻璃管，管口内放入一个玻璃珠，作为活塞以堵住管口。兔饮水时，舌舐动活塞，活塞回缩，水即从管口流出。直至将瓶中水饮完，再重新加满水(图 3-24)。

图 3-24　贮水瓶式饮水器

4. 连通式饮水器

连通式饮水器适用于有供水泵系统的兔场。即每层用一条塑料管向每只兔笼供水，每只笼内有一个开口，管道两顶端均封闭。自来水自一端流入，另一端下方设置为有活塞的出水口。

5. 弯管瓶式饮水器

该饮水器是将塑料瓶倒悬于笼壁或笼门上，瓶口有一个带有金属的弯管，弯管伸入笼内，当兔饮水时，触及弯管头部，破坏了水滴的表面张力，水便从弯管流出。弯管固定在瓶盖上，当水饮完后，再注入新水。此种饮水器适于小规模的兔场。

6. 乳头饮水器

乳头饮水器因其端部有乳头状阀杆而得名，多用于笼养，在近几年的发展中，乳头饮水器有了很大的改进。由原来的两层密封发展为三层密封，乳头漏水现象大为减少，这样有利于兔舍内地面的干燥，使舍内环境得以改善。由于全密封式水线，确保了供水的新鲜、洁净，杜绝了外界污染，有效地防止疫病的传播，极大地减少了疾病的发生率，同时大大减少了用水量，用水量仅为水槽用水的 1/10～1/8(图 3-25)。

使用乳头式饮水器应注意以下问题：

(1)饮水中不含杂质　使用前要清洗水箱、供水管、乳头饮水器，以防杂质堵塞而造成滴漏不止。

(2)安装高度要适宜　应使家兔自然抬头即可触及到乳头，严防过低，以免被兔体碰触而造成滴水现象。安装高度一般幼兔笼8～10厘米，成兔笼15～18厘米。

(3)乳头饮水器具有一定的倾斜度　乳头不能呈水平或上仰，而应向下呈一定倾斜，其倾斜度以10度左右为宜。

(4)经常检查是否有漏滴水现象　遇到有滴水时，可用手指反复按压活塞乳头，排除积物，检查部件。对无法修理、滴漏不止的要及时更换。

图3-25　乳头式饮水器

四、供料设备及料槽

(一)供料设备

供料设备即喂料机。喂料机主要有固定式和移动式两种。固定式常用的有螺旋弹簧式和链环式两种；移动式形式多样。

1. 螺旋弹簧式喂料机

螺旋弹簧式喂料机是一种固定喂饲设备，常用于平养兔舍的喂食和输送饲料。这种设备的优点是结构简单，装配方便，整机重量轻，在喂饲过程中不易进入脏物和不会发生因兔挑食而引起喂饲不均，并可在小于

90 度范围内任意转弯。但缺点是只适应输送粉料，对颗粒饲料有破碎作用，弹簧材料要求较高，且在使用过程中因使用不当弹簧易断。

螺旋弹簧喂食机主要由料箱、驱动机构、螺旋分配器、食盘等组成。

螺旋弹簧喂食机的工作原理大体可分为两个步骤，以完成输送及喂食。工作时首先用螺旋弹簧输送机将贮料塔内的饲料，经输送管道的倾斜升运和水平输送，卸入舍内饲料箱。然后再运至自动喂食机。电机减速后经皮带传动，带动驱动轴旋转，此时装在轴上的搅拌杆与对接在轴上的螺旋弹簧同时旋转，箱内饲料在搅拌杆的作用下，推出箱外，送入管道，然后经螺旋弹簧向后推进，饲料首先进入第一个食盘，食盘装满后继续送入第二个食盘，直至送到最后一个装有一个控制开关的食盘，饲料装满后自动断电停止输送。螺旋式输送机技术性能如表 3-5 所示。

表 3-5　螺旋式输送机技术性能

项目	运送距离/米	输送量/（千克/时）	螺旋转速/（转/分）	配套电机功率/瓦
饲料输送	25	400～600	250～400	200
	25	1 000～1 400	250～400	400
	60	400～600	250～400	400
	50	1 000～1 400	250～400	150
喂食	100～150	80～300	180～300	200
	150～200	200～300	180～300	400

2. 链环式喂料机

链环式喂料机是国内外多采用的一种舍内喂食机械，我国目前很多集约化兔场使用链环式喂食机械。其优点是结构简单，适应性广，操作方便，易于维修保养，便于自动控制，既适于平养兔舍，又适用于笼养兔舍。缺点是工作中链环易拉长变形，且当饲料各成分粗细不均时，到达饲槽的饲料也不均匀，易产生因兔挑食而喂饲不均现象。

其主要构造由链环、料箱、转弯机构、清洁器、饲槽、支架等组成。

链环式喂料机的工作原理：送料时，首先启动喂食机，使电机经减速后，带动链条运行（每个链轮驱动一根链条）。链环经过料箱时将饲料带走，送入长食槽。链环转弯时，进入转弯机构的控制轨道内，并与转弯轮产生摩擦，使转弯轮旋转，减少了链条运行时的前进阻力，链条过渡也较平稳，磨损少。

当饲料送入兔笼后，对于封闭式饲槽，饲料进入食盘后兔群方可采食，或者落入兔舍（或槽）供食用；对于敞开饲槽，饲料进入兔笼后，兔群可从饲槽直接采食。链条边运行，兔群边采食。一般当链环循环一周，长槽内均匀分布一定数量的饲料供兔群食用。由丁链条不停地回转，未吃完的饲料便又回到料箱，下次再饲喂。喂料机一般由人工进行启动、停止操作控制，也可用定时进行定时自动控制。

链环式喂料机单根链环总长度可按实际需要而选定。一般总长度为 150～200 米，链环的移动速度一般为 3.6～5.3 米/秒，当链环移动速度为 4.8 米/分时，输送量为 120～480 千克/时。

3.缆车喂料机

缆车喂料机是一种移动式供料设备，适用于多层笼养，尤其是给育肥兔供料。

其组成主要有料箱、驱动装置、牵引架、钢禀牵引绞盘和控制箱等。

缆车喂料机工作原理：贮料塔的输料机向顶层料箱供料时，牵引架两则分别设与笼层数相同的料箱，上下料箱由垂直竖管相通，并通过连接竖管依次将各层料箱充满。钢禀以设定速度带着牵引架沿饲槽移动，各层料箱通过伸入料槽的送料管向饲槽分配饲料，直至笼的尽头。喂料机当触动行程控制开关后，再返回驱动，回到初始位置。

（二）料槽

料槽种类多种多样，采用何种形式的料槽，须根据生产实际情况、饲养方式、家兔的类型及生理阶段而定。对料槽的要求是：结构简单，方便采食，坚固耐啃咬，便于清洗、消毒，防扒料翻倒和减少污染等。

1.普通简易料槽

普通简易料槽多用竹制、水泥、陶瓷、木板、铁板等材料制成，主要用于家庭和小规模兔场。

(1)长脖饲槽　分上长和下长两部分以金属镀锌铁皮或塑料为原料制成，置于笼门外。上下长间隙，依兔头的大小可进行调整。其优点是喂饲方便，减少饲料浪费，避免扒料，防止粪尿污染饲料，易于保持料槽的清洁卫生。缺点是制作比较复杂，对材料要求高，成本亦较高。

(2)大肚饲槽　其构造特点是：口径稍小，腰大，大肚状，笨重，可防扒料和翻料。口径约 10 厘米，腰径约 14 厘米，高 8 厘米。该饲槽制作简单，成本低，原料来源广。但只能放置于笼内，不能悬挂。仅适于家庭或小规模兔场使用。

(3)翻转饲槽　以白铁皮或镀锌铁板焊制成半圆形食槽，以两端的轴固定在笼门上，并可呈一定角度内外翻转，食槽较为方便，每次喂料时不必开笼门。外翻时可往槽内加料，内翻时兔子采食。避免了饲料污染。由于饲槽固定在笼门上，所以饲槽高度不能调整，适于多层笼养的种兔和育肥兔。

(4)群兔饲槽　以木板、水泥、铁板制作，或以粗竹筒劈成两半，除去节，两端各钉长方形木片，使之不易翻倒，放置于运动场上或兔笼内。该饲槽长 1～1.5 米(运动场上的)或 20～35 厘米(室内的)，宽 8～12 厘米，高 7～10 厘米。该饲槽结构简单，便于制作，成本低。但易扒食和饲料受污染。故一般应采取定时投料，及时取出清洗(图 3-26)。

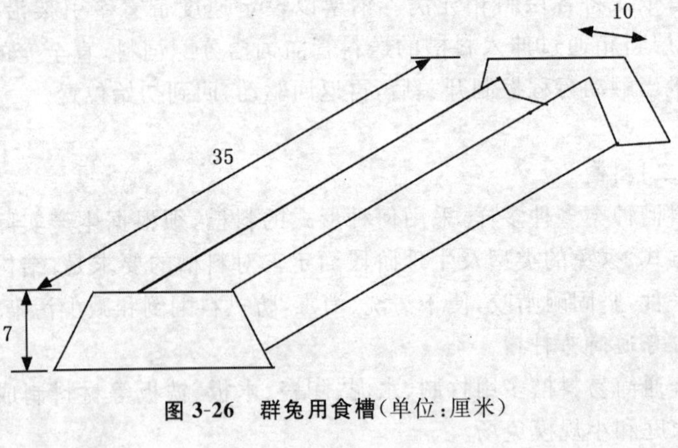

图 3-26　群兔用食槽(单位：厘米)

2. 自动饲槽

自动饲槽以镀锌铁板或塑料制成，多用于大规模兔场及机械化、工厂化兔场。自动饲槽兼有饲喂和贮存作用，内藏够用数天的饲料，其构造主要由加料口、贮料仓、采食口及采食槽等几部分组成。贮料仓和采食槽由隔板相隔，仅底部留有2厘米左右的间隙，当家兔不断采食饲料，食槽内的饲料不断减少时，贮料仓内的饲料缓缓补充。其优点是：减少了投料次数，保证饲槽始终存有一定的饲料，有效地防止了饲料遭受污染及家兔扒食现象的发生。

国外养兔多采用自动饲槽（表3-6），国内机械化程度较高的兔场也已应用，并且国内已研制生产出适用于不同家兔的自动饲槽。如天津畜牧机械厂生产的A-1型，适用于母兔采食；A-2型，适用于6～8只育肥兔采食，长65厘米；A-3型，适用于18～21只育肥兔采食，长198厘米。

表3-6 国外某公司GM系列自动饲槽规格

型号	尺寸/厘米	容量/千克
M-1	9×14×33	1.8
M-3	27×14×27	3.6
M-4	36×14×27	5.6
M-11	25×13×20	3.0
M-12	25×13×26	5.0
M-16	9×14×26	1.5
M-24	18×14×27	3.3
M-25	18×14×33	3.5

（三）草架

草架是投喂粗饲料、多种饲料或青草的饲具。为防止饲草污染和节省饲料，预防疾病，尤其是我国以家庭养兔为主体，以草为主，草架是不可缺少的饲具。即使饲喂全价颗粒饲料的大型工厂化养兔场，仍需设有草架，定时投放粗饲料，供家兔自由采食，满足家兔啃咬的习性，补充粗饲料，预防发生消化道疾病。

草架可用木条、竹片、铁丝等材料制成，呈V字形，分固定式和翻转式两种。栅饲式运动场上的草架，可视栏内散养家兔的数量并参照笼门前草架规格适当放大。也可把网眼大的容器离地30～40厘米高吊起，里面放饲草，使草从网眼内漏出供兔采食。这样既增加了家兔的活动量，又防止了对饲料的污染。笼养兔的草架一般固定在笼门之上，也可安装在两笼之间。其规格大小根据具体情况而定。但固定在笼门之上的草架，要小于笼门四周边框各1厘米，如图3-27所示。

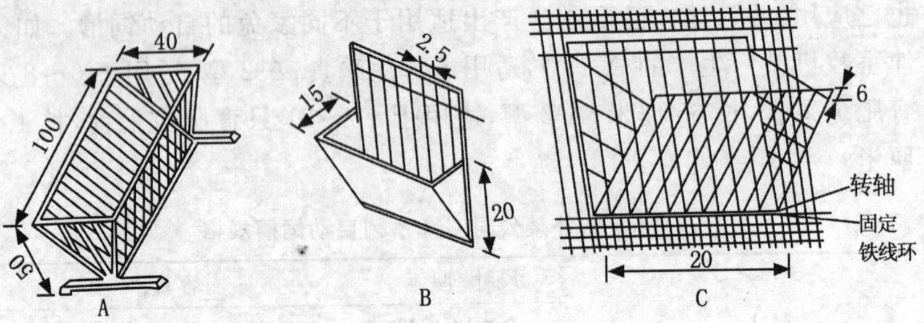

图3-27 草架(单位:厘米)

A.群兔草架 B.固定式笼门草架 C.翻转草架

五、清粪设备

兔场的粪便管理，是一项繁重而艰苦的劳动，小型兔场，粪便的清理用人工操作。而大型兔场，机械化程度较高，采用自动清粪设备，主要有刮板式清粪机和水冲式清粪两大系统。

(一)刮板式清粪机

刮板式清粪机是兔场舍内最常用的一种清粪机械，结构简单，刮粪板可根据舍内粪沟的大小做成多种规格，刮粪机的动力设备简单，只需将驱动机构固定在舍内适当位置，通过绳索牵引或动力直接装在清粪机上，借助于电气控制设备，使可在粪区内做直线往复的刮粪。

刮板式清粪机主要由牵引机、刮粪板、涂塑钢丝绳、转角轮、电气控制等零部件组成(图 3-28)。

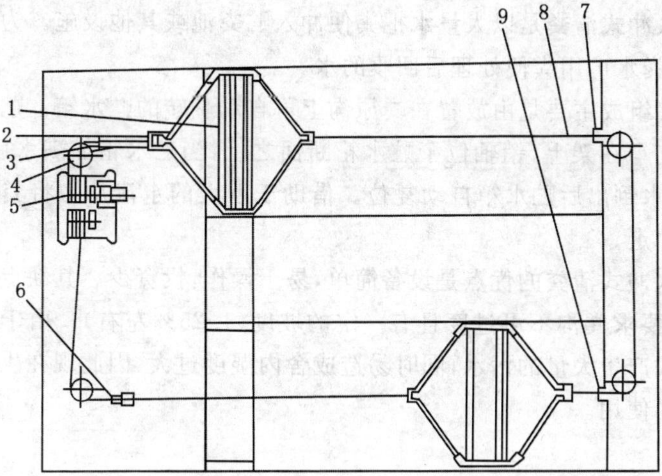

图 3-28　刮板式清粪机平面布置图

1. 刮粪板　2. 张紧机构　3. 左限位清洁器　4. 转角轮　5. 牵引机　6. 右限位清洁器　7. 左清洁器　8. 牵引绳　9. 右清洁器

工作原理：由减速机输出轴将动力经一级链轮传动至主动绳轮，靠牵引绳索与绳轮之间的摩擦获得牵引力，从而带动刮粪板进行清粪工作，刮粪板每行走一个往复行程即完成一次清粪工作，清粪时，刮粪板自动落下，返回时刮粪板自动抬起，牵引绳的张紧力由张紧机构调整，牵引绳上的兔粪由清洁器、限位清洁器清除。刮粪板往复行程由限位清洁上的行程开关所控制。牵引机所能发挥的牵引力由安全离合器总成调整，并在牵引负荷超过安全值时起保护作用。当牵引绳张紧力下降，牵引绳打滑时，电气保护系统立即起作用停止运转。

刮板式清粪机适于阶梯式或半阶梯式兔笼的浅明沟刮粪。其优点是结构简单，安装、调试和日常维修、保养方便，机具工作可靠，噪声小，消耗功率小，清粪效果好。缺点是要求粪池底面平滑，不得有凹凸不平现象，行程开关离刮粪板近，易受粪便影响失灵。

(二)水冲式清粪设备

水冲式清粪是以大量水把粪便冲入贮粪池或其他设施。为节约用水，冲粪水可用粪便处理后回收的水。

其组成主要是由放置在粪尿沟上可自动翻转的贮水箱。贮水箱由销轴支承在架上，销轴位于贮水箱断面之上，当贮水箱加满水后，自动倾翻，水倒出后贮水箱自动复位。借助于巨大的水流冲力将粪沟内的粪便冲走。

水冲式清粪的优点是设备简单，易于操作，投资少。其缺点是耗水量大，要求粪沟不可过度且有一定的坡度(1.25％左右)。由于此种清粪方式产生大量的污水，同时易造成舍内湿度过大，因此现在生产上已不提倡使用。

六、饲料加工设备

现代养兔生产与传统的家庭养兔有很大的不同，工厂化、集约化的养兔生产对饲料的依赖性强，要求高，以全价配合饲料为基本。为此，不同的饲料原料需经过一定的设备进行加工调制和配合，制成全价的配合料，以提高饲料的适口性，消化率和利用率。其生产流程如图 3-29 所示。

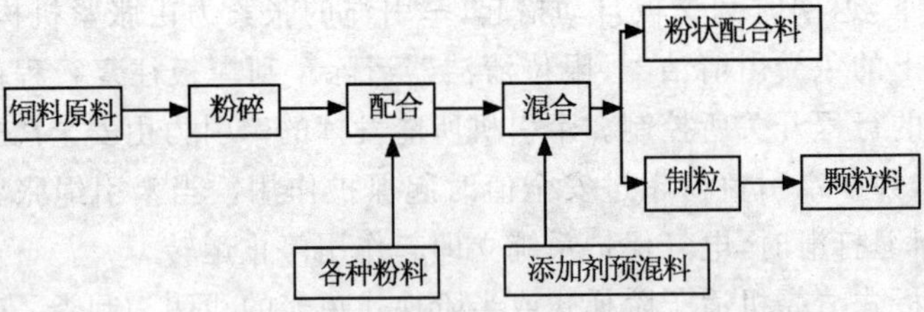

图 3-29 配合饲料基本生产流程示意图

(一)饲料粉碎机械

饲料中的谷物饲料、矿物饲料、油饼、干草等饲料以及各种秸秆等饲料，都需要粉碎的，因此粉碎机是饲料加工厂的主机。

1. 对粉碎机的要求

①适用范围广。可用于加工各种精、粗饲料，特别是含纤维较多的长秸秆粗饲料。

②粉碎质量较好。粒度大小均匀，粉量一般较少。在粉碎过程和粉碎后的饲料不产生高热。

③对饲料的湿度敏感性小。现有机型对被粉碎物料的含水率，一般要求在15%以下。要求在饲料湿度18%～20%时，仍可正常进行粉碎工作。

④结构简单，工作性能可靠，使用和维修方便。

⑤工作时粉尘应符合国家规定标准，噪声小等。

2. 饲料粉碎机的分类

按其主工作部件可分为四类，即锤片式粉碎机、齿爪式粉碎机、对辊粉碎机以及辊刀式碎饼机。常用的饲料粉碎机为锤片式和齿爪式，以锤片式粉碎机应用最广。

锤片式粉碎机的类型很多，结构特点各有所长，对锤片式粉碎机的分类，较常用的是按进料方向分类，有切向进料式、轴向进料式和径向进料式3种形式。

(1)切向进料式粉碎机　切向进料式的锤片式粉碎机是我国生产使用最早的一种机型。它具有结构简单，进料口大，粗饲料喂入性能好等优点。

切向进料式粉碎机，物料是沿着锤片的切向回转方向进入机内，进料方向与转轴垂直(图3-30A)。切向进料式粉碎机，一般都带有同轴风机，通过筛孔漏下的物料由出料口吸料管吸入风机，再由风机出料管送到旋风集料筒，把物料与气流分离后排出，切向进料式粉碎机在粉碎潮湿的长秸秆饲料时，容易缠绕主轴。

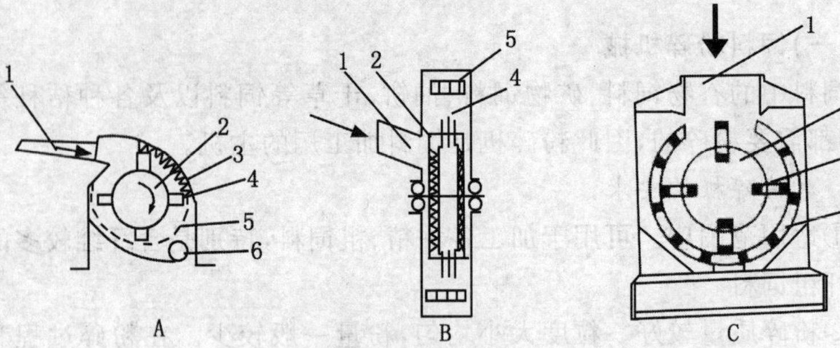

图 3-30　锤片式粉碎机类型

A. 切向进料式　B. 轴向进料式　C. 径向进料式

1. 喂入口　2. 转子　3. 齿板　4. 锤片　5. 筛子　6. 出料口

(2)轴向进料式粉碎机　轴向进料式粉碎机，物料由粉碎机的轴向喂入，喂料方向与转子轴平行，喂入口位于靠近轴线的粉碎机一侧(图 3-30B)。

轴承向进料式粉碎机，带四组锤片的转子在高速旋转时好像一个轴流风机，气流在粉碎室的分布是中央部分为负压，在粉碎室周边为正压，所以物料能够自动地轴向吸入粉碎室内。同向进料式粉碎机一般在喂入口位置的转子轴上有两把切刀，切刀与固定在壳体上的底刀构成了初切装置。将茎秆物料切成碎段，以利于粉碎机进一步粉碎。轴向进料式粉碎机由于物料由轴向喂入，可采用圆环刮筛片，增加了筛子的有效面积，以利于提高生产效率。

(3) 径向进料式粉碎机　物料从粉碎机顶部经向进入机内(图 3-30C)。径向进料式粉碎机筛片的包角小于或等于 300 度，物料靠自重流入机内，适应于流动性能好的颗粒状物料。径向进料式粉碎机的旋转方向为可逆式，当锤片的尖角磨损后，只要改变粉碎机主轴的旋转方向即可生产。饲料加工厂现用的大中型粉碎机为径向进料式。

2. 主要规格与性能

目前我国生产和使用的锤片式粉碎机主要有 9FQ、FSP 两大系列。技术指标均接近于国际先进生产水平，其规格与性能详见表 3-7。

表 3-7　部分国产锤片式粉碎机规格与性能

系列		FQ 系列			FSP 系列		4K-60
型号		9FQ-40	9FQ-50	9FQ-60	FSP56×36	FSP112×30	
型式		切向喂入	切向喂入	顶部喂入	顶部喂入	顶部喂入	轴向自吸喂入
粉碎室宽度/毫米		202	273	450	360	300	
转子	转速/(转/分)	4 000	3 440	2 550	2 940	1 470	2 930
	直径/毫米	400	500	600	560	1 120	
	宽度/毫米	175	234				
锤片	数量	12	12	32			
	线速度/(米/秒)	83.7	90	80	86	86	24
筛片	宽度/毫米	200	270		358	298	
	包角/度	180	180	300	300	300	360
	孔径/毫米	1.2,2	1.2,2,3,4,5		3	3	2
锤筛间隙/毫米		12±2	12±2	上 20,下 16		上 18,下 12	
生产率/(千克/时)		ϕ1.2 筛孔，玉米 600	ϕ1.2 筛孔，玉米 932;ϕ3 筛孔,玉米 1 500	ϕ3 筛孔，玉米 6 000	ϕ3 筛孔，玉米>3 000，>4 000	ϕ3 筛孔,玉米>7 000，>10 000	ϕ2 筛孔，玉米>1 200
配套动力/千瓦		7.5～10	17	30～40	22,30	50,75	
整机重量/千克		175	230	560	615,645	2 200,2 320	262

(二)饲料混合机械

配合饲料中各种成分的比例悬殊，如某些微量元素的添加剂，仅占配合饲料的十万分之几，若将十万分之几的微量元素成分都能均匀地分布到某一单位的配合饲料量内，就必须采用较好的性能的混合设备和合理的混合工艺，才能得到混合均匀的配合饲料。因此，在配合饲料厂和大型兔场的饲料加工车间，饲料混合机是不可缺少的重要设备。

1.卧式(混合)搅拌机

卧式搅拌机具有搅拌时间短，混合均匀度高、卸料快等优点。卧式搅拌机主要由机体、主轴、左右螺旋环带和传动部分组成。这种搅拌机的机体为U形槽，槽内中心轴上固定有钢带制成的螺旋叶片，叶片分内外两层(有双螺旋带或单螺旋带)，大小直径的螺旋带螺旋方向相反。当主轴旋转时，饲料受叶片的推动，使里外层饲料做好对向移动，以达到混合的目的。卧式搅拌机的机体上部设有装料口和微量元素投入口，下部有排料口，由于结构上的特点，装料口及排料口能做成合适的大小尺寸，确保装卸迅速、彻底。卸料口设卸料活门，活门可用手杆操作，可也用液压或电动。搅拌机的左右螺旋叶片焊接在叶片连接杆上，叶片连接杆与主轴用螺母连接。

为了迅速卸料，一般沿壳底全长或者约占壳底1/3～1/2长度处，开设卸料门。外层螺旋环带与壳底之间间隙一般为2～5毫米，以尽量减少腔内物料的残留量，通常主轴转速为30～50转/分。

2.立式(混合)搅拌机

立式搅拌机又称垂直搅龙式搅拌机，它主要适用于粉料的混合。其主要特点是:构造简单，维修、操作方便，设备费用低，电耗少，要混合的原料，可自搅拌机顶部的进料口进入，也可自下部料斗进入。其缺点是:比卧式搅拌机混合时间长辈倍左右，生产效率较低，适用于小型饲料兔场的加工。

立式搅拌机主要由料斗、垂直搅龙、圆筒、搅龙外表、卸料活门、支架和电机传动部分组成。工作时将已计量的各种粉料倒入料斗内，由垂直搅龙将饲料垂直向上运送，到搅龙端部的敞开口排出，落在搅龙外壳和圆筒之间，到圆筒锥形底部又被垂直搅拌向上升运，并在搅龙端部排出，这样经过多次反复循环，能获得混合均匀的饲料。搅拌完毕将卸料门打开，混合物被排出。

在装卸料都非常及时的情况下，10～15 分钟可以完成一批物料的混合工作，立式螺旋式混合机主轴转速一般为 200～300 转/分钟，螺旋叶片和搅龙外壳之间一侧间隙为 10 毫米，料筒高 $H=(2\sim5)D$(D 为圆筒的内径)，$P=180\sim200$ 毫米，螺旋直径 $d=(0.2\sim0.3)D$(图 3-31)。

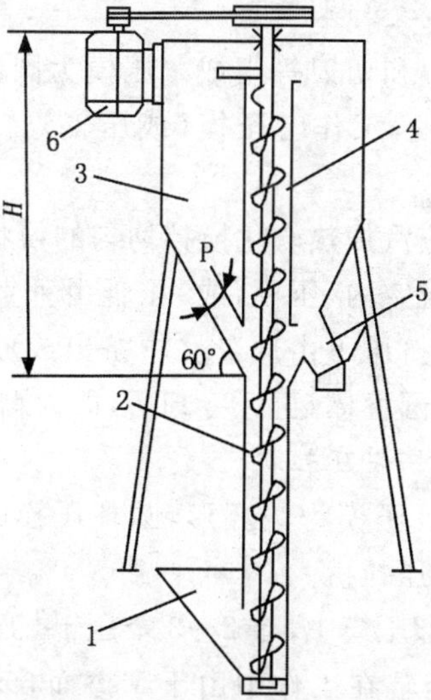

图 3-31　立式搅拌机

1. 料斗　2. 搅龙　3. 圆筒　4. 搅龙外壳　5. 卸料活门　6. 电机

(三)饲料压粒机械

为了减少粉状饲料在运输、喂食时浪费，缩小饲料体积和便于保管，避免家兔挑食，确保吃到全价饲料，将粉状配合饲料压粒过程中，饲料中的淀粉发生一定的糊化，产生较浓的香味，提高适口性，从而刺激家兔食欲。压制过程中，经短期高温，可杀灭寄生虫卵和其他病原微生物，使谷物、豆类中的一些抗营养分子(如抗胰蛋白酶因子)灭活，减少对兔体的不良刺激和危害，提高饲料的利用率。当然在饲料的压粒过程中，某些营养成分也会受到一定程序的破坏。但其弊小利大。所以，颗粒饲料现已成为配合饲料生产的重要组成部分。

压粒机又称制粒机。现代的压粒机分类，是按压粒机的压模形状和压模安装位置来分类，常见的压粒机有平板式、立式环形和卧式环形3种形式。

1. 平板式压粒机(又称水平盘形)

由平板压模、压辊和切刀等组成。压模为圆盘形，盘上有压粒孔。在盘上有2～3个压辊，工作时压模(或压辊)转动，将粉料压制成颗粒料。

工作原理是：经蒸汽加热软化搅拌均匀的粉状物料，通过滑板均匀地进入压粒室，在压粒室内，压模(或)压辊由垂直立轴带动旋转，压模表面的物料在压辊的挤压下由压盘孔中挤出成形，并由固定在机壳上(或轴上)的切刀切成圆柱体，再经冷却后，即为颗粒饲料。

2. 立式环形颗粒饲料压粒机

立式环形压粒机，压模为圆环形，圆环压模的轴线与地面垂直安装。所以叫立式环形压粒机。

工作原理：在环形压模中，有2～3个压辊，工作时压模被竖轴带动旋转，压辊不转，但压辊在工作中由于摩擦而自转，经蒸汽加热(或加水)搅拌均匀的物料，在压辊与压模的强烈挤压下，饲料成形后自模孔中排出，经固定的切刀切断，冷却后成颗粒料。

3. 卧式环形颗粒饲料压粒机

这种机型的压粒机，压模为圆环形，其环形压模的轴线与地面呈水平安装，在模内接盘上安有2～3个压辊，工作时，传动套带动压模旋转，压辊不作公转，只自转。物料进入旋转着的压模与压辊之间，使其挤压后由模孔中排出，经固定切刀下冷却成为颗粒饲料。

卧式环形压粒机具有安装方便，生产率高等优点。因此，现代饲料厂采用的多为此种类型的压粒机。

第三节　兔养殖环境控制

家兔的环境是指直接或间接影响家兔生长、发育、繁殖、生产和健康的一切外界条件和因素。包括：

(1)物理因素　空气温度、湿度、气流、气压、降水、太阳辐射、噪声、饲料、土壤等；

(2)化学因素　兔舍中的有害气体(如 NH_3、H_2S、CO_2、CO 等)、空气中各种气体成分(如 N_2、O_2)，污染大气的成分(如 SO_2 等)以及饲料牧草、水体、土壤中的所含的营养成分或混入的有毒物质；

(3)生物因素　细菌、病毒、寄生虫以及家兔群体的关系；

(4)社会因素　人对家兔所施的饲养、管理和利用等。

家兔的健康与生产性能无时无刻不受外界环境条件的影响，尤其是现代化养兔生产，在全舍饲、高密集饲养的条件下，环境问题变得更为突出。如夏季的高温、通风不良会使舍内环境温度升高，湿度加大，有害气体增多、疾病的易感性加大等，在此环境条件下，家兔的生产性能不仅受到影响，而且健康受到损害，甚至会导致死亡。因此了解并研究环境因素对家兔的影响，尽可能将环境改善到适宜的程度，为家兔提供一个适宜的生活空间，已是现代化养兔生产所必不可少的科学管理内容之一。

一、环境对家兔的影响

在家兔所处的兔舍小气候环境中，主要的影响因素包括温度、湿度、气流、光照等。

(一)温度

兔舍内温度的来源主要来自太阳辐射、外界气温以及兔体散失的热量。兔舍的形式不同,舍内的温度变化有很大的差别,密闭式兔舍如保温隔热性能好,冬季可有效地保存兔体散发的热能,不致使舍温过低,夏季可减缓舍外高温对舍温的影响。半开放式和开放式兔舍,舍内外气温相关不大,舍温基本上随季节和昼夜的温度变化而变化。

1. 体热调节

家兔的体热调节包括产热和散热。

(1)产热　是指兔体通过代谢将饲料转换成热能。这些热量是用以维持兔体各种正常生理功能的进行。如体温、心跳、呼吸以及生产等。在生理活动正常进行时,还需要不断将剩余的热量及时散失。在环境温度较低时,兔体必须依靠产生较多的热量来维持体温的恒定,而在高温下则将其产热量控制在最低水平,否则过多的热量难以散失。

(2)散热　在兔体产热的同时也通过一系列的生理活动进行热量的散失,散热的方式有以下几种。

①传导散热:兔体通过与周围物体接触,将热量传递给低于体表温度的物体而散热。这种散热方式在很大程度上取决于接触物体的温度、导热性和接触的面积大小。地面散养的家兔接触冷地面,传导散热较多;潮湿寒冷的空气传导散热也较多。

②对流散热:兔体通过空气流动而散发体热。空气流速大体表散热相应增多。因此,在高温环境下,为使兔体更多地散热,可增加空气流速。

③辐射散热:兔体表面辐射电磁波,随着电磁波的放射而散发热能。辐射散热多少与周围环境温度高低有关。若周围气温低,与兔体体表温度间温差大,辐射散热较多;反之,环境温度高于体表温度时,兔体不仅不能散失热量,反而兔体接受外界辐射热,使皮温升高。

④蒸发散热:通过体内水分的蒸发而散失热量的方式。因兔汗

腺很不发达，通过皮肤蒸发散热很少。当外界气温高时，兔表现张嘴喘息，呼吸加快，主要通过呼吸道而增加蒸发散热；气温低时，兔的呼吸次数减少而加深，减少蒸发散热。蒸发散热的多少与温度高低、湿度大小、气流速度有关，气温高，湿度低，风速大，兔体蒸发散热多。故夏季兔舍内需降低温度，增加气流，加强通风，以有利于兔体蒸发散热。

(3)热调节　家兔处在舒适环境温度下，即等热区内其代谢强度和产热量处于生理的低水平，仅仅依靠物理性调节就能维持体温恒定，但若处于等热区之外，为维持体温恒定，必须通过化学性调节，即通过改变代谢强度才能实现体温恒定，这样的环境温度称之为临界温度。临界温度有上限和下限临界温度，临界温度的上限和下限之间的范围即为等热区。

家兔的热调节主要表现在高温和低温下的热调节。

在高温下其体热调节主要通过3条途径来实现：

①增加外周血液循环。在气温升高时，大量的血液流向皮肤，把较多的热从机体深部带到体表，导致皮温升高，增加散热。此外，由于皮肤血流量增加，给汗腺分泌提供了必要的水分。

②提高蒸发散热量。在一般的气候条件下，家兔蒸发散热数量占总散热量的17％左右，但随着外界温度的升高，皮温和气温之差减少时，非蒸发散热作用逐渐减弱，而以蒸发散热代替。蒸发散热是经皮肤和呼吸道两条途径进行的。家兔的汗腺不发达，且有厚厚的一层被毛，皮肤蒸发散热较困难，所以其主要依靠呼吸道来实现蒸发散热。因此，家兔比较怕热。

③减少机体的产热量。在高温的刺激下，一方面要增加热的散失，同时还要减少热的产生。表现为采食量减少或拒食，生产力降低，肌肉松弛，懒动，内分泌机能发生变化，其中最明显的是甲状腺分泌减少，产热量减少。

在低温下家兔体热调节主要通过2条途径来实现：

①减少散热量。

②增加产热量。当气温下降至临界温度以下，物理调节作用不能维持体温正常时，家兔将开始加强体内营养物质的氧化以增加热的产生，最有效的方法是提高深部组织的代谢率。

因此，在高温和低温下，即处在等热区之外，对家兔的机体将产生一些非常不利的影响，从而影响家兔的生产力。为减少这些不利因素，必须加强管理，给家兔提供一个适宜的环境温度。

2.适宜的环境温度

家兔适宜的温度：初生仔兔为30～32℃；幼兔为18～21℃，成年兔为10～20℃，临界温度为5～30℃。超过这个范围，将会给家兔带来不良影响。家兔在适宜温度下，其机体的产热和代谢率都处于生理的最低水平，热能的无偿消耗最少，饲料利用率、生产性能和抗病力均较高，饲养最经济。否则，将给家兔带来一些不利的影响。

3.气温对家兔的影响

(1)高温对家兔的影响　高温环境对家兔的影响极为不利。从家兔的生理特点看，其汗腺极不发达，通过皮肤来散失的热量非常有限，因此，当环境温度升高时，兔体为维持体温恒定，除改变机体代谢强度外，主要是依靠呼吸散热的方式来调节体温。在高温下，兔出现热性喘息，呼吸频率加快，如当气温由20℃升高到35℃时，兔体的呼吸频率比其正常增加近5.8倍，达263次/分钟。当温度接近或高于皮肤温度时，仅仅依靠呼吸散热已不能维持平衡的散热作用，热量就会在体内聚集，引起体温升高，导致一系列的反应，从而严重地影响兔体的健康和生产力。

在繁殖方面，高温能引起家兔繁殖性能明显下降(表3-8、表3-9、表3-10)。若处在30℃以上的环境温度下连续几天，其繁殖力就会下降。公兔表现为性欲降低，睾丸中精子生成严重受阻，精液品质恶化(如活力下降，密度减少，畸形精子率提高，有效精子数降低)，据江西农大资料，高温季节公兔射精量减少80%，精子活力降低75%，精子数量减少92%。公兔长时间处在高温环境中，能造成暂时性不育。据《家兔生产指南——热的影响》(美国)报道:成年公兔在30℃以上的温度环境中连续5天以上,会造成公兔精子死亡,其正常精子的恢复时间平均为52天,而造成公兔不育的时间为45～70天。不育程度与热的程度呈正相关。

表3-8　暑热对精液品质及繁殖性状影响

项目		冬季 温度16℃±3℃ 湿度70%±8%	夏季 温度35℃±3℃ 湿度46%±8%
精液品质	精液量/毫升	0.7±0.06	0.8±0.08
	精子密度/(×10⁶/毫升)	210.5±14.1	156.11±11.8*
	活精子密度/(×10⁶/毫升)	180.8±13.6	129.9±10.8
	死精子/%	14.6±0.29	17.0±0.17
	精子活力/%	56.0±0.83	40.6±0.68
	畸形精子/%	14.3±0.51	15.2±0.37
精液化学成分	白蛋白/%	0.6±0.08	0.7±0.08
	球蛋白/%	1.9±0.05	1.2±0.06
	总蛋白质/%	2.5±0.21	2.1±0.11
繁殖性状	受胎率/%	47.1±6.3	20.2±4.3*
	窝产仔数/只	8.3±0.36	6.8±0.42*

注:*为差异显著。

表3-9　不同温度新西兰白兔受胎率和产仔数

测定指标	温度	
	春季(7.7～20℃)	夏季(25～30.5℃)
受胎率/%	62.75	16.34
产仔数/只	8.33±2.50	7.00±2.50

高温对母兔的繁殖力也产生很大影响。在高温条件下,母兔的发情异常,受胎率降低,产仔数、活仔数降低。对受胎率和胚胎死亡率的影响的关键时期是在受精卵附植前后。据江西农业大学对家兔研究的

表 3-10 某养兔场各月长毛兔受胎率

配种月份	配种只数	受胎只数	受胎率/%
1	218	134	61.5
2	126	85	67.5
3	163	140	85.9
4	94	83	88.3
5	67	58	86.6
6	52	21	40.4
7	89	34	38.2
8	228	41	18.0
9	206	82	39.8
10	194	122	62.9
11	105	59	56.2
12	90	53	58.9

资料表明:在高温季节,母兔的受胎率降低 91%,窝产仔数减少 25%～30%,胚胎死亡数与温度的升高而增加。若环境温度为 30℃时,受精后 6 天的胚胎死亡率高达 25%～45%。在高温下对母兔的泌乳力也有影响,据上海农学院研究资料,母兔夏季比冬季泌乳量减少,产后 20 天内平均泌乳量减少 4.1%左右。

在生长、肥育方面,高温影响仔兔和幼兔的生长以及成兔的增重,在高温条件下,兔体处于维持生命状态,采食量下降,饲料通过消化道的速率减慢,容易发生腹胀、腹泻,饲料利用率降低,所有这些都是高温时期影响仔兔和幼兔生长以及成兔增重的主要原因。据观察,幼兔在 18～21℃温度范围内,生长最快,成兔在 10～20℃温度范围内,增重最快,超过 21℃,增温越快,增重越慢,呈明显的负相关。

高温对兔的毛皮品质影响极大。在高温条件下,兔体为了加速体内热量的散失,主要通过调节被毛的数量和状况来调节机体散热的速率。表现为被毛稀疏,绒毛减少,粗毛增加,被毛生长缓慢,数量减少。

因此，肉皮用兔的毛皮，特别是皮用兔的毛皮品质下降，乃至基本没有使用价值。同样，对长毛兔而言，在高温环境中，为加强散热，被毛密度降低。据试验，长毛兔在12～25℃环境温度范围内，产毛量最高；25～27℃温度范围内，产毛量开始下降，28℃以上时产毛量明显下降。据有关资料表明，长毛兔的产毛量在一年之内有很大的变化，一般来说，全年中2月份产毛量最高，9月份最低。由此可见，高温是引起兔毛产量下降的主要原因。不仅如此，高温还影响兔毛的品质。环境温度制约着兔毛的细度，兔毛中粗毛含量随环境温度的升高而增加，随环境温度的降低而减少。

此外，高温也影响兔的健康。在高温环境中，兔体的整个新陈代谢过程发生了很大的变化，采食量下降，对饲料的消化吸收率降低(表3-11)，体质下降，抗病力降低，因而发病率和死亡率明显升高。

表3-11　温度对营养物质消化率的影响(相对湿度65%)　　%

物质	温度	
	18℃	34℃
干物质	70.8	67.1
有机物	72.4	68.8
粗蛋白	80.0	73.6
脂肪	85.6	80.8
粗纤维	22.4	20.8
无氮浸出物	79.7	76.5

资料来源：Aguilera。

(2)低温对家兔的影响　家兔对低温的适应能力要比对高温强得多。只要有充足的饲料供应，家兔有自动调节体温的机能，在一定的低温条件下，仍能很好地保持热平衡，维持恒定的体温。如成年家兔可以长期忍受0℃以下的低温环境；但低温环境同样是有害的。若温度过低，持续的时间太长，将会引起家兔体温下降，代谢率也随之下降。当环境温度低于10℃时，兔体为了减少散热而体躯蜷缩，呼吸变慢减弱，竖毛肌收缩，被毛逆立，以增加被毛内空气缓冲层的厚度。但是这些物理调节的效果是有限的，只有提高代谢率，增加产热量，才能维持热平衡。所在低温条件下，由于机体为维持体温恒定而过多消耗体内营养，兔的生长发育受到影响。幼兔生长慢，发病率高，生长兔日增重下降，消耗饲料增多，饲料利用率降低。公兔的性欲降低，母兔的受胎率也降低。

在生产实践中，要特别注意突然、短时间的低温刺激，因为此种刺激对机体是不利的，若不防护，往往会引起兔的感冒和感冒性疾患。因此，在生产中，要求加强饲养管理，注意兔舍的保温，以防止冷应激。

(二)湿度

空气湿度是指空气的潮湿程度，即含有水汽的多少。空气湿度可用相对湿度和绝对湿度来表示，后者在实际生产中没有多大的实用意义。因此，在养兔生产中，常采用相对湿度来衡量空气的潮湿与干燥程度，相对湿度越大，表示空气越潮湿。

1. 空气湿度对体温调节的影响

在高温或低温的情况下，空气湿度对兔体体温的调节有密切的关系。一般来说，湿度越大，体温调节范围就越小。空气湿度主要是影响散热过程。

(1)空气湿度对蒸发散热的影响　在常温下，空气湿度对家兔机体的热调节没有影响。但在高温下，兔体主要依靠蒸发散热，而蒸发散热量和兔体蒸发面的水汽压与空气水汽压之差成正比。如果空气的湿度越大，空气的水汽压越大。兔体蒸发面水汽压与空气水汽压之差减小，则蒸发热量亦减少，因而在高温、高湿的环境中，兔体的散热更为困难，同时家兔汗腺不发达，体热散失主要通过呼吸道。因而在高湿的环境中，易发生中暑。所以，在高温下要降低湿度，以缓和高温对兔体的危害。

(2)空气湿度对非蒸发散热的影响　家兔在低温环境中，主要通过传导、对流和辐射等方式散热，并尽量减少热量的散失，以保持热平衡。由于潮湿的空气增加了空气的导热性，同时家兔的被毛和皮肤都能吸收空气中的水分，提高了被毛和皮肤的导热系数，降低了体表的阻热作用。所以，在低温高湿环境中较在低温低湿环境中，非蒸发散热量显著增加，使机体感到更冷。

总之，不论气温高低，高湿对于热调节都是不利的，而低湿则可减轻高温和低温的不良作用，使家兔的健康和生产力少受影响。

2.空气湿度对家兔健康的影响

(1)高湿　在高湿的条件下，机体的抵抗力减弱，发病率增加，易引起传染病的蔓延，因高湿能促进病原性真菌，细菌和寄生虫(如球虫病)的滋生和蔓延，从而使家兔易患螨病、湿疹等皮肤病。高湿还有利于秃毛癣菌丝的发育。家兔染患上述疾病后，一般病程较长，不仅影响生产性能的发挥，死亡率也有一定程度的上升。

在低温、高湿的条件下，家兔易患各种呼吸道疾病、感冒性疾患、神经痛、关节炎、风湿症等。

在高温、高湿的情况下，易造成饲料、垫料的霉败，可使幼兔群暴发曲霉菌病，有利于球虫病的传播。

(2)低湿　干热的空气能加快兔体皮肤和裸露黏膜(眼、鼻黏膜、口唇等)的水分蒸发，造成局部干裂，从而减弱皮肤和黏膜对微生物的防卫能力，若相对湿度过低，如在50%以下时，家兔容易发生呼吸道疾病。

家兔适宜的相对湿度为60%～70%，过高过低，都将对家兔产生不利的影响。

在实际生产中，分析环境因素对家兔的影响时，仅考虑单方面的环境因素指标是不科学的，必须综合考虑。如考虑湿度对兔体的影响，必须结合温度，因此在估计高温或低温高湿对散热、御寒的不良影响时，就必须采用两个指标，即采用温湿度指标，这样可准确地作出结论。温湿度对家兔机体和生产力的影响见图3-32、图3-33。

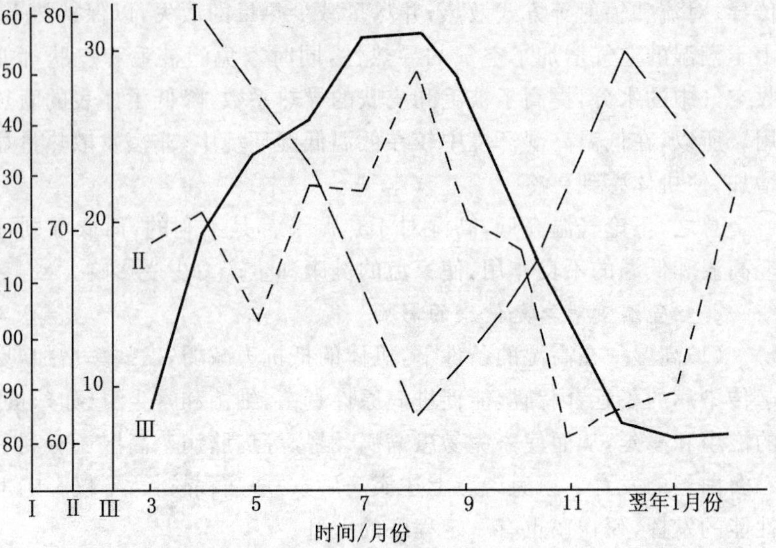

图 3-32　温度、湿度与产毛量的关系

Ⅰ.产毛量/克　Ⅱ.相对湿度/%　Ⅲ.温度/℃

(三)气流

空气经常处于流动状态中,有水平方向和垂直方向的流动。其主要是由于相邻地区的温度差而产生的。温度的差异造成了气压差,低温高压区的空气就向高温低压区的位置流动,便产生了气流。

气流影响兔体的蒸发和对流散热,其影响的程度因气流速度、温度和湿度的不同而不同。在夏季,气流有利于蒸发散热与对流散热,因而对兔体的健康和生产力具有良好的作用。如当环境温度由 23.7℃上升到 28.2℃时,兔的呼吸频率由 66 次/分钟增至 91 次/分钟,皮温由 27℃升高至 30.2℃。此时若增大风速,则情况即有较好的改观。风速由 0.15 米/秒,增至 0.24 米/秒,皮温由 32.5℃下降到 29.2℃,呼吸频率则由 118 次/分钟减少到 91 次/分钟。由此可见,在环境温度一定的

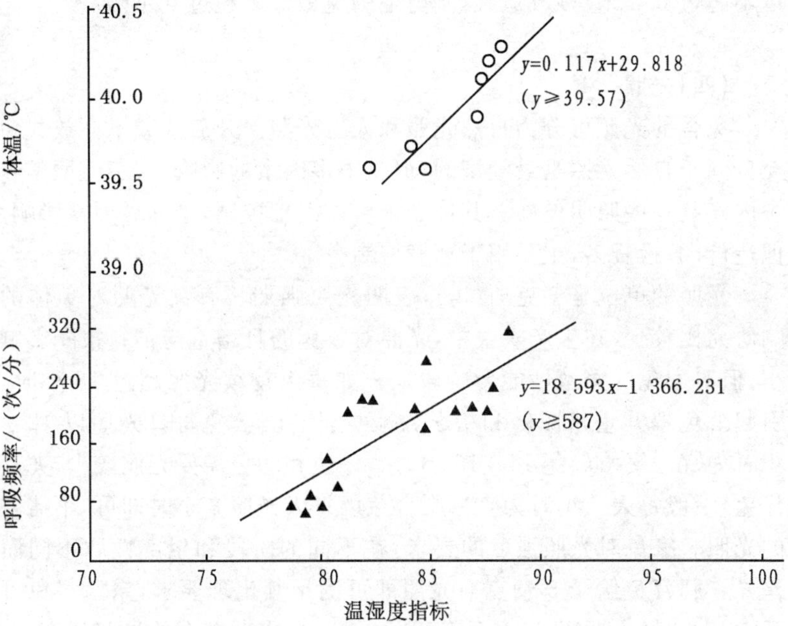

图 3-33　温湿度指标与呼吸频率、体温变化的关系

条件下，加大气流可降低呼吸频率和皮温，缓和夏季高温对家兔的影响。

而在冬季，气流增大，能显著提高散热量，加剧寒冷对机体的不良作用，特别是低温高速度的气流，可使机体局部变冷，而不能使兔体及时产生相应的反应和调节，往往造成家兔感冒、肺炎、关节炎等病患。同时，气流使家兔能量消耗增多，进而使生产力下降。

但是，即使在严寒条件下，舍内仍应保持适当的气流。这种气流，不仅可使空气的温度、湿度、化学组成均匀一致，而且有利于将污浊气体排出舍外，改善舍内空气环境。一般来说，成年兔由于被毛浓密，对低温有一定的抵抗力，要求舍内的气流速度为 0.1～0.2 米/秒为宜，最大不超过 0.5 米/秒，但对仔兔和刚剪毛的兔要注意冷风的侵袭。冬季以不超过 0.2 米/秒较适宜，刚剪毛的兔最好不超过 0.1 米/秒。

（四）光照

兔舍的光照可分为自然光照和人工光照。开放式或半开放式兔舍充分利于自然光照是最经济的，但受很多因素的影响，人工光照是在兔舍内安装一些照明设施。其优点是可以人工控制，受外界因素影响小，但造价大，投资多，主要用于环境控制舍。

光照的单位是勒克斯(lx)，表明光照强弱。有关光照对兔体的影响研究比较少，在生产实践中，光照对家兔的日增重与饲料报酬影响较小，但对家兔的繁殖性能影响较大。如每天持续光照超过 16 小时，将引起公兔睾丸重量减轻和精子数减少，因此，公兔每日光照以 12～14 小时为宜。繁殖母兔 14～16 小时。仔兔和幼兔需要光照较少，尤其是仔兔，一般每天 8 小时为宜。肥育兔以每天光照 8 小时即可，不需要长的光照。家兔对光照强度的要求，在不同的阶段和生产性质不同而有差异。肥育兔给予 5 勒克斯光照即可满足其生理要求，繁殖每兔可给予 20～30 勒克斯，仔兔和幼兔可给予 20 勒克斯左右的光照强度。

二、兔舍环境控制

兔舍环境控制是指对家兔生活小环境的控制，主要包括兔舍内的温度湿度、通风、有害气体及光照等。通过隔热保温及防暑降温以控制温度；采取有效的饲养管理和通风措施以维持舍内适中的湿度，使空气清新；通过人工照明以控制舍内的光照等。环境控制的目的在于减少或消除不利环境因素对家兔的危害和影响，为家兔创造良好的生活和生产条件，以保持家兔健康，预防疾病，提高生产力和降低生成成本，增加养兔生产的经济效益。

（一）温度的控制

温度的控制包括两个方面。一方面是指在舍内温度过高情况下，为减弱高温对家兔的危害，采取降温措施，以维持较适宜的温度，缓和热应激；另一方面是指在寒冷的情况下，设法保持家兔温暖的生活环境，避免家兔遭受寒冷的刺激，以维持适中的舍温。

1.兔舍降温

当舍外温度高于29.4℃时，通过加大通风流量已不能满足为家兔提供一个舒适环境的需要，必须提供有效的降温设备和可靠的降温措施。降温设备主要有以下几种：

①低压喷雾系统：喷嘴安装装在舍内或笼内兔的上方，以常规压力进行喷雾。通过喷雾使雾滴在空气中汽化而达到降温的目的。但是在降温（一般可降低舍温1～3℃）的同时，又使舍内湿度增加。故降温的效果很可能被湿度的增加所抵消，为防止这种现象的发生，在使用此种方法时，应注意舍内的湿度，不可连续使用，仅在极端的情况下应用。因而较适用于干热地区。

②高压喷雾系统：特制的喷头可以将水由液态转为气态，这种变化过程具有极强的冷却作用，它是由泵组、水箱、过滤器、输水管、喷头、固定架等组成。

③湿垫-风机系统：进入舍内的空气须经过湿垫，由于湿垫的蒸发吸热，使进入舍内的空气温度下降。

④喷雾-风机系统：这与湿垫-风机系统相类似，所不同的是进风须经过带有高压喷嘴的风罩，空气经过时，温度就会降低。

现在国内使用的湿垫-风机系统较多，使用效果好，因此着重介绍这种降温系统。

(1)湿垫-风机降温系统的组成　该系统由湿垫、低压大流量的节能风机、水循环系统及控制系统组成。

——湿垫：又称蒸发垫、水帘（图3-34），制成波纹多孔形状，每层之间点接触，减少了对水的截流，采用高耐水、强耐候性材料胶结而成，保证了湿度，高吸水性能，并且有较大蒸发比表面积和较小的过流阻力损失。其种类主要有如下几种：白杨木蒸发垫，垫厚2.5厘米；甘蔗渣蒸发垫（涂水泥），垫厚2.5厘米；猪鬃蒸发垫（涂橡胶），垫厚2.5厘米；

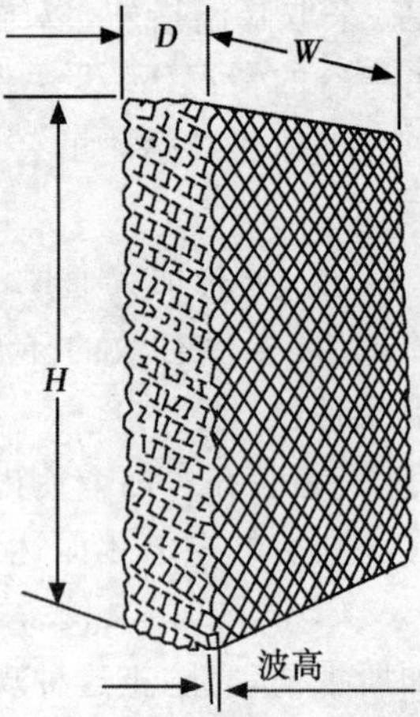

图 3-34　湿垫外形示意图

纸板蒸发垫(波纹沟槽),垫厚有 10.0 厘米和 15.0 厘米,此种目前使用最广。

——水循环系统:包括水泵、集水池(箱)、供水管路、滤污网、泄水管、回水栏污网、浮球阀等。浮球阀自动补水并稳定控制水位。水循环系统的主要作用是按照所要的循环水量将湿垫均匀湿润,并保证适宜的水流量,以保持湿垫的降温效果。

自控装置分为两个层次,常规的由热电阻或热敏电阻检测电路及电气控制装置组成,经济简便,运行可靠。较高层次的是由 8098 单片微机与电气控制装置所组成。二者均可实现经温度为条件的自动控制、报警等功能,夏季水泵风机温度联动自控,春秋季节可实现风机温度自控。

(2)湿垫-风机降温系统的布置　常采用的布置方式有 4 种(图 3-35)。由于工厂化、集约化养兔生产,饲养密度较高,为达到有效的通风降温效果常采用纵向通风。因此湿垫-降温系统的布置,以图 3-35A 型纵向通风布置为好,一端山墙设风机,对端山墙设置湿垫。当一端设有工作间而不能在山墙上布置湿垫时,可采用图 3-35B 型。当兔舍长度超过 100 米时，为减少阻力损失，或进出口温差超过 3℃以上而不能满足生产要求时，可采用图 3-35C 型。某些特殊需要的情况下，如需要将兔舍分为若干小间，实行纵向通风受到限制时，可考虑图 3-35D 型设置方式。采用此种横向通风往往通风效果较差，不能有效地进行通风，因此，实际生产中较少采用。

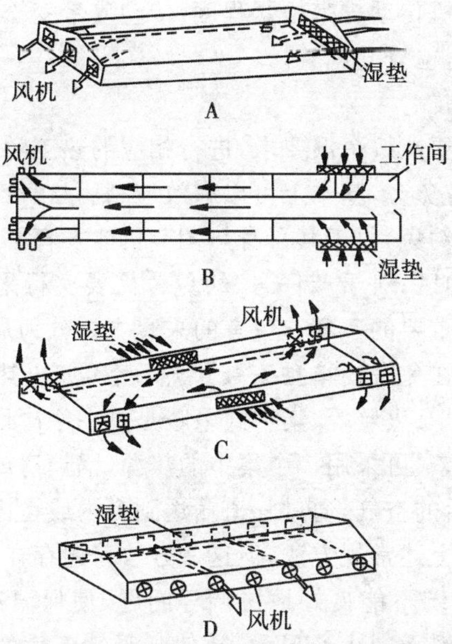

图 3-35 湿垫风机降温系统布置图

(3)湿垫-风机降温系统使用时应注意的问题　湿垫是整个冷却系统的核心。湿垫每干、湿一次，对其使用年限就会有所损害，因此使用湿垫不可昼夜连续使用，应只在炎热的时间内使用，最好是在每天兔舍温度要升高之前开始使用，这样可保持兔舍一直处于凉爽状态，但风机可不停止地转动，以保持通风良好。

为防湿垫中藻类生长和堵塞，在水中可添加 0.2～0.5 毫克/升硫酸铜，同时每晚要使湿垫彻底干燥一次。应严格控制循环水的水质，对于使用的水必须经过过滤和消毒，且每周排水孔排水一次。在多风沙地区以及闲置不用时，为防止沙粒、金属粒、油污、毛等的堵塞，应在湿垫外设置遮栏。

定时检查风机运转情况。在炎热的夏季风机不停地运转，易受环境中粉尘的影响，风阻加大，引起电机超载。百叶窗上粉尘过多，叶片固定轴生锈时，若启动百叶窗，电机功率加大，同样影响排风机的有效率。及时检查风机传动皮带松紧程度，传动皮带变松，也会影响电机效率，因此必须及时检查并调整。

2.兔舍的保暖

在生产中只要能按舍温要求，进行相应的热工学设计，并按设计施工，对于成年家兔兔舍，基本上可以有效地利用自身产热便能维持适当的舍温。但对于幼兔，由于其自身热调节机能发育不全，要求较高的舍温，所以在寒冷地区，对于产仔舍、幼兔舍需要实行采暖。兔舍采暖是冬季环境管理中重要的一环。兔舍的采暖主要分为局部采暖和集中采暖。局部采暖是在兔舍内单独安装供热设备，如电热器、保温伞、散热板、红外线灯、火炉、火墙等，集中式采暖是指在寒冷地区的集约化兔场或种兔场进行冬繁，可采用一个集中的热源(锅炉房或其他热源)，将热水、蒸汽或预热后的空气，通过管道输送到舍内或舍内的散热器。目前采暖基本上采用上述常规方法，但这些方法普遍存在设备费用高、受热不均且与通风系统不能良好地协调等问题，使保温和通风产生矛盾。有些兔场为了保温而减少通风量，致使呼吸性疾病的发生率上升。近几年来，为了解决保温与通风的矛盾，通风供暖设备的研制有了新的进展，热风炉、暖风机的使用使这一矛盾得到了很好的解决。

下面将着重介绍热风式通风供暖的工艺及设备。

热风式通风供暖设备主要由热风炉、轴流风机、带孔塑料管、调节风门等组成，位于保暖空间另一端的排风机是用于通风换气的装置(图3-36)。

热风炉是供暖系统的主体(图 3-37)，为供暖空间提供无污染的洁净热空气。热风炉供暖系统有 3 种运行方式：A.加热换气；B.通风换气；C.单纯加热(图 3-38)。该设备热效率高，送热快，结构简单，成本

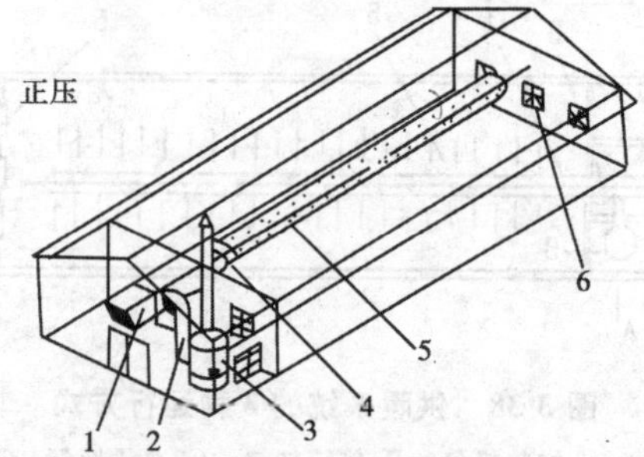

图 3-36 热风炉供暖系统

1.方形供暖管 2.连接弯管 3.热风炉 4.轴流风机 5.有孔塑料风管 6.排风机

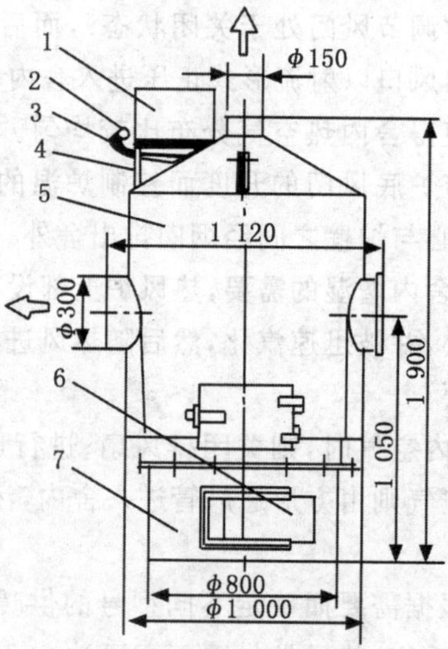

图 3-37 热风炉(单位:毫米)

1.初级水箱 2.水龙头 3.胶管 4.水箱架 5.热风炉炉体 6.风门 7.热风炉炉膛

低(比热水锅炉成本降低 40%以上)。

加热换气系统工作原理:当煤燃烧后,使炉心处于红热状态。低温空气由安装在塑料风管内轴流风机的驱动下,经由炉罩与炉壁间的夹缝通道预热后进入炉心高温加热区,被加热到 50℃左右后,经弯管进

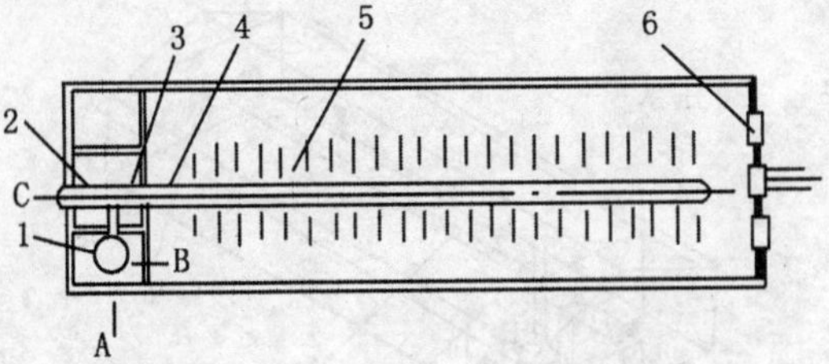

图 3-38　供暖系统的 3 种运行方式

A. 加热换气　B. 单纯加热　C. 通风换气

1. 热风炉　2. 调节风门　3. 方形通风管　4. 轴流风机　5. 有孔塑料风管　6. 排风机

入方形通风管(此时调节风门处于关闭状态),而后经过轴流风机进入有孔风管,并从各出风口以射流形式正压进入舍内,射流热空气与舍内冷空气充分混合,使得舍内热空气分布比较均匀。调节送入舍内的热风温度,可通过调节炉底风门的开度而控制炉温的高低来实现。炉内产生的烟气则从炉心与炉壁之间经烟囱排出舍外。

为了满足供暖舍内增湿的需要,热风炉上部设有加湿水箱,打开阀门开关,水进入炉心,并被迅速汽化,然后随热风进入舍内,从而达到控制温度、湿度的需要。

若单纯加热舍内空气时,则关闭排风扇;进行通风换气时,则停止使用热风炉,新鲜空气则由方形通风管进入舍内,污浊空气则由排风机排出。

兔舍的采暖,根据需要而确定不同型号的供暖设备。如 5 万大卡(1 大卡＝4.186 8 千焦)热风炉供暖面积可达 500 米^2,10 万大卡热风炉可供暖面积达 800～1 000米^2。

(二)湿度的控制

1. 舍内水汽的来源

兔舍内水汽主要有 3 方面的来源:

(1)由大气带入　带入的数量,决定于大气温度。

(2)由家兔机体排出　家兔通过呼吸道和皮肤不断地散发水汽，其散发量的多少，决定于体重、生理阶段和空气温度。

(3)墙壁、地面等物体表面蒸发　蒸发量的多少，决定于物体表面的潮湿度和舍内空气温度。一般来讲，封闭式兔舍中的水汽，有70%～75%来自兔体；10%～25%来自地面、墙壁等物体表面；10%～15%来自大气。故封闭式兔舍空气中的水汽含量常比大气高出很多。棚舍和开敞式兔舍，因空气流通量大，舍内空气湿度与舍外没有显著差异。

2.舍内水汽的危害

舍内空气和物体变潮后，不但影响家兔体热的调节、代谢和健康，也有利于微生物的发育和繁殖。饲料和用具易变潮发霉，容易引起家兔消化道疾病。

湿度过低(30%以下)，对家兔也同样产生危害，容易引起皮肤干燥，黏膜破裂，被毛变脆，并易使空气中的灰尘数量增多。以上这些情况，一般只发生在干旱地区的干旱季节里，其他地区比较少见。

在实际生产中，易出现湿度过高现象，再加上家兔生性怕湿，往往给养兔生产带来很大的危害。因此，要注意对湿度的控制，家兔适宜的相对湿度为 60%～70%，过高或过低，都将对家兔产生不利的影响。

3.对舍内水汽的控制

防止舍内潮湿，尤其是冬季，是非常重要的问题。在日常管理过程中，应采取如下措施：

(1)选好场址　把兔舍建在高燥地方，墙壁和地面应设防潮层。

(2)加强保温　使舍内空气温度保持在露点以上，防止水汽凝结。

(3)尽量减少用水量　杜绝饮水器漏水、滴水现象的发生。兔舍的消毒应根据天气情况，若空气湿度较高时，应尽量减少用水量。

(4)妥善处理粪便　及时清除粪便，并使地面的污水及时排出。

(5)保证通风系统性能良好　及时将舍内的水汽排出去。

(6)必要时使用垫草，经常更换　垫草具有一定的吸水性，只要勤垫、勤换，就能避免尿液流淌，保持地面干燥，并且吸收空气中水分，从而减少空气中的水汽，有利于降低舍内的湿度。

(三)通风的控制

兔舍的通风换气是兔舍环境控制的一个重要手段。其目的有两个:在气温高时,通过加大气流,使家兔感到舒适,以缓和高温对家兔的不良影响;在兔舍密闭的情况下,引进舍外的新鲜空气,排出舍内的污浊空气,以改善舍内空气环境。

在进行通风换气时应注意以下几点:

①排除舍内过多的水汽,使空气中的相对湿度保持在适宜状态,防止水汽在物体表面上凝结。

②维持适中的气温,不使气温发生剧烈的变化。

③气流稳定,不会形成贼风,应力求舍内气流均匀,无死角。

④清除舍内空气中的微生物、灰尘以及舍内产生的氨、硫化氢、二氧化碳等有害气体和恶臭。

确定合理的通风换气量是组织兔舍通风换气的最基本的依据,在实际生产中,夏季可采用最大通风量,尽可能排出舍内蓄热,降低舍温。冬季可采用最小通风量,通风系统尽可能多地排除产生的水汽及有害气体,而尽可能少地带走热能。这是设计通风所必须注意的问题。因此,应根据具体情况制定出适宜的通风方案。引用法国温带地区兔舍通风换气参数,供参考(表 3-12)。

表 3-12 法国温带地区兔舍通风参数

温度/℃	湿度/%	风速/(米/秒)	换气量/[米^3/(时·千克活重)]
12～15	60～65	0.10～0.15	1(活重 1.5 千克)
16～18	70～75	0.15～0.20	2(活重 2.5 千克)
19～22	75～80	0.20～0.30	3(活重 3.5 千克)
22～25	80	0.30～0.40	4(活重 4.0 千克)

资料来源:Morisst(1981)。

1. 通风换气的方式

通风换气的方式有自然通风和机械通风两种。

(1)自然通风　自然通风是指不需要机械设备,而借助于自然界的风压和热压，产生空气流动，通过兔舍围护结构的空隙所形成的空气交换而言。自然通风可分为无管道和有管道两种形式。无管道自然通风是靠门、窗所进行的通风换气。它仅适用于温暖地区或寒冷地区的温暖季节。而在寒冷地区的封闭舍中，为了保温，须将门、窗紧闭，要靠专门通风管道进行换气。

(2)机械通风　由于自然通风受诸多因素的影响，特别是气候与天气条件的制约，不可能保证封闭式兔舍经常而充分的换气。因此，为建立良好的兔舍环境，保证家兔健康及生产力的充分发挥，在兔舍中应实行机械通风。机械通风又称强制通风或人工通风。

①常用的风机类型。兔舍机械通风主要用轴流式风机，有时也用离心式风机。

——轴流式风机：这种风机所吸入的空气和送出的空气的流向，都与叶轴的方向平行，如图 3-39、图 3-40 所示。其特点是：叶片旋转方向可以正转也可逆转，旋转方向的改变，气流方向也随之改变，而风量不减少；通风时所形成的压力，一般比离心式风机低，但输送的空气量却比离心式风机大得多，故此种风机可用于排风，也可用于送风。

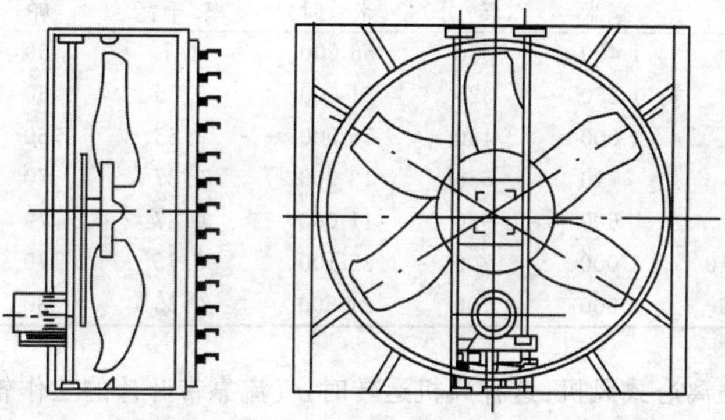

图 3-39　9FJ-140 型轴流式风机外形图

因兔舍通风换气只在于送进新鲜气流和排除污浊空气，不需要太

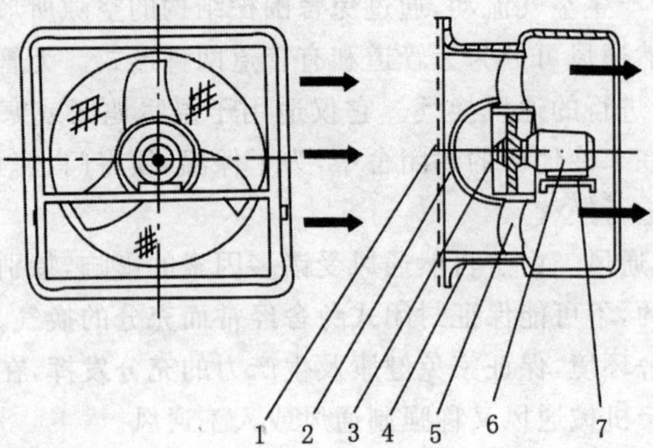

图 3-40　SFT 型轴流式风机外形图

1.防护网　2.密封异流罩　3.防松螺母　4.机体　5.叶轮　6.电动机　7.转子支架

大压力的风机，所以兔舍的通风换气多用轴流式风机。目前国内生产的风机型号较多，其性能参数见表 3-13。

表 3-13　常用轴流式风机主要性能参数

风机型号	叶轮直径/毫米	叶轮转速/(转/分)	风量/(米^3/时)	配用电机功率/千瓦	全压/帕	噪声/分贝
9FJ-140	1 400	330	56 000	1.1	60	70
9FJ-125	1 250	325	31 000	0.75	60	69
9FJ-100	1 000	430	25 000	0.55	60	68
9FJ-71	710	635	13 000	0.37	70	69
9FJ-60	600	930	11 000	0.37	70	73
9FJ-No.10	1 000	700	32 100	0.75	70	75
9FJ-No.9	900	700	21 500	0.55	80	75

——离心式风机：这种风机运转时，气流靠带叶片的工作轮转动所形成的离心力驱动，空气进入风机时和叶片轴平行，离开风机时变成垂直方向，可以利用这个特点，使其自然地适应通风管道 90 度的转变。

离心式风机由蜗牛形外壳，工作轮和带有传动的机座组成。空气从进风口进入风机，由旋转的带叶片的工作轮所形成的离心力作用，流经工作轮而被送入外壳，然后再沿外壳经出风口送入通风管中（图 3-41）。

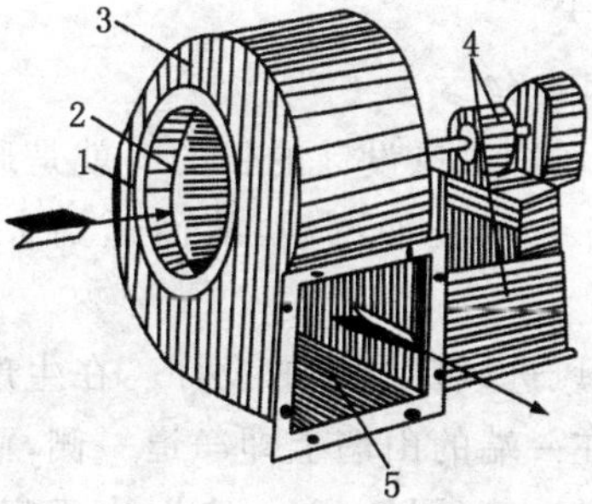

图 3-41　离心式风机

1. 进风口　2. 工作轮　3. 外壳　4. 机座　5. 出风口

离心式风机不具逆转性，压力较强，在畜舍通风换气系统中，多半在送热风和冷风时使用。

②机械通风的方式。机械通风主要有负压通风、正压通风和联合式通风 3 种。

正压通风又称进气式通风或送风，是指通过风机将舍外新鲜空气强制送入舍内，使舍内压力增高，舍内污浊空气通过风口或风管自然排出的换气方式。正压通风的优点在于对送入的空气预先进行加热、冷却及过滤等处理，有效地保证舍内适宜的温度、湿度和清洁空气。在严寒、酷热地区均适用。但这种通风方式比较复杂，造价高，管理费用也大，仅适于高密度工厂化饲养、环境条件要求高、经济价值较高的种兔场。

负压通风又称排风式通风或排风，是指利用风机抽出舍内污浊空气，由于舍内空气被抽出，变成空气稀薄的空间，压力相对小于舍外，新鲜空气通过进气口或进风管流入舍内而形成舍内外空气交换。畜舍通风多采用此种通风方式，因此比较简单，投资少，管理费用也较低。

联合式通风是一种同时采用机械送风和机械排风的方式。在大型封闭舍，特别是无窗畜舍中，仅靠机械排风或机械送风，往往达不到应有的换气效果，而采用联合式通风形式。此种通风方式虽然有利于对空气预热、冷却和过滤，适于寒冷和炎热地区，但是通风方式比较复杂，造价高，管理费用也大。

2. 纵向负压通风介绍

(1)纵向负压通风进风口设计的目的　就是通过集中布置的排风机，使舍内空气顺畜舍的长轴流动，从而达到舍内气流分布均匀的目的。

(2)纵向负压通风进风口位置的设计　在生产中一般认为理想的设计是把进风口设在一端的山墙上即净道一侧，而所有的排风机则设在对端山墙上即污道一侧(图 3-42)。有时由于实际条件的限制，如端部设有工作间等，可将有些进气口设在靠近端部的两侧墙上。需注意：这种设置只是针对夏季和春秋季而言。对于在寒冷地区或温暖地区冬季，由于舍内外温差大，舍外低温空气若仅从兔舍一端进入，会使舍内该进气端气温下降幅度大，造成兔舍两端温差过大。因此，在寒冷气候下进行通风时，应调节进风口的位置，封闭近山墙的进风口，启用近舍中央的进风口，并用小风机进行排风(在布置风机时，可大小风机相结合，以适应不同季节通风之需要)。

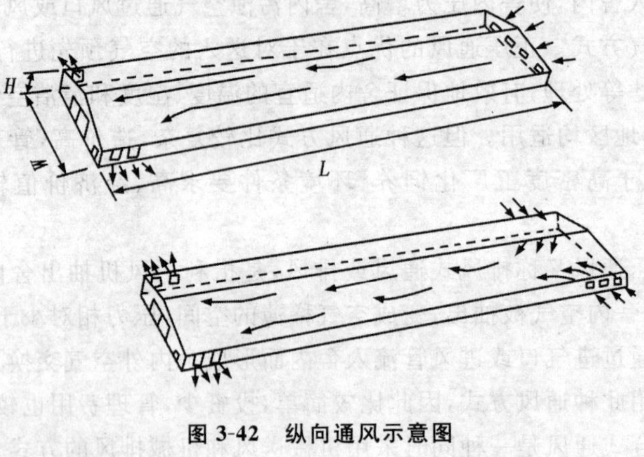

图 3-42　纵向通风示意图

此外，侧墙上均匀布置进风口的纵向通风设计方案也是比较可行的(图 3-43)。

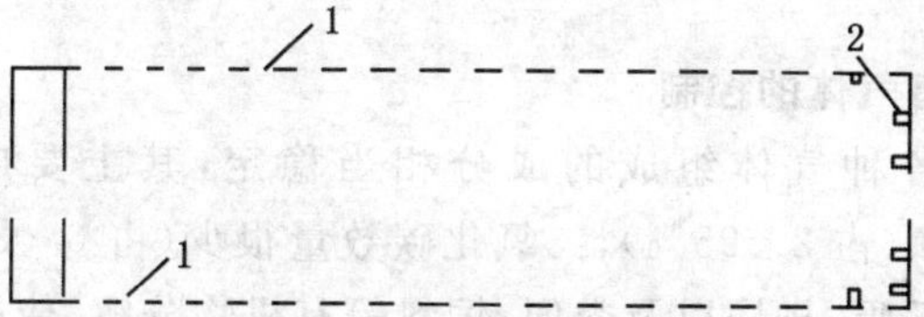

图 3-43　侧墙上均匀布置进风口

1. 进风口　2. 风机

进风口可以是可调节开度的进气窗，也可充分利用窗户，这种方式的优点是舍内气流分布均匀，但进风口的开度大小调节比较复杂，需要较高的管理技术。当兔舍长度较长(如超过 100 米)时，可把排风机集中布置在兔舍中部(图 3-44)。

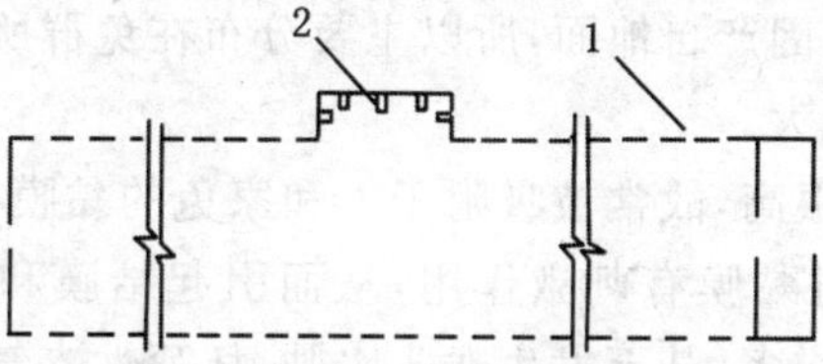

图 3-44　纵向通风示意图(风机集中在兔舍中间)

1. 进风口　2. 风机

(3)纵向负压通风进风口大小的设计　在通风时，进气口阻力越小，风机的排风量就越大，舍内的气流速度就越高。因此，在纵向通风设计中，若不考虑光照控制，进风口面积应与兔舍横断面积大致相等，或至少也应大于 2 倍的排风口面积。

纵向负压通风是一种有效的通风方式，不仅舍内气流速度大，平稳无死角，降温效果好，而且避免了兔舍间疾病的相互交叉传染，改善了生产区内的空气环境，保证了空气清新。同时，采用低压大流量节能型轴流式风机，可大大减少风机的安装台数，且运行效果好，省电，噪声低。

（四）有害气体的控制

大气的各种气体组成的成分相当稳定，其主要成分是氮（占78.08%）和氧（占20.95%），二氧化碳数量很少（占0.03%）。兔舍内由于兔群的呼吸、排尿以及粪便、饲料等有机物分解，使原有的成分比例有所变化，同时还增加了一些有害气体，如氨气、甲烷、硫化氢、粪臭素等。其中危害最大的是氨气和硫化氢。

（1）氨气（NH_3）　无色，有刺激性臭味，体积质量比空气轻，水溶性强。舍内氨气主要是由含氮物质，如粪便与饲料、垫草等腐烂，由厌气菌分解而产生。尤其是温热、潮湿环境会促其大量产生，管理不善，通风不良可使舍内氨气含量大大增加。有的密闭式兔舍，冬季为加强保温，夜间关闭风机，氨气浓度可高达88.5～90毫克/升。氨气的体积质量虽然很小，但因产自地面，所以主要分布在兔群所能接触到的范围之内，因此危害极大。

氨的溶解度很高，故常被吸附于人和家兔的黏膜、结膜上。即使是低浓度的氨，也对黏膜有刺激作用，从而引起结膜和上呼吸道黏膜充血、水肿、分泌物增多，甚至发生喉头水肿、坏死性支气管炎、肺出血等。

据观察，50毫克/升氨能使兔子呼吸频率减慢，100毫克/升会使眼泪、鼻涕和口涎显著增多。长期处在低浓度氨的环境中，兔的健康也会受到影响。

因此，规定兔舍中氨气的浓度不超过30毫克/升。

（2）硫化氢（H_2S）　无色，易挥发，带有臭蛋味，易溶于水，体积质量比空气重，发生气味的低限为0.61毫克/升。兔舍空气中的硫化氢，由含硫有机物分解而来。当家兔采食了含蛋白质饲料，而且发生消化障碍时，可由肠道排出大量硫化氢。

硫化氢毒性很强，与黏膜接触后，与组织中的碱化合生成硫化钠（Na_2S），对黏膜有强烈的刺激作用，引起眼炎，出现流泪，角膜混浊。

同时发生鼻炎、气管炎、咽部灼伤、咳嗽，甚至肺水肿。经常吸入低浓度的硫化氢，可出现植物神经功能紊乱，偶尔发生多发性神经炎，从而引起神经疼或出现某些部位失常。硫化氢进入血液，能与氧化型细胞色素氧化酶中的三价铁结合，使血红素失去结合氧的能力，导致组织缺氧。因此，在低浓度硫化氢的长期影响下，兔体质变弱，抗病力下降，同时，容易发生肠胃炎、心脏衰弱等，给生产造成损失。

兔舍内硫化氢浓度不能超过10毫克/升。

(3)二氧化碳(CO_2) 为无色，略带酸味的气体，其体积质量为1.524。大气中含有0.03%的二氧化碳，这种浓度，对人和家兔没有什么实际卫生意义。舍中的二氧化碳主要是由家兔呼吸而排出来的，舍内浓度可达0.15%，甚至达0.5%。

二氧化碳本身无毒，其主要危害是造成缺氧，引起缺氧性毒害。家兔表现为精神萎靡，食欲减退，增重迟缓，体质下降。实际上兔舍中的二氧化碳很少达到中毒程度。其卫生学意义在于：表明舍内空气的污浊程度，并说明有其他有害气体存在的可能。二氧化碳作为可靠的间接指标，而受到人们的重视。

因此，通常规定舍内二氧化碳含量以不超过0.15%为宜。

控制舍内有害气体的措施是：及时清除粪尿，防止粪尿潴留、腐败、分解；加强兔舍的保温防潮，以防氨和硫化氢溶于舍内水汽中；合理地进行换气，将有害气体及时排出，是保证舍内空气清洁的重要措施之一。

(五)光照的控制

光照是构成兔舍环境的重要因素，不仅对家兔的健康和生产力有一定的影响，而且影响管理人员的工作条件和工作效率。为使舍内得到适宜的光照，通常通过自然采光和人工照明实现。前者利用自然光，后者借助人工光源。

1.开放式兔舍光照

开放式兔舍的墙壁有很大的开露部分，可主要依靠自然采光，自然采光就是让太阳的直射光或散射光通过兔舍的开露部分或窗户进入舍内以达到照明的目的。

在兔舍中不仅应保持合乎要求的光照强度，而且应根据兔种、年龄、生产方向（肥育、种用等）以及生产过程等确定合理的光照时间。因此，要求兔舍门窗的采光面积占地面面积的15%左右，窗户的入射角一般应不小于25度，透光角（即开角）不应小于5度。家兔是夜行性动物，不需要强烈的光照，光照时间也不宜过长，但光照对家兔的繁殖等有一定的影响。如公兔适宜的持续光照时间每天为12～14小时；繁殖母兔14～16小时。因此，在短日照季节为满足繁殖兔的生理需要可进行人工补充光照。

2.封闭式兔舍的光照

封闭式兔舍有两种情况：有窗舍可主要靠自然采光，无窗舍则完全靠人工照明。为了取得光作用的最大生物学效果和节约用电，降低生产成本，应当充分利用自然光照，人工光照在于补充自然光照的不足，以延长冬季和过渡季节的光照时间。

(1)人工照明的光源　主要有白炽灯与荧光灯（日光灯）两种。荧光灯耗电量比白炽灯少，而且光线比较柔和，不刺激眼睛，但设备投资较高，且只是在一定温度下（21.0～26.7℃），光照效率最高，温度太低时不易启亮。因此，在生产上多采用白炽灯。

(2)卫生要求

①照度要足够：应满足家兔最低照度要求。一般以20勒克斯，繁殖母兔20～30勒克斯，肥育兔5勒克斯。灯的高度直接影响着地面的光照度，多层笼养兔舍为使底层有足够的照度，设计时，照度应稍提高一些。

②照度要均匀：兔舍内装设白炽灯不可过大，灯泡与灯泡之间应等距离分布；舍内如果装设两排以上灯泡，应交错排列；近墙的灯泡至墙的距离，应为灯泡间距的一半。

(3)人工光照的控制　包括光照时间的控制和光照强度的控制。

光照时间的控制比较简单，一种是通过人工按时开关灯即可，另一种是可安装控光仪即定时钟，定时开关光源。

光照强度的控制：在生产中一般情况下，不同的兔舍饲养不同种类或不同生长阶段的家兔，对光照强度的要求也不同。因此，在设置光源时，需要按照家兔的要求进行设计，以满足其生产需要。但在某些情况下，舍内的光照强度需要变动即增大或减小时，可采取下列方法对舍内的光照强度进行调整。

①设置可调变压器。根据需要调节变压器以调整灯源的光照强度。

②对舍内安装的灯泡进行分组控制。如一组控制单数灯泡，另一组控制双数灯泡。根据需要，进行合理的调整。

③通过改变所安装的灯泡个数或功率大小来进行调整舍内的光照强度。

三、兔场环境的控制

(一)绿化环境

绿化不仅可以美化环境，而且对改善场区环境具有重要的意义，在一定程度上起到保护环境的作用。

1.改善场区小气候

绿化可明显地改善场区内的温度、湿度和气流等状况。夏季，树木和草地可阻挡和吸收太阳直接辐射，而树木和草地所吸收的辐射热，又绝大部分用于蒸腾和光合作用，因此能降低气温和增加空气中的湿度。冬季，绿地的平均温度均比非绿地低，但最低温度较高，从而缓和了冬季严寒的气温日较差，气温变化幅度减小。同时，树木阻风，能减弱冷空气的袭击。

2.净化空气

植物进行光合作用，可从空气中吸收二氧化碳并放出氧气。每公顷阔叶林，在生长季节，每天可吸收约 1 000 千克的二氧化碳，生产约

730千克的氧。许多植物且能吸收氨，据测定，有害气体流经绿化地带后，至少有25%被阻留净化。此外，绿化可使场区空气中的臭气减少50%，尘埃减少35%～67%，可见绿地的减尘作用非常显著。植物叶表面粗糙不平，有些植物的叶子还能分泌黏性油脂及汁液，除能吸附飘在空气中的灰尘外，尚可固定地面的尘土，不致飞扬。

3.减少空气中细菌含量

植物可使空气中的灰尘数量大大减少，因而使细菌失去附着物，数量也相应减少；同时，某些树木的花、叶能分泌一种芳香物质，可杀死细菌、真菌等。空气中细菌数减少22%～79%。

4.减少噪声

植物对噪声具有反射和吸收作用，树叶的密度越大，则减声的效果也越显著。

5.防疫、防火作用

牧场外围的防护林带和各区域之间种植的隔林带，都可防止人员的任意往来，减少疫病的传染机会。树木枝叶含有大量的水分，又能起到很好的防风隔离作用，可以防止火灾蔓延。进行绿化的牧场，可适当减少各建筑物之间的防火间距。

(二)消毒

消毒的目的在于杀灭被病原微生物及其他有害微生物污染的场内环境，兔体表面以及设备器具上的病原体，切断传播途径，防止疾病的发生和蔓延。因此，牧场消毒是卫生防疫工作的重要部分。随着集约化经营的发展，消毒对保证家兔健康和正常生产具有重要的意义。

1.消毒方法

兔场常用的消毒方法分述如下。

(1)物理消毒法

①日光照射：直射阳光具有较好的消毒作用，是一种可利用的天然消毒剂。一般非芽孢的菌体和病毒，在阳光的直射下，仅需几分钟或数小时，就能被杀灭，即使抵抗力很强的芽孢，在强烈的阳光反复暴晒下，

也可变弱或杀灭。因此,利用阳光消毒兔场的饲草、垫料、运动场及可移到舍外已清洗的设备与用具等,既经济又简便。

②高温:高温消毒方法简单,彻底,消毒效果好。在生产中常采用火焰、煮沸和蒸汽3种形式。火焰可用于处理病兔的粪便、垫料、残余的饲料及病兔尸体等一切被污染而价值不大的器具及废弃物,如金属物品(隔栏、笼架)、墙体、地面及非木制饲槽等均可用喷灯的火焰消毒。凡煮沸后不会被损坏的物品和用具可采用煮沸和蒸汽消毒,如衣物和器械,此法消毒效果好,生产中常采用,但有一定的局限性。

(2)化学消毒法　通常使用化学消毒剂进行消毒,化学消毒剂多种多样,兔场应用化学消毒法进行消毒最为普遍。

化学消毒的效果取决于许多因素,如病原体的抵抗力,所处环境的情况和性质,消毒时的温度、药剂的浓度大小、作用的时间长短等。因此,在进行消毒时应根据消毒的目的和对象的特点,选用合适的消毒剂。对消毒剂的要求是:性质稳定,无异臭易溶于水;对物品无腐蚀性,对人兔安全、杀菌力强;在畜产品中无残留,毒性低;价格低廉易得,使用方便。

随着人们对环境消毒净化在防疫工作中重大作用认识的不断提高,以及科学技术的不断发展,近年来国内外不断推出新的消毒药物。现在有些消毒剂不但消毒效果好,且具有不损伤被消毒物品,无不良气味,对人畜安全,甚至可以进行饮水消毒或经口饮用无任何不良作用,从而可直接对畜群进行消毒等许多优点,在实际工作中对环境的消毒提供了方便。

(3)生物学消毒法　是利用微生物分解有机质而释放出的生物热来进行消毒的一种方法。主要用于粪便的处理或尸体处理。当堆沤粪便或尸体时,粪便和土壤中的各种非嗜热菌大量地生长繁殖,使堆内温度上升,温度可达60～70℃,这样,粪便和尸体中抵抗力较弱的各种非芽孢菌,各种病毒及寄生虫卵等在几天至几周内便可被杀死。这种方法既简便、经济,又可保持或提高肥效,值得推广利用。

2.环境消毒的应用

根据目的的不同,通常环境消毒可分为预防性消毒、应急性消毒和终末消毒3种。

(1)预防性消毒　预防性消毒是在正常情况下,为了预防传染病的发生而进行的定期消毒。预防性消毒要根据不同的消毒对象,定期反复地进行。

兔场和兔舍进出口处的消毒:在场门口及各区域入口处,特别是生产区的入口处,以及各兔舍门口处,应设相应的消毒设施,以便对进出的车辆及人员进行消毒。消毒池内用麻袋片、草席制成消毒垫,倒入高效低毒的消毒溶液。特别是对车辆的消毒,车辆消毒池要有一定深度,其池长应大于轮周长的2倍,池内的消毒液应始终保持有效的浓度。

兔舍的消毒:消毒前应将尘埃、垃圾清除干净,然后进行消毒。对清扫不彻底的兔舍进行消毒,即使用高于规定浓度的消毒剂量,效果也不显著,因为除了强碱(火碱溶液)以外,一般消毒剂,接触少量的有机物会迅速丧失杀菌力。因此,消毒前场所应保持干净。

饲养设备器具消毒:能搬的搬走,能拆的拆开,搬移舍外,冲洗干净后,小件的浸泡、大件的喷洒消毒。

空气消毒:可用化学方法(如熏蒸、喷雾)或物理方法(如紫外线照射)进行消毒。

运动场的消毒:消毒前须先将表层土清理干净,然后用化学消毒剂进行消毒或用火焰消毒。

垫草及粪便的消毒:先将垫草及粪便移走,再堆积成堆进行消毒,或用化学消毒剂进行消毒。

(2)应急性消毒　在非安全地区的整个疫病流行期内或在传染病发生时,为了及时消除由病兔排出于外界中的病原体而进行的临时性的消毒。应急性消毒应尽早进行,所使用的消毒剂应根据传染病的种类和具体情况而选用。

(3)终末消毒　在传染病扑灭后,或病兔和可疑病兔全部处理后,为了最后消灭可能残留于疫区内的病原体而进行的全面性消毒。通常情况下只进行一次。消毒时，不仅病兔周围的一切物品和兔舍要进行消毒，对痊愈的兔体和兔舍也要同时进行，消毒要全面、彻底，不得有遗漏之处。

（三）灭鼠除虫

1. 除鼠

鼠类危害极大，不仅咬死咬伤仔兔，窃食饲料，咬坏器物，污染饲料和饮水，而且还是许多疾病的传播者。因此，必须严加防除。鼠不易被毒杀，捕杀也很困难。世界各国对灭鼠工作也进行了不少的研究，我国常采用的灭鼠方法主要是用药物毒杀、器械捕捉等。药物灭鼠方便，成本低，见效快，但缺点是易造成二次中毒，有些鼠对药物有一定的选择性、拒食性和耐药物，所以在使用时应选好药剂和注意使用方法，以确保安全。近年来，又有新的灭鼠方法，使用持续而无规律的高频振波，使鼠产生无法克服的混乱，最终无力活动而被捕捉。

总之，对畜牧场的灭鼠应给予足够的重视，从堵塞鼠洞，组织捕捉，加强防范等各方面进行工作，只要坚持不懈地定期防鼠巡查，是可以基本上免除鼠害的。

2. 除虫

畜牧场易滋生蚊、蝇等有害昆虫，这些昆虫是传播疾病的媒介，并骚扰人、兔，不利于生产，还可污染环境，影响周围居民的正常生活，为了防止昆虫的滋生，应采取综合防除措施。

(1)保持环境的干燥、清洁　填平无用的沟坑洼地和污水坑，保持排水系统畅通，对阴沟、沟渠等定时疏通，勿使污水贮积。对污水池、粪池要密封加盖。

(2)妥善处理粪便　可防止昆虫在粪便中繁殖、滋生。对清除出的粪便应及时至粪池或堆积储存，减少粪便中的水分，当粪便中的水分低于50%时，蛆即不易滋生。

(3)使用化学灭虫剂　使用天然或合成的毒物，以不同的剂型(粉剂、乳剂、油剂、缓释剂、颗粒剂等)，通过不同途径，毒杀或驱除蚊蝇。

近年来我国已生产多种低毒高效的杀虫药剂，对家畜健康及生产性能无影响，具有使用方便、见效快，是当前防除蚊蝇的重要手段。

(4)物理除虫　利用光、声、电等物理方法捕杀、诱杀或驱逐蚊蝇。我国生产的多种紫外线光或其他光诱器，如电气灭蝇灯，这种灯的中部安装有荧光管，放射对人畜无害，而对苍蝇有高度吸引力的紫外线。灯管的外围有格栅，通有 220 伏变为 5 500 伏的 10 毫安电流，当苍蝇进入接触电丝时，则接通电路而被杀灭，落于悬吊在灯下的盘中。

此外还有激素防除法，如释放大量绝育的雄蚊，使其与自然种群的雌蚊交配而使雌蚊不育。近年在美国还试用合成的昆虫激素，将其混于饲料中喂给家畜，这种药物对家畜的健康与生产力无不良影响，食后由消化道与粪便一齐排出，蛆吃了这些药物即被蜕变，不能进一步发育而死亡。因此，粪便不会生蝇。

(四)合理地处理家兔尸体

家兔的尸体与一般废弃物不同，因为能很快地分解腐败，散发恶臭、污染环境，有时也会传播某些疾病。因此，应正确、及时处理家兔尸体。

1. 高温处理法

将兔尸放于特制的高温锅(150℃、5 个大气压，约 505 千帕)内熬煮，达到彻底消毒的目的。也可在 100℃的普通锅内熬煮，除能彻底消毒外，还可保留部分产品。焚烧法主要用于处理极为严重危害人、畜健康的传染病尸体。处理时，先在地上挖一个十字形沟(沟长约 2.6 米，宽 0.6 米，深 0.6 米)，在沟底部放木柴和干草作燃火用，其上放置尸体，尸体的侧面和上面都用木柴围上，将煤油倒在其上进行焚烧。此种方法比较麻烦，大型兔场应使用专用的焚烧炉来处理。

2. 土埋法

土埋法是用土壤的自净作用使其达到无害化。此法简单但不理想，因其无害化过程缓慢，某些病原微生物能长期生存，从而污染土壤和地下水，并会造成二次污染，主要用于小规模的兔场。

若采用土埋时，应遵守以下卫生要求：

①要远离兔舍、草地、居民点和水源；

②土壤干燥而疏松，掩埋深度不小于 2 米；

③为防止疾病传染死亡的兔尸四周应洒上消毒药剂；

④掩埋兔尸的四周最好设有围栏并做上标记。

总之，在处理病死兔时，不论采用哪种方法，都必须将病死兔的排泄物及各种废弃物等一并进行处理，以防造成环境污染。

（五）合理处理粪污

随着养兔产业的迅速发展，尤其是大规模、高密度的工厂化生产，集中产生了大量粪便、污水等废弃物，加剧了对周围环境的污染，造成的公害日益严重。环境污染问题已被人类和各国政府所关注，并采取各种环境保护的措施。粪污等废弃物处理的基本原则是：粪便等废弃物不能随意弃置，使恶臭扩散，蚊蝇漫飞；更不可弃之于河道、土壤而污染周围环境，造成公害；必须加以适当的处理，合理利用，变废为宝，化害为利，并尽可能在场内解决。

为了减少粪便对环境造成污染，充分利用粪便中丰富的营养和能量资源，必须通过适当的方法进行处理。在处理粪便方面，近些年来已经摸索了不少物理、化学、生物学及其综合处理的方法，用各种高效率的设备，系统地处理粪便，达到净化的目的，并使其做到物尽其用。

1.发酵处理

粪便的发酵处理是利用各种微生物的活动，使粪便中的有机物进行分解转化。在发酵过程中，粪便中形成特殊的理化环境，可基本上杀灭粪便中的病原菌和寄生虫卵，具体方法有：

（1）腐熟堆肥法　是在好气微生物的作用下，将富含氮有机物与富含碳有机物转化为腐殖质、微生物及有机残渣的过程。在堆肥发酵过程中，大量无机氮被转化为有机氮的形式固定下来，形成了比较稳定一致且基本无臭味的产物，即以腐殖质为主的堆肥。将粪便堆成长、宽、高分别为 10～15 米、2～4 米、1.5～2 米的条垛，在气温 20℃左右经腐熟 15～20 天，在此期间须翻垛 1～2 次，以供氧、散热和使发酵均匀，而后再静置堆放 2～3 个月即可完全腐熟利用。此法要求粪便较干燥。

（2）平地堆肥法　将粪便及垫料等清除至舍外单独设置的堆肥场地上，平地分层堆积，利用废旧塑料薄膜覆盖粪便，并用绳索固定。经过一段时间自然发酵处理后，可杀死粪中病菌及寄生虫卵。此种方法适于较干燥的粪便。

（3）充氧动态发酵法　在供养充足及适宜的温度、湿度条件下，好气微生物迅速繁殖，将粪便中的有机物分解转化，同时释放出氨、硫化氢等气体，在 45～55℃下处理 12 小时左右，可得到灭菌、除臭的优质肥料和再生饲料。

粪便在处理之前，要将其含水量调至 45％左右，然后送到发酵罐内，由搅拌器混合翻动，隔层中的热水和暖气机散发的热气对粪便混合物直接加温，使发酵机内温度保持在 45～55℃，同时向机内充入大量空气，供给好气微生物活动的需要，粪便在富氧条件下发酵 8～12 小时，并使发酵产生的氨、硫化氢等废气及水分随气流排出；最后粪便中的有机物被转化成完全无味的微生物菌体，它是一种优质的肥料（含水率在 40％以下）和再生饲料。

（4）沼气处理法　沼气处理是利用厌氧菌对粪便及其他废弃物进行厌氧发酵的过程。目前有不少畜牧场因清粪工艺的限制，采用水冲清粪，这样得到的粪含水量极高，采用其他方法（如堆肥法、干燥法等）难以处理，而沼气处理法可直接对这种水粪进行处理，这是此法最显著的优点。产生的沼气是一种高热值可燃气体，可作为燃料或供照明；残渣可作为肥料、饲料，适合各种规模的养兔场。从减少污染、提高生态养殖效果角度，兔的健康养殖中，对粪污的处理最好的方法就是沼气处理法。

2. 干燥处理

粪便的主要成分是水，通过脱水干燥处理，使兔粪中的水分迅速减少，含水量降到 15％以下，不仅能更好地保存其中的营养物质，而且微生物数量大大减少，无臭味，便于运输和储存。因此，脱水干燥是一种较完善的处理方法。

(1)日光干燥处理法　利用日光干燥是最简便的方法。落后的方法是将粪便摊在晒场上进行晾晒，在处理过程中需经常翻动和摊散，以利通风排湿，加速水分蒸发。此法在干燥过程中虽节省能源，投资少，但效率低且散发出的臭气对环境造成污染。为解决污染问题可采取太阳能大棚干燥法。这种方法采用塑料棚中形成的“温室效应”，充分利用太阳能来对粪便作干燥处理。

太阳能大棚干燥法主要是利用粪便发酵产生的生物热能和太阳能所给予的热量。在处理过程中可采取人工铺粪，也可采取机械铺粪。专用的塑料大棚长度可根据本场饲养规模及产粪便的多少而定。人工铺粪投资少，简单易行，适于小规模兔场。

在专业的塑料大棚内有混凝土槽，两侧为导轨，在导轨上安装有混合搅拌装置。湿粪便装入混凝土槽后，搅拌装置沿导轨在棚内往复运行，并通过搅拌板的正反向转动来破碎、翻动和推送粪便。利用大棚内蓄积的太阳能和粪便发酵所产生的生物热能使粪便中的水分蒸发出来，然后通过强制通风把大棚内的湿气排出，从而达到干燥的目的。

在利用太阳能作自然干燥时，有的采用一次性干燥工艺，也有的采用先发酵处理，而后再进行干燥。发酵和干燥分别在两个大槽内进行。舍内的粪便清除后，送到发酵槽内，发酵槽上设有搅拌机，定期来回搅拌，往返一次能把槽内的粪便向前推进 2 米。经过 20 天左右，将发酵粪便向前推到腐熟槽内，在槽内静置 10 天，使粪便的含水率降到 30%～40%。而后，把发酵粪便转到干燥槽中，再通过频繁地搅拌和排湿，将粪便干燥，最后可得到含水率低于 13%的兔粪产品。此种产品由于含水率低，便于储存。因此，肥效比未经发酵的干燥兔粪好，且使用方便。

(2)高温快速干燥法　是利用高温将粪便加热，使水分迅速减少。将含水率达 70%的湿粪便迅速干燥至含水仅 10%～15%。在加热干燥过程中，做到彻底杀死病原微生物及寄生虫卵，消除臭味，营养损失少，减少体积，便于运输储存，可作为饲料或肥料。这种方法需要较大投资，适合大规模兔场使用。

思考题

1. 兔场场址选择应注意哪些问题?
2. 兔舍的防暑降温有哪些技术措施?
3. 兔舍的防寒保温有哪些技术措施?
4. 环境消毒有哪些方法?
5. 对病死兔尸体应如何处理?
6. 对兔粪的处理有哪些方法? 你认为哪个方法适合你的兔场?

第四章

兔健康养殖营养需要及饲料配合技术

导　　读　动物的生存、生长发育、繁殖等一切的活动都离不开能量和营养物质的支持。饲料就是各种营养物质的载体，也是动物赖以生存的物质基础。饲料中的六大营养物质水分、蛋白质、脂肪、碳水化合物、矿物质和维生素在家兔的新陈代谢过程中分别发挥不同的生理营养作用。动物缺乏营养物质会造成生长发育不良、生产力下降等一系列不良影响；而营养物质过量，不仅造成浪费，也会造成动物出现肝肾负担加重或中毒现象。本章主要介绍兔的营养需要、常用饲料原料的特点、饲料配合技术要领等内容，突出强调健康养殖技术最注重的问题：满足家兔营养需要，提倡使用益生素改善消化机能，保证营养充分利用，降低环境污染等。

第一节 兔的营养

一、动物与植物的组成成分

兔为了维持自身的生存和繁衍后代的需要，必须从外界环境中摄取所需的营养物质。植物及其产品是兔饲料的主要来源。研究兔营养基础，首先应了解组成动、植物的化学成分及其相互间的关系。

（一）组成动、植物体的化学元素

自然界中各种物质都是由化学元素组成的。按其在动、植物体内含量的多少，可分为常量元素和微量元素两大类。动、植物体内含量不低于0.01%的化学元素称为常量元素，如碳、氢、氧、氮、硫、钙、磷、钾、钠、氯、镁等；动、植物体内含量低于0.01%的化学元素称为微量元素，如铁、铜、钴、锰、锌、碘、硒等。实验证明：组成动物、植物细胞的化学元素种类基本相同，但含量略有差异。

（二）动、植物体的化合物

动、植物体含有的主要成分有6种：水分、蛋白质、脂肪、碳水化合物、矿物质和维生素。这些成分除水分和一小部分无机盐外，绝大多数都属有机化合物，如图4-1所示。这些有机化合物在动、植物体内进行着一系列的化学变化，维持生物体内新陈代谢的正常进行。

- 动、植物体
  - 干物质
    - 有机物
      - 含氮物(粗蛋白质)
        - 蛋白质
        - 非蛋白氮
      - 无氮物质
        - 粗脂肪(乙醚浸出物)
        - 糖类
          - 粗纤维
            - 纤维素
            - 半纤维素
            - 木质素
          - 无氮浸出物
            - 淀粉
            - 糖
            - 其他物质
    - 无机物(粗灰分)
  - 水分

图 4-1　构成动、植物体的营养成分关系

二、兔对饲料的消化

(一)消化的概念

饲料中的营养物质进入兔的消化管,经过一系列的物理、化学、微生物的复杂作用,将不能透过消化管壁的大分子化合物分解成能透过消化管壁的小分子化合物,这一生理过程称为消化。已消化的小分子化合物,透过消化管壁进入血液或淋巴液的生理过程称为吸收。吸收的营养物质通过循环系统输送到机体各组织器官,供动物体利用。可以说,消化是吸收的准备,吸收是机体新陈代谢的前导。

(二)兔消化方式

兔所采食饲料的分子结构往往极为复杂,难溶解的大分子物质只有经过物理的、化学的、微生物的消化过程,才能变为可溶性的有利于兔吸收的物质。

1. 物理性消化

兔采食饲料后,经咀嚼、吞咽、胃肠运动等活动,把饲料切断、撕烂、磨碎，使食物的表面积增加，易于与消化液充分混合，并把食糜从消化管的一个部位运送到另一个部位，这个过程为物理性消化。这种消化方式虽然改变了饲料的物理性质，但并没有改变饲料的化学性质。饲料在兔口腔内的消化方式主要是物理性消化。所以物理性消化过程，有利于饲料在消化管内形成多水悬浮液，为消化系统后段的化学性消化、微生物消化做好充分准备。

兔主要靠门齿切断饲料，臼齿磨碎饲料，并与唾液充分混合后吞咽。兔胃的容积相对较小，但肠道长且容积大，盲肠和结肠特别发达，盲肠内有大量的微生物。因此，在饲喂前将饲料适当切短，有助于兔的采食和咀嚼。

2.化学性消化

动物消化腺分泌的消化液含有能分解饲料及其养分的多种消化酶，在酶的作用下，各种营养物质被分解为易吸收的物质，这一消化过程称为化学性消化。此外，饲料中也含有相应的酶，在兔消化管中适宜的环境下，也参与消化作用。

兔饲料主要来源于植物。饲料中的蛋白质、脂肪和碳水化合物在兔体内分别被相应的消化酶消化。不同的动物在不同的生长发育阶段所分泌的酶的种类、数量不同。因此，供给的饲料种类和加工调制方法也应不同。

3.微生物消化

兔的盲肠、结肠内栖居着大量的细菌和纤毛虫等微生物。这些微生物能分泌多种酶，饲料中的营养物质在这些酶的作用下被分解，这一过程称为微生物消化。兔消化腺本身并不能分泌分解饲料粗纤维的酶，只有寄生在消化管内的微生物能分泌纤维素酶、半纤维素酶等酶类。因此，微生物对粗纤维的消化分解起关键作用。

三、蛋白质的营养作用

蛋白质是一类复杂的有机化合物，其组成化学元素主要有碳、氢、氧、氮，有的还含有硫，少数含有磷、铁、铜等元素。

蛋白质是生物体的重要组成部分，是维持生命活动的重要物质基础。生物体内一切最基本的生命活动几乎都与蛋白质有关。实验证明，在所有的活细胞中都有蛋白质的存在，没有蛋白质就没有生命，且每个物种都有其特殊的蛋白质。饲料中蛋白质含量不足是限制兔生长的主要因素之一。所以，蛋白质营养对兔来说是一重要的营养过程。

(一)氨基酸与蛋白质

1.必需氨基酸与非必需氨基酸

蛋白质在酶、酸或碱的作用下水解生成氨基酸，氨基酸是蛋白质的基本构成单位。常见的氨基酸有20多种，根据氨基酸是否必须由饲料供给，通常将氨基酸分为必需氨基酸和非必需氨基酸。

(1)必需氨基酸　必需氨基酸是指兔体内不能合成或合成数量很少、不能满足兔营养需要，必须由饲料供给的氨基酸。必需氨基酸有：精氨酸、组氨酸、异亮氨酸、蛋氨酸、苯丙氨酸、苏氨酸、色氨酸、缬氨酸、亮氨酸、赖氨酸、甘氨酸(快速生长所需)11种。

(2)非必需氨基酸　非必需氨基酸是指在兔营养上需要，但体内能够合成或由其他氨基酸转化而成，不必从饲料中专门供给的氨基酸，如丙氨酸、谷氨酸等。非必需氨基酸绝大部分仍由日粮提供，不足部分才由体内合成。

(3)限制性氨基酸　限制性氨基酸是指饲料中含量较少、低于兔的需要量、限制着其他氨基酸利用率的必需氨基酸。常用饲料中，赖氨酸、蛋氨酸、精氨酸不能满足兔的需要，这3种氨基酸称为限制性氨基酸。通常将饲料中最缺少的氨基酸称为第一限制性氨基酸，依次类推为第二、第三……限制性氨基酸。同一日粮对不同的兔和不同的日粮对同一兔来讲，限制性氨基酸的种类和顺序是不同的。其中赖氨酸、蛋氨酸、精氨酸是主要的限制性氨基酸。

蛋白质品质的高低取决于组成蛋白质的氨基酸的种类和数量。当蛋白质所含的必需氨基酸和非必需氨基酸的种类、含量以及必需氨基酸之间、必需氨基酸与非必需氨基酸之间比例与兔所需要的相吻合时，该蛋白质称为理想蛋白质，其本质是氨基酸间的最佳平衡。理想蛋白质的氨基酸平衡模式最符合动物的需要，因而能够最大限度地被利用。

2.蛋白质的营养作用

(1)蛋白质是兔体组织的重要组成成分　兔体皮肤、肌肉、神经、结缔组织及内脏器官，都是以蛋白质为基本的组成成分，蛋白质在这些组织器官中起着传导、运输、支持、保护等多种作用。各组织、器官，通过新陈代谢不断地更新、增殖、修补，都需要一定的蛋白质。

(2)蛋白质是兔体内活性物质的重要成分　体液、酶、激素和抗体等，都是兔生命活动所必需的。在兔生命活动和代谢过程中起催化作用的酶、起调节和控制作用的激素、具有免疫和防御功能的抗体以及维持体内正常渗透压的体液都是以蛋白质为主体构成的。

(3)蛋白质的分解　蛋白质可分解并提供能量和转化为糖、脂肪。

(4)蛋白质是合成兔产品的重要原料　蛋白质是形成动物肉、奶、皮、毛等产品的重要原料。

3.蛋白质缺乏的后果与过量对动物的危害

蛋白质是兔体内重要的营养物质，在兔体内发挥着其他营养物质不可代替的营养作用。当饲料中蛋白质数量和质量适当时，可改善日粮的适口性，增加采食量，提高蛋白质的利用率。当蛋白质不足或质量差时，表现为氮的负平衡，消化道酶减少，影响整个日粮的消化和利用；血红蛋白和免疫抗体合成减少，造成贫血，抗病力下降；蛋白质合成障碍，使体重下降，生长停滞；严重者破坏生殖机能，受胎率降低，产生弱胎、死胎。

当蛋白质供应过剩和氨基酸比例不平衡时，在体内氧化产热，或转化成脂肪贮存在体内，不仅造成蛋白质浪费，而且使蛋白质在胃肠道内引起细菌的腐败过程，产生大量的胺类，增加肝、肾的代谢负担，引起消化紊乱，甚至中毒。因此，在养兔的生产实践中，应合理搭配兔日粮，保障蛋白质合理的质和量的供应，同时，要防止蛋白质的不足和过剩。

(二)非蛋白氮与兔营养

兔发达的盲肠所起的作用与反刍动物的瘤胃相似，非蛋白氮可作为兔盲肠微生物生长繁殖的氮源。兔盲肠中有水解尿素的细菌，如在兔饲料中添加尿素，应根据兔的体重变化而逐渐增加，断奶后开始添加，每只每日 0.3～0.5 克，10～20 天后，每千克体重每日添加尿素 2 克，但每日最大添加量不应超过 5 克。应注意的是，不能直接饲喂尿素，也不能将尿素溶在水中，应先将饲料拌湿后再加入尿素，搅拌均匀后饲喂，当天配当天喂。并且，饲喂尿素时，饲料中必须含有一定量的蛋白质和一定量的可溶性碳水化合物。

(三)兔对蛋白质的消化代谢

被兔食入的饲料蛋白质，在胃中被胃蛋白酶降解为结构比较简单的胨和脉，它们随食糜进入十二指肠，被胰蛋白酶分解成多肽，再被肠肽酶降解为氨基酸。氨基酸经小肠壁吸收后进入血液，被运送到机体各组织细胞中，用于合成体蛋白质和其他含氮化合物。小肠中未被吸收的蛋白质和氨基酸被盲肠中的微生物降解成氨，再被合成为菌体蛋白质，随软粪排出体外，被兔食入后，再次被消化吸收利用。所以，饲料蛋白质最终是以氨基酸的形式为兔所吸收和利用，蛋白质的营养作用实质上是氨基酸的营养作用。兔能有效地消化利用饲料中的蛋白质，特别是青饲料中的蛋白质。兔对典型的能量饲料和蛋白质补充料的消化同猪等单胃动物相似，但对新鲜牧草蛋白质消化却很高。兔能利用正常存在于体内的尿素合成内源蛋白质，并通过食粪增加蛋白质营养。已经证明 4～8 周龄的兔，每天通过食粪而增加由盲肠内形成的微生物蛋白质为 2 克。盲肠内容物中的尿素氮能为微生物所利用。盲肠壁能脱氨和合成必需氨基酸，这样就可以改善低蛋白质饲料的品质，提高其利用率。兔的这种微生物作用是在盲肠内进行的，且作用在未被消化的剩余物上，因此生成的微生物蛋白少，而且这些微生物蛋白只有在兔吃粪后才能被消化吸收。兔吞食的粪便是夜间排出的一种特殊的软粪，来源于盲肠，内有微生物作用过的食糜和大量细菌。此外，兔虽为单胃草食动物，但其发达的盲肠所起的作用与反刍动物的瘤胃相似，非蛋白氮可作为兔盲肠微生物生长繁殖的氮源，兔盲肠中的微生物能利用非蛋白氮合成蛋白质，这些细菌蛋白质随软粪排出，被兔食入后可作为兔的蛋白质补充来源。

四、碳水化合物的营养作用

碳水化合物是植物性饲料的主要成分，占植物性饲料干物质重的50%～80%。碳水化合物是兔采食量最大、吸收利用最多的能源物质。

（一）碳水化合物的组成与营养作用

1. 碳水化合物的组成

碳水化合物（也称糖类）的组成中均含有碳、氢、氧 3 种元素，其组成中氢和氧原子数之比恰好与水分子相同，即 H∶O＝2∶1，故而统称碳水化合物。可用通式 $C_m(H_2O)_n$（n、m 为正整数，它们可以相同，也可以不同）表示碳水化合物分子的组成。如葡萄糖的分子式为 $C_6H_{12}O_6$，可用 $C_6(H_2O)_6$ 表示。但也有个别，如二脱氧核酸（$C_5H_{10}O_4$）和鼠李糖（$C_6H_{12}O_5$），虽然氢与氧原子之比不符合 2∶1 的比例，却属于碳水化合物的范畴。碳水化合物的种类较多，按其可溶性分类如图 4-2 所示。在常规分析中，碳水化合物包括粗纤维和无氮浸出物。其中粗纤维主要包括纤维素、半纤维素和木质素，它们均存在于植物的秸秆与秕壳中，形成细胞壁成分，不易溶于水，一般情况下不易被动物消化和吸收。纤维素和半纤维素在反刍家畜瘤胃及动物大肠中微生物的作用下，可被消化利用，但木质素则不能被消化利用。所以，日粮中粗纤维含量越高，饲料的消化率越低，同时也会影响其他营养物质的消化吸收与利用。无氮浸出物包括单糖、双糖和多糖等物质，易溶于水，主要存在于果实与根茎中，易被动物消化与吸收。消化吸收淀粉的主要器官是小肠。

- 碳水化合物
  - 无氮浸出物
    - 单糖（如葡萄糖等）
    - 双糖（如蔗糖等）
    - 多糖（如淀粉等）
  - 粗纤维
    - 纤维素
    - 半纤维素
    - 木质素等镶嵌物质

图 4-2　碳水化合物的分类

2.碳水化合物的营养作用

(1)碳水化合物是动物体内能量的主要来源　碳水化合物，特别是葡萄糖，在酶的作用下彻底分解为二氧化碳和水，产生大量能量以维持畜体体温、生命活动、生产等需要，少量碳水化合物形成糖原贮存于肝脏和肌肉中，但存量很少，一般不超过体重的1%。

(2)碳水化合物是形成体脂的主要原料　饲料中的碳水化合物除了氧化供能外，多余的还可转化为脂肪贮存在动物体内。

(3)碳水化合物是形成体组织和非必需氨基酸的原料　碳水化合物普遍存在于动物体各组织中，同时为动物体提供合成非必需氨基酸的碳架。

(4)碳水化合物为泌乳兔合成乳糖、乳脂提供原料　乳糖是初生仔兔的主要能量来源，乳糖在肠道内的吸收较其他碳水化合物慢，它可促进胃肠蠕动，也可促进钙质的吸收。

(二)兔对碳水化合物的消化代谢

碳水化合物中的无氮浸出物和粗纤维在化学组成上颇为相似，均以葡萄糖为基本结构单位，但由于结构不同，它们的消化途径和代谢产物完全不同。

1.无氮浸出物的消化与代谢

无氮浸出物主要在胃和小肠中消化，饲料中的淀粉被兔采食后，经胃和小肠中的消化酶作用，最后被分解成葡萄糖，通过小肠黏膜细胞吸收进入血液，参与体内代谢。未被消化吸收的淀粉和葡萄糖进入盲肠和结肠，在微生物的作用下，产生挥发性脂肪酸和气体，气体随粪便排出体外，挥发性脂肪酸被肠壁吸收，参与体内代谢。兔与猪、禽不同之处是唾液中缺乏淀粉酶，因而在兔口腔中不发生酶解作用。据报道，无氮浸出物在兔体内的消化率为70%左右。

2.粗纤维的消化与代谢

兔体内不分泌纤维素酶，粗纤维在胃和小肠中不发生变化，对粗纤维的消化只能借助于盲肠和结肠微生物的作用。盲肠和结肠微生物具有较强的分解粗纤维的能力，在其作用下，粗纤维经过复杂的分解过程被分解为挥发性脂肪酸，经肠壁吸收，同时产生的气体由肠道排出。兔在体内代谢过程中，既可利用葡萄糖供能，又可利用挥发性脂肪酸，所以，兔利用粗纤维的能力比猪、禽强，但不如其他草食动物马、牛、羊，这是由于其发达的盲肠和结肠位于消化道的末端的缘故。

(三)粗纤维与兔营养

粗纤维可填充胃肠道，促进胃肠蠕动和粪便的排泄，不仅使兔有饱感，而且保证了消化的正常进行。兔如果只吃精料，可造成严重的消化不良，发生腹胀、腹泻，甚至死亡。

在兔的盲肠、结肠中，粗纤维被纤维素酶分解形成挥发性的低级脂肪酸。低级脂肪酸可被彻底氧化分解供能，是重要的能源物质。成兔饲粮中较适宜的粗纤维含量为14%～16%。

五、脂肪的营养作用

脂肪是动、植物体的组成成分，也是动物所需能量的重要来源。

(一)脂肪的组成与营养作用

1.脂肪的组成与分类

脂肪由碳、氢、氧3种元素组成。与碳水化合物、蛋白质相比较，脂肪中碳、氢含量较多,氧的含量较少。其能值约为碳水化合物的两倍多,故饲料的能值高低主要取决于脂肪含量的高低。根据脂肪的结构,可分为真脂肪和类脂肪。真脂肪由脂肪酸与甘油化合而成,又称为甘油三酯或三酸甘油酯,如一般植物油、动物油;类脂肪包括磷脂、蜡质、固醇等。这些物质均由脂肪酸、甘油及其他不含氮的有机物质化合而成。磷脂广泛存在于动、植物细胞中,以动物的脑、心脏和肝脏中含量较多,蜡质无营养价值,主要存在于动物的毛、羽之中,具有沥水性。脂肪易溶于乙醚,在分析实验中常用乙醚提取,故粗脂肪(包括真脂肪和类脂肪)又称乙醚浸出物。脂肪在空气中易发生氧化反应(即酸败现象),产生恶臭味。酸败后的脂肪不能饲喂动物,否则将导致机体代谢紊乱。

2.脂肪的营养作用

(1)脂肪是构成动物体组织的成分．动物机体除各器官贮有脂肪外,神经、肌肉、骨骼、皮肤及血液等组织中均含有脂肪。这些脂肪多属于脑磷脂、卵磷脂和胆固醇等。

(2)脂肪是兔热能来源和贮存能量的最好方式　脂肪是含能量最高的营养物质。生理条件下同等重量的脂肪氧化分解产生的能量是碳水化合物所产生能量的2.25倍。动物体内贮积的脂肪,因其体积小而产热量高,是动物贮存能量的最好方式。

(3)脂肪可为兔提供必需脂肪酸(EFA)　脂肪中的亚油酸、亚麻油酸及花生四烯酸在动物体内不能合成,必须从饲料中供给,故称为必需脂肪酸。它们是细胞膜的组成成分,也参与构成多种激素,如前列腺素等。调节脂类的正常代谢,可影响动物的繁殖性能。当幼兔日粮中缺乏必需脂肪酸时,皮肤常发生鳞片性皮炎,生长停滞。一般植物油中含有必需脂肪酸较多,大豆油中含亚油酸52%。

(4)脂肪可作为脂溶性维生素的溶剂　饲料中的维生素A、维生素D、维生素E、维生素K及胡萝卜素必须溶于脂肪中才能被兔吸收利用。当缺乏脂肪时,这些维生素不易被吸收,兔将发生脂溶性维生素代谢障碍及缺乏症。因此,日粮中含有一定数量的脂肪有利于脂溶性维生素的吸收。

(5)脂肪是兔产品的组成成分　在肉、乳中都含有较多的脂肪，这些脂肪可由碳水化合物转化而成，不必为此单独供应脂肪。

(6)脂肪对兔体有保护作用　脂肪存在于内脏器官周围，可固定器官。脂肪的导热性能差，冬季兔的皮下脂肪可起到防止热量散失，维持体温的作用。

另外，脂肪在饲料颗粒化过程中还有润滑作用，防止粉尘飞扬。

(二)兔对脂肪的消化代谢

1.脂肪的消化与利用

脂肪在兔体内经分解产生脂肪酸和甘油被肠壁黏膜吸收，一部分直接沉积于脂肪组织，变为体脂肪，一部分氧化供能并发挥其他作用。兔胃液、胰液和小肠液中均含有分解脂肪的酶类。饲料中的脂肪50%～60%在小肠中分解为甘油和脂肪酸。胆汁在此消化过程中起活化脂肪酶的作用，并对脂肪酸的吸收起重要作用。少量脂肪随食糜进入大肠，被微生物分解为甘油和脂肪酸，并使部分不饱和脂肪酸加氢氧化成饱和脂肪酸。兔能很好地利用植物性脂肪，消化率为83.3%～90.7%。但对动物性脂肪利用较差。研究认为，兔日粮中加入5%以上的牛油，不仅使增重减少，而且导致兔精神不振，屠体脂肪含量增加和蛋白质含量减少。

2.脂肪的“超能效应”或“超代谢效应”

含脂肪多的食糜比含脂肪少的食糜通过消化道的速度要慢得多，这就增加了其他养分被消化吸收的时间。因此，兔日粮中添加的脂肪有助于改善碳水化合物和蛋白质等养分在小肠中的消化和吸收，而碳水化合物在小肠内的消化比在大肠内的消化具有更高的利用率。因此，日粮中添加脂肪往往会获得比预期更多的能量，这种现象被称之为脂肪的“超能效应”或“超代谢效应”。

六、矿物质的营养作用

矿物质是一类无机的营养物质，是兔体组织成分之一，约占体重的

5%。兔体内矿物质种类很多,功能各异,其主要作用是作为机体结构的组成部分,调节渗透压,保持体内酸碱平衡,参与神经肌肉的兴奋性传导,是许多生物活性物质如酶、激素、维生素的组成成分。

矿物质元素在体内不能相互转化或代替,必须从饲料或水中供给,当日粮中矿物质不足或过量时,都会影响动物健康,严重时会发生中毒、疾病或死亡。

按照兔对矿物质生理需要量的大小,一般将矿物质分为常量元素(钙、磷、钠、氯、钾、镁和硫等)和微量元素(铁、铜、锌、锰、硒、碘、钴等)。

(一)常量元素钙、磷、钠、氯、钾对兔的营养作用

1. 钙、磷对兔的营养作用及缺乏

钙和磷是骨骼和牙齿的主要成分。钙对维持神经和肌肉兴奋性和凝血酶的形成具有重要作用。磷以磷酸根的形式参与体内代谢,在高能磷酸键中贮存能量与DNA、RNA以及许多酶和辅酶的合成,在脂类代谢中起重要作用。

钙、磷不足主要表现为骨骼病变。当钙、磷缺乏、钙、磷比例不合适、缺乏维生素D等情况时,均有可能发生钙、磷缺乏症。幼兔和成兔的典型症状是佝偻病和骨质疏松症。另外,兔缺钙还会导致痉挛、母兔产后瘫痪、泌乳期跛行等。缺磷主要表现为厌食、生长不良。兔能忍受高钙。日粮中适宜的含钙量为1.0%～1.5%,磷为0.5%～0.8%。

由于各种矿物质元素之间有相互拮抗作用,兔若摄入过多的钙、磷均会影响锌、镁、铜等其他矿物质元素的吸收和利用,从而引起代谢障碍或其他继发性机能异常。

谷类籽实含磷较多,含钙较少,动物性饲料中富含钙、磷。一般单纯补充钙的矿物质饲料有石灰石、贝壳粉、蛋壳粉;补充钙、磷的矿物质饲料有骨粉、磷酸氢钙、磷酸二氢钙等。

2. 钠、氯、钾对兔的营养作用

钠和氯主要存在于细胞外液,而钾则存在于细胞内。3种元素协同作用保持体内的正常渗透压和酸碱平衡。钠和氯参与水的代谢,氯

在胃内呈游离状态,与氢离子结合成盐酸,可激活胃蛋白酶,保持胃液呈酸性,具有杀菌作用。

氯化钠还具有调味和刺激唾液分泌的作用。植物性饲料中含钾多而钠和氯少,很少发生缺钾现象。当缺乏钠和氯时,幼兔生长受阻,食欲减退,出现异食癖等。一般生产中,兔日粮食盐水平以0.5%左右为宜,日粮中适宜的钾含量为0.6%～1.0%。

供给食盐过多时,兔易发生食盐中毒,表现为拉稀、口渴、频饮、步态失调、抽搐等症状,严重时可导致死亡。

(二)常量元素镁、硫对兔的营养作用

1.镁对兔的营养作用

兔体内70%的镁存在于骨骼和牙齿中。是多种酶的活化剂。能调节神经、肌肉兴奋性,保证神经、肌肉的正常功能。兔缺镁导致过度兴奋而痉挛,幼兔生长停滞,成兔耳朵明显苍白,毛皮粗劣。据试验,饲喂不含镁的日粮时,兔会出现食毛现象,当添加镁或减少氯化钠用量时,则会停止食毛。日粮中镁的用量一般为0.25%～0.75%。

2.硫对兔的营养作用

硫在体内主要以有机形式存在,兔毛中含量最多。硫在蛋白质代谢中是含硫氨基酸的成分,在脂类代谢中是起重要作用的生物素的成分,也是碳水化合物代谢中起重要作用的硫胺素的成分,又是能量代谢中起重要作用的辅酶A的成分。兔能利用硫酸盐中的硫,并且植物性饲料也含有一定的硫,所以兔一般不会缺硫。

但当兔日粮中含硫氨基酸不足时,添加无机硫酸盐,可提高肉兔的生产性能和蛋白质的沉积。硫对兔的毛皮生长有重要作用,对于毛兔,日粮中含硫氨基酸低于0.4%时,毛的生长受到限制,当提高到0.6%～0.7%时,可提高产毛量。

(三)微量元素对兔的营养作用

微量元素主要包括铁、铜、硒、锌、锰、碘、钴等,它们在动物体内的

含量虽然很少，但却有着非常重要的营养作用，不足或过量都会对兔产生不同程度的危害。

1. 铁

铁是血红蛋白、肌红蛋白以及多种氧化酶的组成成分，与血液中氧的运输及细胞内生物氧化过程有着密切的关系。

缺铁的典型症状是贫血，表现为体重减轻，倦怠无神，黏膜苍白。兔的常用饲料中含有丰富的铁，所以，兔一般不会缺铁。生产中，在兔日粮中添加 50～100 毫克/千克的铁，可以提高兔的生长。一般添加硫酸亚铁。

2. 铜

铜作为酶的成分在血红素和红细胞的形成过程中起催化作用。另外，铜还能提高被毛品质；铜与兔的中枢神经、繁殖有关。

缺铜会发生与缺铁相同的贫血症。产毛兔缺铜会导致毛的品质降低。兔对铜的吸收仅为 5%～10%，并且肠道微生物还将其转化成不溶性的硫化铜。可添加硫酸铜补充铜。

3. 锌

锌作为兔体多种酶的成分而参与体内营养物质的代谢。锌对兔的生长发育和繁殖、免疫等生理功能都有着极其重要的作用。

缺锌时兔生长受阻，被毛粗乱、脱毛、皮炎、繁殖机能障碍等。一般添加硫酸锌补充锌。

4. 锰

锰是骨骼有机质形成过程中所必需的酶的激活剂。

缺锰时，这些酶活性降低，导致骨骼发育异常，如弯腿、脆骨症、骨短粗症等。锰还与胆固醇的合成有关，而胆固醇是性激素的前体，所以，缺锰影响正常的繁殖机能。可添加硫酸锰补充锰。

5. 硒

硒是谷胱甘肽过氧化物酶的成分，和维生素 E 具有相似的抗氧化作用，能防止细胞线粒体的脂类氧化，保护细胞膜不受脂类代谢副产物的破坏，促进兔的生长。

兔缺硒时，出现肝坏死、心肌炎、白肌病、肺出血、繁殖机能障碍等症状。缺硒通过在饲粮中添加亚硒酸钠和维生素 E 缓解和治疗。饲粮中添加亚硒酸钠补充硒，但注意亚硒酸钠中毒。亚硒酸钠常与维生素 E 同时使用，效果更好。

6. 碘

碘是甲状腺素的组成成分，是调节基础代谢和能量代谢、生长、繁殖不可缺少的物质。缺碘具有地方性。缺碘发生代偿性甲状腺增生和肿大。母兔缺碘时生成的仔兔体弱或者死胎。兔对碘的需要量尚无确切数据。一般每千克日粮中最少含 0.2 克，在缺碘地区应注意添加碘化钾补充碘或使用碘盐。

7. 钴

钴的营养作用是合成维生素 B_{12}。兔也和反刍动物一样，需要钴在盲肠中由微生物合成维生素 B_{12}。兔对钴的利用率较高，对维生素 B_{12} 的吸收也较好。在实践中兔不易发生缺钴症。

七、维生素与兔营养

维生素是维持兔正常生理机能所必需的低分子有机化合物，含有碳、氢、氧 3 种元素，有的还含有氮，个别的还有矿物质元素。和其他营养物质相比，兔对维生素的需求量很少，但其生理作用却很大。维生素不构成兔机体组织器官，也不提供能量，它以辅酶和催化剂的形式广泛参与体内的代谢反应，以维持动物的正常生长和繁殖活动。饲料中缺乏维生素可引起兔代谢紊乱，幼兔生长停止、抵抗力减弱，成年兔生产性能下降，繁殖机能受到严重影响。而摄入过量维生素对兔也不利。因此，在生产中合理供给维生素显得尤为重要。

(一)维生素的分类

维生素是一些结构和功能各不相同的有机化合物，它们既不是构成兔体组织的物质，也不是供能物质，但它们是维持兔正常新陈代谢过程所必需的物质。对兔的健康、生长和繁殖有重要作用，是其他营养物质所不能代替的。兔对维生素的需要量虽然很少，但若缺乏将导致代谢障碍，出现相应的缺乏症。根据其溶解性，将维生素分为脂溶性维生素和水溶性维生素两大类。前者包括维生素 A、维生素 D、维生素 E、维生素 K，兔消化道微生物可以合成维生素 K；后者包括 B 族维生素和维生素 C，均可由肠道微生物合成。

(二)脂溶性维生素

1. 维生素 A

维生素 A 又称抗干眼病维生素和抗夜盲症维生素。仅存在于动物体内，植物性饲料中不含维生素 A，只含有维生素 A 原——胡萝卜素，可在体内转化为具有活性的维生素 A。

维生素 A 是构成视觉细胞内感光物质的原料，可以保护视力；维生素 A 与黏多糖的合成有关，具有维护上皮组织健康、增强抗病力的作用；维生素 A 对促进兔生长、维护骨骼正常具有重要作用。

维生素 A 缺乏时，容易引起兔夜盲症，长期缺乏会引起永久性失明；上皮细胞角质化，易受到细菌感染，出现干眼症；肠炎的发病率也增高；兔生长缓慢甚至停止生长；公兔睾丸发生变质性退化，精子生成停止；妊娠母兔的胚胎易被母体吸收，易流产或胎儿弱小；骨骼发育异常而压迫神经，造成运动失调，兔出现神经性跛行、痉挛、麻痹和瘫痪等。

高剂量的维生素 A 也会引起中毒，中毒症状与缺乏症状基本相似。兔日粮中维生素 A 的含量一般应达到 10 000 国际单位/千克。

2. 维生素 D

维生素 D 又称抗佝偻病维生素。维生素 D 主要的功能是促进钙、磷在肠道内的吸收和肾小管内的重吸收，提高血液中钙和磷的水平，促进钙和磷在骨骼中的沉积，加快骨的钙化。调节钙、磷比例。

即使饲料中钙、磷含量丰富，比例合适，如果维生素 D 不足，钙、磷就不能正常利用，影响骨骼发育，并出现佝偻症。

兔饲养中的维生素 D 中毒，其症状表现为进行性的消瘦和虚弱，无食欲，腹泻，共济失调，最后导致死亡。软组织(肝、肾、动脉管壁、肌肉)高度钙化。骨盐重吸收，沉积于软组织中。

3. 维生素 E

维生素 E 又称抗不育维生素，维持兔正常的繁殖所必需。

维生素 E 与微量元素硒协同作用，保护细胞膜的完整性，维持肌肉、睾丸及胎儿组织的正常机能，具有对黄曲霉毒素、亚硝基化合物的抗毒作用，并且维生素 E 的抗氧化作用可保护维生素 A 免受氧化。

兔对维生素 E 缺乏非常敏感。当其不足时，导致肌肉营养性障碍即骨骼肌和心肌变性、运动失调、瘫痪，还会造成脂肪肝及肝坏死，繁殖机能受损，母兔受胎率降低，不孕、死胎和流产，初生仔兔死亡率增高，公兔精液品质下降。

4. 维生素 K

维生素 K 又称抗出血维生素，与凝血有关。具有促进和调节肝脏合成凝血酶原的作用，保证血液正常凝固。

兔肠道能合成维生素 K，且合成的数量能满足生长兔的需要，种兔在繁殖时需要增加；饲料中添加抗生素、磺胺类药，可抑制肠道微生物合成维生素 K，此时的需要量大大增加；某些饲料如草木樨及某些杂草含有双香豆素，阻碍维生素 K 的吸收利用，也需要在兔的日粮中加大添加量。另外，肝球虫也影响维生素 K 的吸收与利用。日粮中维生素 K 缺乏时，易出现皮下肌肉和胃肠道出血，以及外伤出血难以制止；妊娠母兔的胎盘出血、流产。日粮中 2 毫克/千克的维生素 K 可防止缺乏症的出现。

(三)水溶性维生素

水溶性维生素是一类能溶于水的维生素，包括 B 族维生素和维生素 C。

B 族维生素包括维生素 B_1(硫胺素)、维生素 B_2(核黄素)、泛酸(维生素 B_3)、维生素 PP(包括烟酸、烟酰胺)、维生素 B_6(包括吡哆醇、吡哆醛、吡哆胺)、生物素、叶酸、维生素 B_{12}(钴胺素)和胆碱等。这些维生素理化性质和生理功能不同，分布相似，常相伴存在。它们以酶的辅酶或辅基的形式参与体内蛋白质和碳水化合物的代谢，对神经系统、消化系统、心脏血管的正常机能起重要作用。兔盲肠微生物可合成大多数 B 族维生素，软粪中含有的 B 族维生素比日粮中高许多倍。在兔日粮中适量添加 B 族维生素可提高兔的抵抗力和抗应激能力。在兔体合成的 B 族维生素中，只有维生素 B_1、维生素 B_6、维生素 B_{12} 不能满足兔的需要。

1. 维生素 B_1

维生素 B_1 又称硫胺素，是碳水化合物代谢过程中重要酶的辅酶。缺乏时，碳水化合物代谢障碍，中间产物如丙酮酸不能被氧化，积累在血液及组织中，特别是在脑和心肌中，直接影响神经系统、心脏、胃肠和肌肉组织的功能，故会出现神经炎、食欲减退、痉挛、运动失调、消化不良等症状。

2. 维生素 B_6

维生素 B_6 又称吡哆素，包括吡哆醇、吡哆醛和吡哆胺 3 种。在体内以磷酸吡哆醛和磷酸吡哆胺的形式作为许多酶的辅酶，参与蛋白质和氨基酸的代谢。维生素 B_6 缺乏时，兔生长缓慢，发生皮炎、脱毛，神经系统受损，表现为运动失调，严重时痉挛。在酵母、糠麸及植物性蛋白质饲料中含量较高，并且兔的盲肠中能合成，软粪中含量比硬粪中高 3～4 倍，故一般不会发生缺乏症。但生产水平高时，需要量也高，应在日粮中补充。

3. 维生素 B_{12}

维生素 B_{12} 又称钴胺素，是一种含钴的维生素，是兔代谢所必需的维生素。它在体内参与许多物质的代谢，其中最主要的是与叶酸协同参与核酸和蛋白质的合成，促进红细胞的发育和成熟，同时还能提高植物性蛋白质的利用率。维生素 B_{12} 缺乏时，兔生长缓慢，贫血，被毛粗乱，后肢运动失调，母兔繁殖力下降。一般植物性饲料中不含维生素 B_{12}。兔肠道微生物能合成，其合成量受饲料中钴含量的影响。据试验，成年兔日粮中如果有充足的钴，不需要补充维生素 B_{12}，但对生长的幼兔需要补充。

4. 维生素 B_2（核黄素）

维生素 B_2 的营养作用正是通过辅酶来参与调节碳水化合物的代谢、蛋白质的代谢、脂肪的代谢等。兔缺乏核黄素时，表现为食欲减退、生长停滞、被毛粗乱，并常为脂腺渗出物所黏结，眼角分泌物增多，常伴有腹泻，繁殖和泌乳性能下降。一般的青绿饲料、动物肝脏和酵母中含量较多。

5. 泛酸（维生素 B_3）

维生素 B_3 是合成辅酶 A 的原料，在碳水化合物、脂肪和蛋白质的代谢中起重要作用。维生素 B_3 缺乏时兔生长发育受阻。

6. 维生素 B_5（维生素 PP）

维生素 B_5 包括烟酸（尼克酸）和烟酰胺（尼克酰胺），烟酸广泛存在于糠麸、酵母及青绿饲料中。在兔体内可由色氨酸合成。尼克酸在体内转变成尼克酰胺，兔以此合成许多脱氢酶的辅酶，参与碳水化合物、脂类和蛋白质的代谢。若烟酸和烟酰胺合成不足就影响了生物氧化反应，使新陈代谢发生障碍，即出现“癞皮病”、角膜炎、神经和消化系统的障碍等。猪表现为腹泻、呕吐，鸡表现为生长缓慢等症状。

7. 生物素（维生素 H）

生物素有固定二氧化碳的作用，在兔体内以辅酶的形式广泛参与碳水化合物、脂肪和蛋白质的代谢。生物素广泛存在于动、植物界，常温下相当稳定，但高温和氧化剂易使其丧失活性。一般情况下，兔不会缺乏维生素 B_7。

8. 维生素 B_{11}（叶酸）

维生素 B_{11} 广泛分布于植物界，因绿叶中含量丰富，故称为叶酸。叶酸能促进血细胞的形成，抗贫血，与维生素 B_{12} 有协同作用，可以加氢变成四氢叶酸，它是体内一碳基团转移酶系统的辅酶，参与核酸的代谢。兔缺乏叶酸的特征是呈现营养性贫血及生长减缓。

9. 维生素 C（抗坏血酸）

维生素 C 又名抗坏血酸。在兔体内能合成，而人体内不能合成。

维生素 C 有解毒作用，大剂量的维生素 C 可以缓解铅、砷、苯及某些细菌毒素进入机体内造成的毒害；维生素 C 可以脱氢成为脱氢抗坏血酸，在体内参与生物氧化反应。此外，维生素 C 还能促进肠内铁的吸收，是造血过程中的辅助因子。维生素 C 是合成胶原和黏多糖等细胞间质所必需的物质。为兔提供足够的维生素 C 是很有必要的，而且维生素 C 在一定程度上能提高兔的生产性能。

10.胆碱

用作饲料添加剂的是胆碱的衍生物——氯化胆碱，氯化胆碱是黏稠的液体，呈酸性。氯化胆碱添加剂有两种形式：一种为液体；另一种为固体粉粒。对于液体氯化胆碱添加剂，常用的有两种：一种含氯化胆碱为 70％；另一种含氯化胆碱为 75％。固体氯化胆碱添加剂多为含氯化胆碱 50％，实含胆碱 43.5％；另外也有含氯化胆碱 60％的产品。目前生产中使用较多的是固体氯化胆碱添加剂。

贮存和使用氯化胆碱时，必须注意两个特点：一个是它的吸湿性强；一个是它本身虽很稳定，但对其他添加剂活性成分的破坏很大。它对维生素 A、维生素 D_3、维生素 K_3、泛酸钙等都有破坏作用，而且它的添加量比上述添加剂的添加量大得多，故它在预混料或维生素预混剂中，破坏作用很大。因而，维生素预混剂如果不即刻使用，不要预先加入氯化胆碱，而是在使用时再加。

八、水与兔营养

水虽然不是能量的来源，但在兔营养上有着极为重要的作用。水是兔体内生理生化过程的基本介质，也是兔体不可缺少的组成部分。只有充分、及时地供给兔清洁卫生的水，才能维持兔正常的生理活动，保证兔机体健康，充分发挥生产潜力。适当的供水是提高兔生产力的最为经济、有效的方法。

(一)水的营养生理作用

水是生命之源，是兔赖以生存的重要营养物质。兔体内所含的水约占其体重的70%。水是一种重要的溶剂，营养物质的消化、吸收、运送、代谢产物的排出，均在水中进行；水作为关节、肌肉和体腔的润滑剂，对组织器官具有保护作用；水的比热大，需要失去或获得较多的热能，才能使水温明显下降或上升。因而，动物体温不易因外界温度的变化而明显改变。同时，动物体可以利用水分贮存热能，也可以通过水分的蒸发如出汗、排尿、呼吸，散发体内过多的热量，从而维持体温的恒定。

(二)水的来源

兔所需的水来源于饮用水、各种饲料中所含的水及代谢中产生的水。

饲喂的青绿饲料中，虽然含有70%以上的水，但仍不能满足兔机体对水的需要，每天仍需供给足量的饮水，尤其是饲喂颗粒饲料时，更需大量饮水。

(三)兔体内水分的排出

兔体内的水分主要通过粪尿的排泄、皮肤的蒸发，以及汗液的排出和呼吸等作用排出体外，从而保持动物体内水分的平衡。

(四)缺水的危害

由于水容易得到，缺水对兔造成的损害往往被忽视。事实上，兔缺水比缺任何其他营养物质更难维持生命。饥饿时，兔可消耗体内的糖原、脂肪和蛋白质来维持生命，甚至失去体重的40%，仍可维持生命。但兔体内损失5%的水，就会出现严重的干渴现象，食欲丧失，消化作用减弱，抗病力下降。损失10%的水时，引起严重的代谢紊乱，生理过程遭到破坏，如代谢产物排出困难，血液浓度和体温升高。由于缺水造成的代谢紊乱可使健康受损，生产力遭到严重破坏，仔兔生长发育迟缓，母兔泌乳量降低，兔毛生长速度下降。当兔体内损失20%的水时，可引起死亡。

九、能量与兔营养

(一)能量单位

由于各种形式的能均可转化为热能，营养学上常用热量单位来衡量能量的大小。传统的热量单位是卡(cal)，即使 1 克(g)水的温度从 14.5℃升高到 15.5℃所需的热量为 1 卡。卡(cal)、千卡(kcal)和兆卡(Mcal)的换算关系为：

1 kcal＝1 000 cal

1 Mcal＝1 000 kcal

国际营养科学协会及国际生理科学协会认为，热量以焦耳(J)为单位更为准确，因此将焦耳(J)作为热量的法定计量单位。焦耳与卡的关系为：

1 卡(cal)＝4.184 焦耳(J)

1 千卡(kcal)＝4.184 千焦(kJ)

1 兆卡(Mcal)＝4.184 兆焦(MJ)

(二)能量来源

兔所需能量来源于饲料中三大有机物即碳水化合物、脂肪和蛋白质在体内进行的生物氧化。3 种有机物在体外测热器中测得的能值分别为：碳水化合物 17.36 千焦/克；脂肪 39.33 千焦/克；蛋白质 23.64 千焦/克。碳水化合物和脂肪在兔体内氧化产生的热量与测热器的测定值基本相同，而蛋白质在体内氧化不完全，部分形成尿素、尿酸随尿排出体外，每克产热较体外少 5.44 千焦。

(三)饲料中能量在兔体内的转化过程

兔活动和维持生命过程均需要能量，没有能量，兔就不能存活。能量可以是热能、光能、机械能，也可以是化学能。动物维持生命可以利用的能量只能是化学能。化学能是物质在化学反应中吸收或放出的能量，营养物质所释放出的化学能一部分被兔利用，用于新陈代谢，另一部分以热能的形式散发掉。

饲料中的能量经过消化代谢，部分能量以粪、尿、气体及体增热形式排出体外，剩余的部分用于维持正常的生命活动和生产。根据物质和能量守恒定律，饲料能量在兔体内的转化情况如图 4-3 所示。

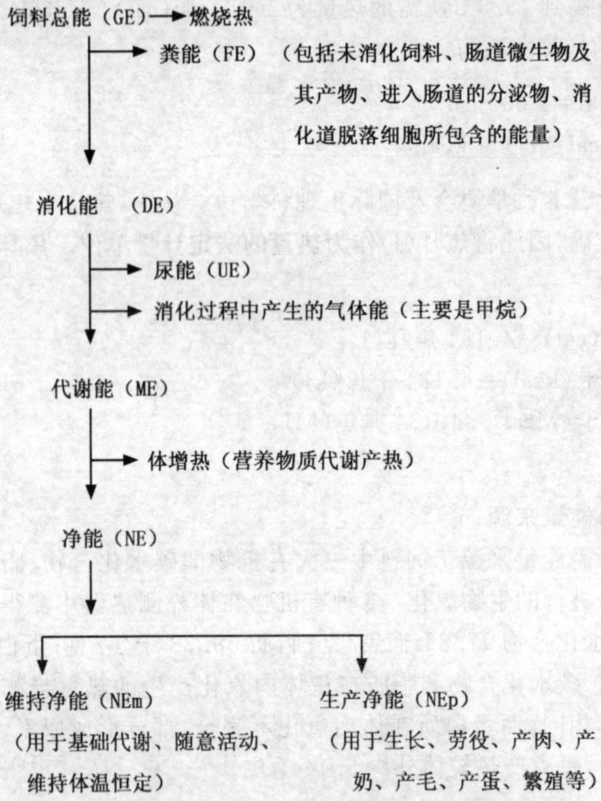

图 4-3 饲料能量在动物体内转化示意图

(四)能量对生产性能的影响

饲粮能量水平不是越高越好,只有与兔的产生水平、兔所处的生理状态相适应,才能提高饲料能量的利用效率,才能提高兔的生产力。在正常情况下日粮中能量水平不足、不能满足兔需要量时,兔健康会恶化,繁殖力降低,饲料能量用于生产的效率降低。过高的日粮能量水平对兔的生长、发育同样不利。能量水平过高会导致体内脂肪沉积过多,种兔过肥影响繁殖机能。综上所述,在生产中应根据兔种类,以及生长发育的不同时期合理提供能量饲料。

第二节　饲料及其加工利用

一、饲料分类

饲料是含有一种以上养分,能被兔采食、消化、利用,并对动物无毒无害的物质。

1.饲料分类原则

国际饲料分类原则和我国饲料数据库分类系统归纳如表 4-1 所示。

2.国际饲料分类法

(1)粗饲料　粗饲料是指饲料干物质中粗纤维含量大于或等于18%,以风干物为饲喂形式的饲料。

(2)青绿饲料　青绿饲料是指天然水分含量在45%以上的新鲜饲草及以放牧形式饲喂的人工种植牧草、草原牧草等。

(3)青贮饲料　青贮饲料是指以新鲜的天然植物性饲料为原料,以青贮方式调制成的饲料。

表 4-1　饲料分类的依据　　%

饲料序号	饲料类别	划分饲料类别的依据		
		自然含水量	干物质中粗纤维含量	干物质中粗蛋白质含量
1	粗饲料	<45	≥18	
2	青绿饲料	≥45		
3	青贮饲料	≥45		
4	能量饲料	<45	<18	<20
5	蛋白质饲料	<45	<18	≥20
6	矿物质饲料			
7	维生素饲料			
8	饲料添加剂			

(4)能量饲料　能量饲料是指以饲料干物质中粗纤维含量小于18%为第一条件,同时粗蛋白质含量小于20%的饲料。

(5)蛋白质饲料　蛋白质饲料是指以干物质中粗纤维含量小于18%为条件,而粗蛋白质含量大于等于20%的饲料。

(6)矿物质饲料　矿物质饲料是指可供饲用的天然矿物质及化工合成的无机盐类。

(7)维生素饲料　维生素饲料是指由工业合成或提纯的维生素制剂,但不包括富含维生素的天然青绿饲料在内。

(8)饲料添加剂　饲料添加剂是指为保证或改善饲料品质,防止其质量下降,促进动物生长、繁殖,保障动物健康而掺入饲料中的少量或微量物质。

二、粗饲料

(一)粗饲料的营养特性

粗纤维含量高,消化率低;粗蛋白质含量差异大,不易消化;磷的含量低，而豆科粗饲料含钙较丰富；维生素D含量丰富，但其他维生素较缺乏；体积大，具有填充和保证消化器官正常蠕动的作用。

由于粗饲料含粗纤维多，不易消化，因而它们共同的营养特点就是体积大，质地粗糙，利用率低。但是，粗饲料对于草食兔具有填充作用和保证消化器官正常蠕动的作用，因此，它们是兔很重要的饲料，是维持兔生理健康和一定生产水平所需要的。

(二)粗饲料的种类

粗饲料主要包括干草、秸秆和秕壳类、树叶、酒糟等。

1. 干草

干草是指青草、青绿饲料作物在未结籽实前刈割后干制而成的饲料。

(1)营养价值　其营养价值取决于制作原料的种类、生长阶段与调制技术。豆科牧草的蛋白质质量和数量均好于禾本科，而能量则基本相近。在调制方式上，采用草架和棚内干燥及人工干燥的干草质量好于地面晒制的。特别是采用高温人工干燥(使青草在500～1 000℃下10秒完成干燥)，青草的营养成分损失很少。

(2)饲用价值　作为家兔的主要粗饲料，可以在饲粮中大量使用，一般用量可达30%以上，青干草使用得当，可以满足家兔营养需要，提高家兔健康水平。常用的青干草有各种野草、栽培牧草等。

2. 秸秆和秕壳类

(1)秸秆类　秸秆是由脱粒后的植物茎秆和叶子组成，它来自大多数禾谷类作物和某些豆科作物。

秸秆类饲料主要有麦秸、稻草、玉米秸、高粱秸、豆秸和谷草等。该类饲料的营养特点是粗蛋白质含量低，粗灰分含量高，粗纤维含量高。在粗纤维中木质素比例较高，钙、磷不足，钾、硅含量高，B族维生素含量低，故其营养价值较低，可作为兔的补充饲料。一般用量在20%以内为宜，仔兔中使用应该更低一些。

(2)秕壳类　秕壳类饲料是农作物籽实脱壳后的副产品，包括谷类、高粱壳、花生壳、豆荚、棉籽壳等。

该类饲料一般来说营养特性与秸秆相似，但较秸秆易于消化，且蛋白质含量较秸秆高，故其饲用价值稍高，该类饲料中最有价值的是豆荚、燕麦壳等。

3. 树叶类

大多数树叶及嫩枝都可用作兔的饲料。常用的槐树叶、榆树叶、桑叶、银合欢叶等。

树叶类饲料粗蛋白质含量较高，如槐叶的粗蛋白质含量按干物质计可在20%以上，是一种很好的蛋白质来源。此外，树叶还是很好的维生素来源，如核桃叶中含有丰富的维生素C，柳叶中胡萝卜素含量可达110毫克/千克以上，松柏叶中含有大量的维生素C、胡萝卜素和维生素D及一些活性物质。

4. 酒糟

谷物酿酒的副产品，可分为啤酒糟和白酒糟两种。

啤酒糟是由大麦酿制啤酒时所产生的副产品，去除麦芽根、废啤酒花、啤酒酵母后的产品，其组成中除了大麦残渣外，还常常含有部分玉米和稻谷残渣，所以成分变异很大，其粗纤维含量很高，一般为15.5%～20.4%，干物质中有效能含量较低(代谢能为11.2兆焦/千克)；蛋白质含量为18%～26%。啤酒糟中含有丰富的B族维生素，磷含量较高而钙含量较低。白酒糟是谷物(主要是玉米、高粱)浸提出乙醇后的副产品，其干物质中粗蛋白含量为20%～28%，粗纤维含量为16%～21%，含有较高脂类(5%～8%)；矿物质中钠和钾含量较低，缺少钙质。酒糟作为家兔饲料，不宜使用过多，一般添加量控制在10%以内。

(三)粗饲料的加工调制

1. 物理调制法

粗饲料经物理调制以后，可改善其适口性，提高动物的采食量和饲料的利用率，减少饲料浪费。

(1)粗饲料的切短与粉碎

①粗饲料的切短：切短是调制秸秆藤蔓及青饲料最简便而又重要的方法。各种秸秆和较老的干草，喂前都应切碎。切碎后，既能减少咀嚼饲料时能量的消耗，又可减少饲料的浪费(减少浪费20%～30%)，而且容易和其他饲料配合利用，增加兔的采食量。

干草和秸秆切成1.0～1.5厘米，青饲料通常以1～2厘米为宜。块根、块茎喂兔切成细丝。

②饲料的粉碎：粉碎是最简单，也是最常用的一种调制方法。谷类及饼类等饲料，饲喂前必须经过粉碎。饲料粉碎后，增加了饲料与消化液的接触面，饲料受到充分浸润，可使消化作用进行得比较完全，大大提高了饲料的消化率。精饲料经粉碎后，与外界接触面积增大，容易返潮和氧化，不易长久贮存，尤其含油脂多的精料，如经磨碎，容易变质且带苦味。因此，精料一次磨碎数量不宜太多，且存放时间不宜过长。

秸秆类饲料粉碎的目的亦是为了提高其消化率。

(2)制成颗粒　单纯的粗饲料粉碎后或质量较好的干草不粉碎直接制成颗粒饲料在国外已不鲜见。国内通常是将动物的配合饲料制成颗粒。目的都是为了便于机械化饲养或应用自动食槽，并减少浪费。由于粉尘减少，质地硬，颗粒大小适合，利于咀嚼，改善了适口性，从而提高动物采食量。颗粒饲料的直径因兔的年龄而异。

2.化学处理

主要指用氢氧化钠、氨、尿素等碱性物质处理粗饲料，使之更易被微生物消化，从而提高粗饲料的消化率。

3.生物处理

生物处理也称微生物处理，是利用具有分解粗纤维能力的细菌或霉菌，在一定培养条件下发酵秸秆、秕壳类饲料使植物细胞壁破坏，并且产出糖和菌体蛋白，从而提高粗饲料的营养价值。理论上这是一种很有诱人前景的粗饲料加工方法。问题关键在于要找到适当菌种，使其在发酵过程中不消耗或很少消耗被处理秸秆有用的养分，而产生尽可能多的有效营养物质，并且使植物细胞壁被充分破坏。

利用微生物处理秸秆的研究和报道虽然很多，但在生产上能够广泛利用，而且方法简便易行、效果显著的尚不很多(青贮饲料例外)。

三、青绿饲料

(一)豆科青绿饲料

豆科青饲料具有蛋白质含量高、氨基酸较平衡、矿物质与维生素丰富等特点，其营养价值高，适口性好，是优质的青饲料。豆科青饲料在开花期前粗纤维含量低，蛋白质含量较高，而在开花后粗纤维含量迅速增加，其品质下降。现介绍几种常用的豆科牧草。

1. 紫花苜蓿

为多年生草本植物，是目前栽培最广的一种豆科牧草。营养价值高，品质好，适口性好，产量高，含大量的维生素，可在现蕾期开始刈割，至盛花期结束使用。紫花苜蓿营养价值按干物质计，粗蛋白质含量22%左右，粗纤维 23%左右。维生素含量较丰富。

注意紫花苜蓿茎叶中含有皂角素，反刍动物采食过量易引起臌胀病。

2. 草木樨

草木樨分白花草木樨、黄花草木樨和无味草木樨 3 种，可作青饲、青贮和放牧。按干物质计，粗蛋白质 19%左右，钙多磷少。因含有香豆素，故适口性差，且香豆素在动物体内产生双香豆素，与维生素 K 发生拮抗作用，引起凝血时间延长，而造成皮下、肌肉和器官出血。饲用时应注意与其他青饲料搭配饲喂。

3. 三叶草

豆科三叶草属多年生草本植物，常见的品种是红三叶和白三叶，是良好的豆科牧草。叶量大，草质柔嫩，营养丰富，适口性好，饲用价值高，家兔喜食。再生能力强，利用年限长，产量高，一般每公顷可产鲜草：北方 30～37.5 吨，南方 60～75 吨，收种子 45～105 千克。

4. 苕子

豆科野豌豆属，一年生或越年生草本植物，生长期长，成熟期晚。可分为普通苕子和毛苕子。普通苕子营养价值较高，茎叶幼嫩，适口性好，鲜草中的蛋白质含量与苜蓿、三叶草相似；用作青饲的宜在盛花期刈割，用作调制干草的宜在荚期刈割；种子大，产量高，含粗蛋白质 30%，粉碎后可作精料用。毛苕子茎叶较细，蛋白质和矿物质含量均较丰富，营养价值高于普通苕子，在现蕾期前营养价值最高。

普通苕子和毛苕子的种子中均含有配糖体，作精料时应先用温水浸泡 24 小时后再煮熟，可除掉有害物质。不可大量、长期、连续饲喂。

5. 沙打旺

沙打旺别名直立黄芪、麻豆秧、薄地强、苦草。属豆科黄芪属多年生草本。沙打旺适口性及营养价值稍低于苜蓿。鲜草含干物质 26%，粗蛋白质 3.9%，粗纤维 6.1%。刈割晒制青干草冬季补饲。也可用沙打旺与禾本科混合青贮。沙打旺含有机硝基化合物，其提取液可引起动物中毒。沙打旺为低毒植物，一般喂饲不能引起中毒。

其他，如紫云英、小冠花、柱花草和红豆草等，亦是很好的豆科青饲料。

(二)禾本科青绿饲料

该类饲料主要包括禾本科的野生青草、大田饲料作物及人工栽培的牧草等。禾本科牧草与豆科牧草相比，具有粗蛋白质含量较低，糖类含量高，其总营养价值稍低的特点。但其适应性强，耐牧性强，木质素含量较低，适口性较好。

1. 青刈玉米

青刈玉米即玉米在乳熟至蜡熟期，不收获籽粒，而将其收割作青饲料。可选择青刈玉米的专用品种或中晚熟品种，茎叶产量高。营养特点是富含碳水化合物，有较多的可溶性糖类，稍有甜味，兔喜食。青刈玉米可青饲。

2. 青刈高粱

青刈高粱营养价值较高，含较多糖，味甜，适口性较好。但应注意新鲜高粱茎叶中含有氰苷配糖体，出苗后 2～4 周含量较高，生长期高温干燥时含量较高。这些氰苷配糖体在堆放发霉或霜冻枯萎时，在植物体内特殊酶的作用下，被水解为氢氰酸，易造成兔中毒。

3. 青刈燕麦

燕麦主要分布在西北、东北、华北的山区及高寒地带，青刈时可随割随喂，也可制成干草。青刈燕麦茎叶营养丰富，适口性好，柔软多汁，木质素含量较低，各种兔都喜食。

4. 苏丹草

苏丹草为禾本科高粱属，是一种高产优质的青饲作物，适应性广，适口性好，具有一定的再生能力。宜在抽穗到盛花期刈割，一年可刈割 2～3 次，留茬高度一般以 15 厘米左右为宜，以利于再生。其茎叶较柔软，饲喂效果较好。但应注意防止氢氰酸中毒。

5. 黑麦草

黑麦草属，经济价值最高、栽培最广泛的有两种，即多年生黑麦草和一年生黑麦草。多年生黑麦草须根发达，但入土不深，丛生，分蘖多，在单栽的情况下，分蘖可达 250～300 株。茎高 80～100 厘米，直立，光滑无毛。叶深绿，有光泽。穗状花序，长 10～30 厘米。小穗无柄，互生于主轴两侧，扁平，一侧嵌生于主轴弯弧内。种子千粒重 1.5～2.0 克。一年生黑麦草植株较粗大，种子有芒，发芽种子的幼根在紫外线照射下发出荧光，而多年生黑麦草则无。

黑麦草茎叶柔软光滑，适口性好。鲜草含水分 80.8%，粗蛋白质 3.3%，粗纤维 4.8%，是蛋白质含量较高的禾本科牧草。可以鲜喂，也可调制成优质干草。可用多年生黑麦草与红三叶混播，作为青饲。

其他栽培的禾本科牧草如无芒雀麦、羊草、牛尾草和披碱草等，亦是很好的禾本科青饲料。

(三)叶菜类饲料

本类饲料种类较多，目前栽培的主要有苦荬菜、叶用甜菜、猪苋菜、串叶松香草、聚合草、鲁梅克斯 K-1 杂交酸模等。此类饲料水分含量高，一般在 75%～90%，柔软多汁，适口性好。干物质中粗蛋白质含量高，粗纤维低，钙、磷比例适当。该类饲料适口性较好，但鲜样中消化能较低。

1. 苦荬菜

苦荬菜属菊科一年生或越年生草本植物。适应性强，产量高，饲喂猪、禽和家兔等效果较好。生长快，再生力强，一般每隔 20～25 天可收割一次，年每公顷产青草量 75～112.5 吨。苦荬菜按干物质计，粗蛋白质含量 22%～24%，粗纤维含量 13%左右，适口性好，消化率高，营养价值较高。全株具有白色液汁，具有保健功能。

2. 串叶松香草

串叶松香草又叫菊花草、法国香槟草。串叶松香草为菊科多年生草本植物。茎直立，株高 2～3 米，茎生叶对生且基部相连，如同茎从叶中穿过，故名串叶松香草。刈割期为抽茎到初花期，以后每隔 40～50 天刈割 1 次，每年可刈割 3～4 次。每公顷产青草达 150～225 吨。串叶松香草含丰富的蛋白质和维生素，其含量与收获期有很大关系。可切碎或打浆饲喂猪、牛、羊及兔等。

4. 聚合草

聚合草也叫紫草、爱国草、友谊草、肥羊草，现也有人称为俄罗斯饲料菜。聚合草为紫草科多年生草本植物。叶丛生，一般有 50～70 片，多者达 150～200 片。刈割一般在现蕾到开花期，每隔 35～40 天刈割 1 次，每公顷产鲜草 165～225 吨。聚合草含丰富的蛋白质，按干物质计可达 23%～24%，粗纤维含量稍高。适合于饲喂猪、鸡、兔、牛、羊等,可切碎或打浆饲喂。

5. 籽粒苋

籽粒苋又名千穗谷、天星苋、猪苋菜,现有人称为蛋白草。籽粒苋为苋科苋属一年生草本植物,分红苋和绿苋两类。株高一般在2～3米,分枝性强。利用时可在开花期刈割,每隔35天刈割1次,或采用掐头法利用。每公顷产青草150～300吨。另可收获籽粒。茎叶和籽粒中营养价值均较高。特别是籽粒中蛋白质含量更高。饲用价值较高。其茎叶鲜喂、青贮或调制干草均可。

(四)水生饲料及其他

水生饲料有"三水一萍",即水葫芦、水花生、水浮莲和绿萍。此类饲料含水量达95%以上,能值较低,粗蛋白质和其他养分含量亦偏低,故营养价值较低,一般作为猪的饲料。饲用时应注意寄生虫病的发生。

另有鲜树叶类,在林区和树木较多的地方,在不影响树木生长的情况下,可选用对动物无毒害的鲜树叶作饲料。常用的有槐树叶、榆树叶、柳树叶和杨树叶等。

四、能量饲料

(一)谷实类饲料

1. 玉米

玉米的饲用价值较高,其能量含量居谷实饲料之首,使用量也最大。

(1)营养特点　玉米可利用能量在谷物饲料中列首位,无氮浸出物含量高(72%),且主要是淀粉,粗纤维含量低(2%),消化率高;蛋白质含量低(8.6%),且品质较差,缺乏赖氨酸、蛋氨酸、色氨酸;含脂肪较高(3.5%～4.5%),且亚油酸含量约为2%,为谷物饲料中最高者;玉米中含钙较低(0.02%)，磷含量较高(0.27%)，但多为植酸磷，有效磷含量较低(0.12%)；黄玉米含有胡萝卜素、叶黄素，也是维生素E的良好来源，B族维生素中除硫胺素含量丰富外，其他维生素含量较低，不含维生素D和维生素K。

(2)饲用价值　玉米的适口性好。黄玉米中含丰富的胡萝卜素，是维生素A的前体，有利于兔的生长和繁殖。由于玉米淀粉含量很高，如在饲粮中用量过大，容易出现肠炎，所以，肉兔饲料中玉米的含量一般为30%～50%。

玉米籽实水分含量变异较大，入仓玉米的水分含量不能超过14%。玉米水分含量高则极易发生霉变，易感染黄曲霉菌，黄曲霉菌产生的黄曲霉毒素是强致癌性毒素，极易引起动物中毒。

2. 高粱

高粱蛋白质含量在9%左右，缺乏赖氨酸、蛋氨酸和色氨酸。含钙较低，总磷含量较高。含胡萝卜素少，B族维生素含量与玉米的含量相似。

高粱籽粒中含有单宁，单宁主要存在于种皮中，具有苦涩味，适口性较差，当饲粮中高粱比例较大时会影响动物食欲，降低采食量，还会使动物发生便秘。此外，单宁还会影响能量、蛋白质及一些矿物质的利用率。饲喂时要限量，一般在配合饲料中深色高粱(单宁含量>1%)不超过10%，浅色高粱(单宁含量<1%)不超过20%。

3. 大麦

大麦可分为皮大麦和裸大麦(青稞)。粗纤维含量较高，在5%左右，约为玉米与高粱的2倍。大麦的蛋白质含量约11%，赖氨酸、苏氨酸、色氨酸和异亮氨酸均较玉米高。大麦中钙、磷及B族维生素含量与玉米相近。

大麦适口性较好；但含有一定量的非淀粉多糖(主要是β-葡聚糖)，饲喂过多会造成粪便黏稠和臌胀病。一般在饲料中用量不超过20%。应该注意的是已被麦角菌感染的大麦，籽粒畸形，并含有麦角毒素，不仅降低大麦产量，而且降低适口性，甚至引起家兔中毒。在正常情况下，一般在饲料中的用量不应超过20%。

4. 小麦

小麦在我国北方地区种植面积广泛，是主要的粮食作物。近几年来，由于玉米价格的浮动，有时出现小麦价格低于玉米，用小麦代替玉米用作饲料的情况。

小麦的有效能水平较玉米低，其原因在于小麦的粗脂肪含量仅及玉米的一半左右(1.8%)。但小麦与玉米相比，其粗蛋白质含量较高，约为玉米的150%，小麦蛋白质的氨基酸构成好于玉米，但苏氨酸含量较低。

小麦淀粉组成中非淀粉多糖(木聚糖)所占比例较高，在肠道中容易造成黏性食糜，降低消化率，同时也阻碍其他营养物质的消化吸收，因此不宜过多使用，在正常情况下，用量可占日粮10%～30%。

5. 稻谷

稻谷的粗蛋白质含量比玉米稍高，带壳的稻谷含粗纤维较高，故其有效能较低，黄色品种的谷子富含胡萝卜素。但脱壳后的糙米和制米筛分出的碎米是兔的优质能量饲料。

6. 燕麦

燕麦能值较低；蛋白质含量较低，但比玉米高，约为11%，且氨基酸组成不佳；饲用燕麦主要成分为淀粉，粗脂肪含量6.6%左右，可消化养分比其他麦类低，主要是由于壳多，粗纤维含量10%以上，营养价值低于玉米。燕麦是适合于草食家畜和家兔的饲料，具有适口性好、体积大、防止消化道疾病的作用，在饲料中的添加量可达30%以上。

(二)谷实类的加工副产品

谷实类的加工可分为制米和制粉。制米的副产品称为糠，制粉的副产品称为麸，故又统称为糠麸类饲料。由于这一类饲料是谷类的加工副产品，故其组成及营养价值受加工工艺影响较大。其大致成分主要包括果皮、种皮、糊粉层、少量的胚及胚乳，故糠麸饲料与其生产原料相比，粗纤维含量高(9%～14%)，蛋白质含量稍高(12%～16%)，粗灰分含量较高，其中钙少而磷多，钙、磷含量不平衡，而且磷多以植酸磷的形式存在。糠麸饲料中含有丰富的B族维生素，尤其是维生素B_1（硫胺素）。

1. 麸皮与次粉

小麦籽实中淀粉占84%，完全集中于胚乳中，而粗纤维则集中存在于果皮、种皮与糊粉层构成的种膜内，胚乳内纤维素很少。在加工面粉时，需将纤维素含量较高的种膜部分除去，而胚乳中的淀粉亦不能全部进入到面粉中，故麸皮主要是由果皮、种皮、糊粉层、胚和少量的胚乳构成，是带有粉状物质的种皮屑片。

（1）麸皮　麸皮的营养价值受小麦加工过程中出粉率的影响，出粉率高则麸皮的粗纤维含量高，淀粉含量低，麸皮的营养价值就低。麸皮中含有丰富的B族维生素，但缺乏维生素B_{12}，磷含量较高。麸皮的有效能值不高，常可用来调节日粮的能量浓度。小麦麸结构疏松，且含有轻泻性盐类，可以刺激胃肠道的蠕动。

（2）次粉　次粉是另一种小麦籽实的加工副产品。饲料用次粉是指磨制精粉后除去小麦麸、胚及合格面粉以外的部分。其组成成分是大部分糊粉层、内外胚乳层、部分胚芽、少量的胚乳和种皮。与麸皮相比，次粉的粗纤维含量较低，约3.5%；无氮浸出物含量较高，粗蛋白质水平则比麸皮稍低或相近。营养价值介于小麦和麸皮之间。通常可作为添加剂预混料的载体或制作颗粒料的黏合剂。

2. 米糠

米糠是稻谷去壳后精磨制米后的副产品。稻谷加工时可得22%的稻壳（砻糠）和6%左右的米糠，米糠主要是由种皮、糊粉层和胚构成。

米糠的粗纤维含量比麦麸稍高，约9%。粗脂肪含量则较高，可达15%～16%，且其中不饱和脂肪酸含量较高，易酸败变质，也易发热、变霉。与麦麸相比，米糠的能量含量较高，鸡代谢能为11.2兆焦/千克，猪消化能为12.6兆焦/千克。米糠在使用时应注意防腐及变质，否则易引起动物中毒。脱脂米糠或米糠饼、粕则是米糠经压榨或浸提工艺将油脂提取以后的产品，其能量有所下降，但蛋白质浓度相应提高，经脱脂的米糠其耐贮性能大大提高。

五、块根、块茎及瓜类饲料

该类饲料包括胡萝卜、甘薯、木薯、饲用甜菜、马铃薯、芜菁、甘蓝、南瓜等。

块根、块茎、瓜类饲料的特点是水分含量高，可达75%～90%，干物质含量较低。由于其水分含量较高，故其鲜样能值较低(1.8～4.69兆焦/千克)，而干制后则能量含量较高。该类饲料粗纤维含量较低，无氮浸出物含量较高，其中主要是一些可溶性糖、淀粉等；该类饲料的其他特点是粗蛋白质含量低，矿物质含量也不高。在红甘薯和胡萝卜中含有丰富的胡萝卜素。

1.甘薯

甘薯又名地瓜、红苕、番薯、红(白)薯等，是我国种植面积最广的薯类作物。甘薯多汁，富含淀粉，是一种很好的能量饲料，适于饲喂肥育和泌乳期的动物。其水分含量为70%左右，粗蛋白质含量约4.5%。甘薯可以生喂或熟喂，其能量消化率几乎相同，但熟喂的蛋白质消化率较高，并可增加采食量。

甘薯应注意贮存，冻后易腐烂，温度高于18℃且空气较为潮湿时则会发芽。故甘薯常切成片，晒制成干，备用。甘薯收获后的茎叶可用作青饲料或青贮料。

2.木薯

木薯为我国南方地区多年生灌木。其块根中含有大量淀粉，占鲜样的25%～30%，粗纤维含量较低。蛋白质含量是块根茎类饲料中最低的，且品质较差，含非蛋白氮多。木薯中含有氢氰酸，饲用前必须进行脱毒处理。脱毒方法为去皮或切片后于水中浸泡1～2天，或切片晒干磨粉后煮沸3～4小时。

3.饲用甜菜

饲用甜菜为藜科甜菜属二年生草本植物。一般产于我国东北、华北和西北地区。

饲用甜菜含有丰富的蛋白质和维生素,蛋白中赖氨酸、色氨酸含量丰富;纤维素含量很低,而含糖5%～11%,其中无氮浸出物主要是蔗糖,并含有少量的淀粉和果胶;富含钙质,含磷较低,利用率较高。适口性较好,容重小,有轻泄性,耐贮存,是家兔育肥的良好饲料。使用时一般是鲜喂,每天的用量一般为0.1～0.2千克,腐烂的茎叶含有亚硝酸盐,容易造成中毒,不宜饲喂。

4.胡萝卜

胡萝卜虽然列入能量饲料,但在生产实践中,主要是在冬季作为动物的多汁饲料及补充维生素用。可提高乳牛泌乳量,并可改善繁殖兔和幼龄动物的生产性能。

六、蛋白质饲料

(一)植物性蛋白质饲料

植物性蛋白质饲料可分为3类,即豆科籽实、饼粕类饲料和淀粉工业的副产品。

1.豆科籽实

豆科籽实主要包括大豆、秣食豆、黑豆、豌豆等。大豆等曾主要用于役畜及猪饲料中。

豆科籽实的蛋白质含量较高,一般为20%～40%,无氮浸出物含量较谷实类饲料低。大豆的蛋白质含量在36%左右,其中赖氨酸含量丰富,蛋白质品质较高。大豆中含有较高的粗脂肪,可达17%以上,故其有效能值高于一般谷实类饲料,代谢能与玉米相近,为13.55兆焦/千克。

生大豆中含有一些抗营养因子,如抗胰蛋白酶因子、皂角等,影响其适口性和消化率。这些抗营养因子通常可用加热方法除去,大豆在膨化时,高温可破坏抗胰蛋白酶。

2.饼粕类饲料

饼粕类饲料是指含油多的籽实脱油后的副产品。主要包括豆饼(粕)、棉籽饼(粕)、菜籽饼(粕)、花生饼(粕)、芝麻饼(粕)、胡麻饼(粕)、葵花饼(粕)、玉米饼(粕)、玉米胚芽饼等。

(1)大豆饼(粕)　大豆饼(粕)是我国主要的植物性蛋白质饲料来源。豆饼蛋白质含量为39%～43%,豆粕则为42%～48%。大豆饼或粕的蛋白质品质较好,赖氨酸含量2.5%～2.8%,高于其他饼粕类饲料。其缺点是蛋氨酸含量相对较低。此外大豆饼(粕)中的异亮氨酸含量亦较高。大豆饼(粕)的粗纤维含量在5%左右,含磷量虽较高,但半数以上为植酸磷,利用率较低。

加热不足的大豆饼(粕)含有抗胰蛋白酶、凝集素和皂角等抗营养因子,其中以前者的影响最大。在脱油过程中加热会破坏这些因子,破坏的程度和加热的温度与时间有关。如加热不足则在大豆饼(粕)中残存一定活性的抗营养因子,影响其营养价值,其中最主要的是抗胰蛋白酶,影响蛋白质的消化。但在大豆脱油过程中加热过度,亦降低大豆饼(粕)的营养价值,原因是大豆蛋白中赖氨酸的ε-氨基与还原性糖等结合成难以利用的化合物,赖氨酸被破坏。在家兔日粮中一般使用10%～15%。

(2)棉籽饼(粕)　棉籽脱壳后经压榨或浸提脱油后的产品即为棉籽饼或粕。棉籽饼(粕)的营养价值与脱油时棉籽壳所占的比例有关。在脱油时棉籽中常添加一定比例的壳以提高出油率,故棉籽饼(粕)的粗纤维含量一般在12%左右。棉籽饼(粕)的蛋白质含量在32%～44%,蛋白质品质较差,赖氨酸含量低(约1.34%),而精氨酸含量高(3.47%),蛋氨酸含量亦较低(0.4%左右)。

棉籽中含有一些毒素,如棉酚和环丙脂肪酸。棉酚主要存在于籽实的腺体内。在脱油时一部分随油脱出,仍有一部分残留在饼(粕)内。游离棉酚对动物具有毒性,中毒动物表现为生长受阻、贫血、呼吸困难、繁殖性能降低，并影响蛋黄颜色。棉籽饼脱毒的方法很多，如水煮法，将粉碎的棉籽饼加入水中煮沸 0.5 小时，晾干之后即可使用；硫酸亚铁法，向棉籽饼中按棉酚含量按 1∶5 加入硫酸亚铁，搅拌均匀后即可使用。在家兔日粮中一般使用5%以内。

(3)花生饼(粕)　花生饼(粕)的蛋白质水平较高，为 44.7%～47.8%，但其品质不及大豆饼(粕)，赖氨酸含量为 1.32%～1.4%，仅为豆饼粕的一半左右，精氨酸含量高(4.60%)，蛋氨酸较低(0.39%)，但其氨基酸的利用率较棉籽饼(粕)高。花生饼(粕)的另外一个特点是适口性好。

花生饼(粕)在贮存过程中，极易染上黄曲霉菌，产生黄曲霉毒素，特别是黄曲霉毒素 B_1 毒性最强。动物黄曲霉中毒后，肝脏、肾脏肥大、充血，甚至死亡。花生饼(粕)感染黄曲霉后难以除去，故在贮存和使用时应加以注意，花生饼(粕)中黄曲霉毒素 B_1 含量应低于 0.01 毫克/千克。

在肉兔饲料中的用量一般为 3%～5%。

(4)菜籽饼(粕)　菜籽饼(粕)是菜籽脱油后的产品。菜籽饼(粕)的蛋白质含量中等，为 34%～38%，其氨基酸构成的特点是赖氨酸含量低，而含硫氨基酸含量高，精氨酸含量很低，适合与精氨酸含量高的蛋白质饲料搭配使用，如跟棉籽粕或花生粕搭配使用，效果较好。菜籽饼(粕)的粗纤维水平在 12%左右，适口性较差。

油菜籽实中含有硫葡萄糖甙类化合物。该类化合物本身无毒，但在其本身存在的芥子酶的作用下可水解成异硫氰酸盐、噁唑烷硫酮等，侵害动物的甲状腺，致使甲状腺肿大，影响动物的生长与繁殖。菜籽饼(粕)须经脱毒处理后方可饲用。

一般在肉兔饲料中可添加 2%～4%。

(5)玉米胚芽粕与玉米蛋白粉　玉米胚芽粕与玉米蛋白粉是玉米提取淀粉后的副产品。玉米蛋白粉是玉米去胚芽、淀粉后的面筋部分，其蛋白质含量在 45%～60%不等；玉米胚芽饼(粕)则是指玉米湿磨、胚芽脱油后的产品，蛋白质含量为 16%～20%。

玉米蛋白的氨基酸构成中赖氨酸稍低而含硫氨基酸较高。玉米蛋白饲料的粗纤维含量高(7.8%),能值低。

(6)DDGS 是指脱水酒精糟(DDG)和干酒精糟液(DDS)的混合物。

一般以干酒精糟液的营养价值较高,脱水酒精糟的营养价值较差;DDGS的营养价值取决于其中干酒精糟液与脱水酒精糟的比例;干酒精糟液比例大的DDGS营养价值较高,而脱水酒精糟多的DDGS的营养价值则较差。DDGS的粗蛋白质含量在风干物质中为27%~29%,粗纤维含量一般在8%以下,粗脂肪含量在8%以上。

DDGS的氨基酸含量及利用率都不理想,不适于作为唯一的蛋白源。家兔饲料中用量以15%以下为宜。

(7)其他饼粕饲料 除上述饼粕蛋白质饲料以外,还有少量的其他饼粕类饲料,如芝麻饼(粕)等,以及一些粉渣饲料,如豌豆蛋白粉、绿豆蛋白粉等。其蛋白质含量较高,在60%以上;赖氨酸含量较高,为3.7%~4.4%;含硫氨基酸较低,蛋氨酸+胱氨酸为1.1%左右。该类饲料资源尚未充分利用,有待于进一步开发利用。

(二)动物性蛋白质饲料

动物性蛋白质饲料主要来自渔业、肉食品加工业等,包括鱼粉、肉骨粉、血粉、羽毛粉及蚕蛹粉等。动物性蛋白质饲料的特点是蛋白质含量较高,品质较好,富含钙及有效磷,且比例较好。不含粗纤维,富含微量元素与维生素A、维生素D、维生素E及维生素B_{12}等。

1.鱼粉

优质鱼粉由鲱鱼、鳕鱼、沙丁鱼及鲥鱼等全鱼加工而成,其加工工艺主要是高温高压蒸煮,脱去鱼油及部分水分后的产品。

国产鱼粉蛋白质水平在55%~60%,一般较进口鱼粉低(62%~67%),原因在于其脂肪含量与灰分含量较高。鱼粉的氨基酸构成平衡,赖氨酸、蛋氨酸等必需氨基酸含量较高,适合与植物性蛋白质饲料搭配使用。鱼粉中脂溶性维生素含量丰富,维生素B_{12}含量很高。

此外，鱼粉中的含硒量较高，锌含量亦较丰富。鱼粉中的蛋白质营养价值较高，饲养效果较好。鱼粉中含有一定量的盐分，含盐量通常为1%～4%。

鱼粉在贮藏过程中易被霉菌及沙门氏菌污染，不新鲜的鱼粉含有大量的组胺，可使兔发生中毒，应注意检测。价格较高，用量一般在2%～3%。含有特殊的鱼腥味，在育肥兔饲料中不宜使用。

2. 肉骨粉

肉骨粉系列是用肉品加工厂的动物骨骼、内脏和不能食用的胴体等经蒸煮、干燥、粉碎后制成，含磷量在4.4%以下的为肉粉，在4.4%以上的为肉骨粉。

进口的优质肉骨粉的蛋白质含量为50%，粗脂肪为8%；含钙磷丰富，钙为8.5%，磷为4%，且磷的利用率较高。国产肉骨粉含蛋白质较低，在20%～26%，高者在40%～50%，品质相对较低，且原料变化较大，质量难以保持稳定，影响使用效果。一般用量在1%～3%。

3. 血粉

血粉是畜禽被屠宰后所得鲜血，经干燥而制成，其蛋白质含量在80%～93%。血粉的赖氨酸含量相当高，为6%～8%，但其蛋氨酸和异亮氨酸含量较低，此外精氨酸含量亦较低。在使用血粉时应注意与精氨酸、异亮氨酸高的饲料搭配使用。血粉蛋白质与氨基酸的利用率受血粉加工工艺的影响，一般干燥方法所获血粉的消化率较低，而喷雾干燥血粉的氨基酸消化率较高，可达90%。血粉的适口性较差，日粮中的使用量不宜过高，在日粮中一般用量在3%以下。

发酵血粉是开发我国饲用血粉的一个重要方向。利用米曲霉发酵后，血粉的消化吸收率得以改善，营养价值有所提高。发酵血粉的蛋白质含量一般在60%～65%，赖氨酸为3.47%～4.32%，氨基酸表观消化率较普通干燥血粉提高20%左右。

4. 羽毛粉

羽毛粉是由屠宰家禽后清洁而未腐败的羽毛经蒸气高压水解后的产品。水解羽毛粉的蛋白质含量一般在81%～83%，但蛋白质品质较差，蛋氨酸、赖氨酸与色氨酸含量较低，精氨酸与胱氨酸含量较高。羽毛粉在兔日粮中的适宜用量为3%以下。

(三)单细胞蛋白质饲料——饲料酵母

饲料酵母泛指以糖蜜、味精、酒精、造纸等废液为培养基生产的酵母菌菌体，外观呈淡褐色。粗蛋白含量一般为40%～60%，与鱼粉相比，其蛋氨酸含量较低，但赖氨酸、苏氨酸、色氨酸含量高，B族维生素含量丰富，其生物学价值高于植物性蛋白质饲料。适口性差、有苦味，在饲料中的用量一般为2%～5%。

七、矿物质饲料

(一)含氯、钠的饲料

氯和钠都是动物所需要的重要元素，常用食盐补充。食盐的成分是氯化钠($NaCl$)。饲用食盐的粒度应通过30目筛，含水量不超过0.5%，纯度应在95%以上。

(二)含钙饲料

1. 石粉

石粉主要指石灰石粉，为天然的碳酸钙。石粉中含纯钙35%以上，是补充钙最廉价、最方便的矿物质饲料。品质良好的石灰石粉与贝壳粉，必须含有约38%的钙，且镁含量不超过0.5%。

2. 贝壳粉与蛋壳粉

贝壳粉是牡蛎等的贝壳，经粉碎后制成的产品，为灰白色或灰色粉末，其化学成分也是碳酸钙。贝壳粉内常常夹杂砂石和沙砾，使用时应予检查。并应注意有无生物尸体的发霉、腐臭等情况。

蛋壳粉是用新鲜蛋壳烘干后制成的粉。用鲜蛋壳制粉时应注意消毒，以防蛋白质的腐败、甚至带来传染病。

(三)含磷饲料

1.骨粉类

骨粉类以动物骨骼加工而成,因制法不同而成分及名称各异,当作钙、磷补充物使用。骨粉是我国配合饲料中最常用的磷源饲料之一,品质好的,含磷量可以达到12%,一般约10%。应注意的是,品质低劣骨粉,有异臭,灰泥色的骨粉,常携带大量致病细菌,引起动物产量下降或死亡。有的兽骨收购场地,因避免蛆蝇繁殖,喷洒敌敌畏等药剂,而致骨粉带毒,更不能使用。使用时应谨慎选择优质的骨粉。

2.磷酸一钙

磷酸一钙即磷酸二氢钙,纯粹成品为白色结晶粉末,市售品是以湿式法磷酸液(脱氟精制处理后再使用)或干式法磷酸液作用于磷酸二钙或磷酸三钙所制成。因此,常含有少量未反应的磷酸钙及游离的磷酸,致吸湿性高且呈酸性。其成分以一分子水合物[$Ca(H_2PO_4)_2 \cdot H_2O$]居多。

3.磷酸二钙

磷酸二钙,通常称为磷酸氢钙。白色或灰白色,粉末状或粒状,化学式为$CaHPO_4$,有无水物及二分子水合物两种,一般为后者,其钙、磷利用率较佳。

饲料用磷酸氢钙,国标规定含磷16.5%以上,含钙21%以上。应经脱氟处理,含氟量不得超过0.18%。也叫脱氟磷酸氢钙。

(四)其他矿物质饲料

1.麦饭石

麦饭石为钙碱性系列岩浆结晶产物,主要成分是氧化铝和氧化硅,共含矿物质元素七大类54种,主要有铜、锌、锰、钴、硒、锂、锶、矾、钼、镍等,外观颜色为黄色、黄灰色或黄白相间,颗粒疏松,可作添加剂使用。进入消化道后,在酸性条件下,释放出无机金属离子,被机体吸收后,参与酶促反应,调节新陈代谢,促进生长,提高生产性能;表面形成棉絮状结构，其絮格孔道和空腔使其具有较强的吸附性，本身钙、钾等可与重金属离子进行交换，从而达到解毒作用；具有明显的生物活性，能增加动物肝脏中DNA和RNA的含量，使蛋白质合成增多，提高抗疲劳和抗缺氧能力，增加血清中抗体水平，提高机体免疫力。在兔饲粮中添加1%～3%，可以提高饲料利用率，降低有害气体排出。

2. 膨润土

膨润土属斑脱岩，是一种以蒙脱石为主要成分的黏土，俗称“白黏土”，主要成分为钙(10%)、钾(6%)、铝(8%)、镁(4%)、铁(4%)、硅(30%)、钠(2.5%)，还有少量锌、锰、钴、铜、铝、钼、钛等微量元素。外观颜色为淡黄色或浅灰色，含有对动物机体有益的矿物质元素，进入肠道释放后，可促进机体酶、激素活性或提高免疫力；可以吸附机体内有毒有害物质，如氨气、硫化氢气体，吸附肠道中的病菌，抑制其成长。饲料中加入膨润土一是可直接作饲粮成分；二是作为微量元素的载体或稀释剂；三是作为颗粒饲料的黏合剂。家兔饲料中可以添加1%～3%。

3. 沸石粉

沸石粉一种天然矿石，有多种不同类型，其分子结构为开放型，具有许多空腔和孔道，内含的金属阳离子和水分子与阴离子骨架联系较弱，使得沸石具有吸附气体、离子交换和催化作用。可以吸附氨气、硫化氢等有害气体。以铝硅酸盐为主，内含畜禽所需的多种矿物质元素，但由于种类、产地、品位不同，其成分含量差异较大。可以用作为畜禽的生长促进剂，直接添加到饲料中或作为饲料添加剂的载体或稀释剂使用。日粮中少量使用，可以提高畜禽生产能力，减少肠道疾病，降低畜舍臭味，一般要求其粒度为1.10～1.21毫米。家兔饲料中可以添加1%～3%。

八、饲料添加剂

(一)饲料添加剂概念与分类

《饲料和饲料添加剂管理条例》中规定：饲料添加剂是指在饲料加

工、制作、使用过程中添加的少量或者微量物质，包括营养性饲料添加剂和一般饲料添加剂。饲料添加剂的品种目录由国务院农业行政主管部门制定并公布。饲料添加剂的作用是强化基础日粮的营养价值，保障动物营养需要和健康，促进动物正常发育和加速生长、生产，提高动物对饲料的利用效率，改进畜产品质量等。

饲料添加剂的种类繁多，性质各异。国内较为常用或习惯的分类方法如图 4-4 所示。

- 饲料添加剂
  - 营养性添加剂
    - 氨基酸添加剂
    - 维生素添加剂
    - 微量元素添加剂
    - 非蛋白氮（饲料添加剂）
  - 非营养性添加剂
    - 生长促进剂
      - 抗生素、合成抗菌药物
      - 酶制剂类、微生物制剂类
    - 驱虫保健剂
      - 抗球虫剂类
      - 驱虫剂类
    - 饲料保存剂
      - 抗氧化剂类、防霉剂类
      - 青贮饲料添加剂、粗饲料调制剂
    - 其他添加剂
      - 食欲增进剂、着色剂、黏合剂
      - 稳定剂
      - 防凝结剂、中草药添加剂等

图 4-4　饲料添加剂的种类

（二）营养性添加剂

1.微量元素添加剂

微量元素添加剂指用来补充动物所需、常规饲料微量营养元素不足的少量添加剂。一般需要向饲料中添加的微量元素有铁、铜、锌、锰、硒、碘、钴等。主要有 3 种形式，一类是无机盐形式，主要有硫酸盐、碳酸盐和氧化物。其中以硫酸盐形式应用最为广泛。无机盐形式原料来源广泛，价格便宜，但适口性较差，易吸水结块，影响加工、混合性能。第二类是有机酸类，如柠檬酸类、延胡索酸类等，这类适口性好，但价格较贵,吸收利用率一般,在饲料中使用较少。第三类是有机微量元素螯合物,即微量元素与氨基酸或蛋白质以配位键形式结合,这类物质由于氨基酸和微量元素结合,使得微量元素的吸收是以氨基酸或肽的形式吸收,从而大大提高微量元素的吸收利用率,同时,由于微量元素与氨基酸结合成螯合物,稳定性明显提高,不会与消化道内其他物质结合而影响其吸收利用,使得微量元素氨基酸螯合物成为最有前途的一类微量元素添加剂。

在使用微量元素添加剂的原料时,值得注意的是:第一,注意常用的微量元素化合物的化学组成及微量元素在其中的含量,以便准确计算使用量(表 4-2);第二,选择使用安全、有害杂质少、利用率高的原料;第三,产品的规格是否符合生产的要求。

表 4-2　纯化合物中微量元素的含量

元素	化合物	化学式	微量元素含量/%
铁(Fe)	七水硫酸亚铁	$FeSO_4 \cdot 7H_2O$	20.1
	一水硫酸亚铁	$FeSO_4 \cdot H_2O$	32.9
	一水碳酸亚铁	$FeCO_3 \cdot H_2O$	41.7
铜(Cu)	五水硫酸铜	$CuSO_4 \cdot 5H_2O$	25.5
	一水硫酸铜	$CuSO_4 \cdot H_2O$	35.8
	碳酸铜	$CuCO_3$	51.4
锰(Mn)	五水硫酸锰	$MnSO_4 \cdot 5H_2O$	22.8
	一水硫酸锰	$MnSO_4 \cdot H_2O$	32.5
	氧化锰	MnO	77.4
	碳酸锰	$MnCO_3$	47.8
锌(Zn)	七水硫酸锌	$ZnSO_4 \cdot 7H_2O$	22.7
	一水硫酸锌	$ZnSO_4 \cdot H_2O$	36.4
	氧化锌	ZnO	80.3
	碳酸锌	$ZnCO_3$	52.1
硒(Se)	亚硒酸钠	Na_2SeO_3	45.6
	硒酸钠	Na_2SeO_4	41.7
碘(I)	碘化钾	KI	76.5
	碘酸钙	$Ca(IO_3)_2$	65.1
钴(Co)	十水氯化钴	$CoCl_2 \cdot 10H_2O$	19.4
	五水硫酸钴	$CoSO_4 \cdot 5H_2O$	24.4

2. 维生素添加剂

维生素是维生素添加剂的活性成分，添加剂内除了活性成分以外，还有载体、稀释剂、吸附剂等，有时还有其他化合物。其目的是为了保护维生素的活性和便于在配合饲料内添加。常用的维生素添加剂种类共有 14 种（表 4-3）。

表 4-3　常用维生素添加剂

维生素种类	常用添加形式
维生素 A	常见的是维生素 A 醋酸酯或其他酸酯，粉剂含维生素 A 为每克 30 万、40 万、50 万、65 万国际单位
维生素 D_3	维生素 D_2 和维生素 D_3 粉剂，奶油色，每克 50 万、20 万国际单位
维生素 E	在饲料工业中应用的商品形式有两种：一种是 *DL-α*-生育酚乙酸酯油剂，另一种是维生素 *E* 粉剂，*DL-α*-生育酚乙酸酯油剂加入适当的吸附剂制得
维生素 K_3	化学合成的水溶性 K_3，活性成分是甲萘醌，商品型主要有亚硫酸氢钠甲萘醌（MSB）、亚硫酸氢钠甲萘醌复合物（MSBC）、亚硫酸嘧啶甲萘醌（MPB）3 种形式
维生素 B_1	饲料工业中有盐酸硫胺素和单硝酸硫胺素两种
维生素 B_2	主要商品形式为核黄素及其酯类，通常含 96％、80％、55％、50％的核黄素
维生素 B_6	盐酸吡哆醇制剂，活性浓度为 98％
维生素 B_{12}	商品形式有氰钴胺、羟基钴胺等，稀释为 0.1％、1％或 2％等不同活性浓度的形式
维生素 D-泛酸钙	维生素 D-泛酸钙具有活性，活性浓度一般为 98％，也有 66％和 50％的
叶酸	叶酸产品活性浓度为 98％以上，添加剂商品为 3％或 4％
生物素	生物素的商品形式是 D-生物素，活性浓度为 1％或 2％
烟酸 烟酰胺	烟酸（尼克酸）和烟酰胺，活性浓度为 98％～99.5％
氯化胆碱	胆碱添加剂的化学形式是氯化胆碱固态粉，有 50％和 60％两种

3. 氨基酸添加剂

氨基酸添加剂主要有蛋氨酸、赖氨酸、苏氨酸、精氨酸添加剂和色氨酸添加剂等。目前生产上应用较多的是蛋氨酸和赖氨酸添加剂，其次有苏氨酸添加剂。

(1)赖氨酸　白色结晶粉末，无臭或稍有异味，略具潮解性，易溶于水，极难溶于乙醇，水溶液 pH 5～6。目前使用的主要有 *L*-赖氨酸盐酸盐(纯度 98.5%)和 *L*-赖氨酸硫酸盐(纯度 65%)两种。*L*-赖氨酸盐酸盐的活性为 *L*-赖氨酸的 78.8%，*L*-赖氨酸硫酸盐的活性为 *L*-赖氨酸的 51%，计算配方时应予注意；生长育肥兔应特别注意添加，其促生长作用明显。

(2)蛋氨酸　*DL*-蛋氨酸是白色片状结晶或粉末。溶于水、稀酸和稀碱溶液，不溶于醚、苯等，难溶于酸。*DL*-蛋氨酸纯度一般不低于 98.5%，含氮量 9.4%，即粗蛋白为 58.6%，代谢能(禽)21 兆焦/千克。在预混料和配合料中稳定。

蛋氨酸羟基类似物(MHA)，常为钙盐形式，MHA 与石灰作用而得羟基类蛋氨酸钙盐(CaMHA)。蛋氨酸羟基类似物(MHA)为褐色或棕色黏液，羟基类蛋氨酸钙盐(CaMHA)为浅褐色粉末或颗粒。在它们的化学结构中没有氨基，但具备转化为蛋氨酸所特有的碳架，因此具有蛋氨酸的生物学活性。它的生物学活性仅相当于蛋氨酸的 80% 左右。据报道，蛋氨酸羟基类似物(MHA)一般应用在奶牛日粮中，可提高产奶量。

蛋氨酸在家兔饲料中使用，可以提高毛皮发育，改善家兔毛皮质量。

(3)苏氨酸　苏氨酸为无色或浅黄色结晶，有极弱的特殊气味，易溶于水，不溶于无水乙醇、醚和三氯甲烷，一般以麦类等谷物为主要饲料原料时，需添加苏氨酸。在仔兔饲料中使用，可以提高生长速度，改善饲料利用率。目前主要是纯度为 98.5%的产品。

(三)非营养性添加剂

1.抗生素

抗生素属低分子有机化合物,一般是由某些微生物产生的能抑制或杀死其他微生物的代谢产物,目前有些抗生素已能够人工合成或半人工合成。抗生素饲料添加剂在家兔饲养中应用已经有几十年了,种类繁多,常用的有金霉素、泰乐菌素、杆菌肽锌等。

抗生素的主要功能是预防疾病,促进生长、提高饲料转化率、提高动物产品数量等。多年来,对抗生素使用一直存在争议,主要集中在以下几点:一是畜产品中药物残留是否会影响人体健康;二是动物长期使用药物是否会引起人类抗药性;三是人类食入有药物残留的动物产品,是否引起过敏反应。使用应注意下列事项:①最好选用动物专用的,吸收和残留少、不产生抗药性的品种;②严格控制使用剂量,保证使用效果,防止不良副作用;③抗生素的作用期限要做具体规定,大多数抗生素消失需要时间为3~5天,故一般规定在屠宰前7天停止使用。

在健康养殖下,提倡畜牧业的绿色、安全、高效、可持续发展的养殖。故尽量少用或不用抗生素,多使用绿色饲料添加剂。

2.抗球虫剂

抗球虫药是家兔饲料中经常添加的药物添加剂,目前常用的抗球虫药有:氯苯胍、敌菌净、磺胺二甲嘧啶、球净、地克珠利等。为达到较好效果,球虫药应轮换使用,以免产生抗药性。

3.抗氧化剂

抗氧化剂指为防止饲料中脂类物质氧化酸败,引起饲料质量下降而向饲料中加入的延缓或防止油脂自动氧化的物质。作为饲料添加剂的抗氧化剂有天然和化学合成的两类:①天然抗氧化剂:其中维生素E是最重要的一种,也是目前唯一可以工业化生产的天然抗氧化剂。②化学合成的抗氧化剂:可用于饲料的有乙氧喹(山道喹)、二丁基羟基甲苯(BHT)和丁基羟基茴香醚(BHA);乙氧喹的抗氧化能力较强,是维生素A的稳定剂,在饲料中的添加量最大不应超过0.015%。

4. 防霉剂

防霉剂具有抑制微生物生长与代谢的作用，在饲料中适当添加，可以抑制霉菌孢子的生长及其毒素的产生，并防止饲料发霉而引起的动物中毒。在配合饲料中使用较多的防霉剂多为丙酸盐类，有时也可使用山梨酸及其盐类、异丁酸和其他有机酸及其盐。

5. 酶制剂

酶制剂为帮助消化机能尚未发育完全的生长幼畜提高对饲料营养物质的利用率，或辅助家畜提高对难消化饲料成分的消化，向饲料中添加的外源性的消化酶制剂。用于饲料中的消化酶主要有蛋白酶、脂肪酶、纤维素酶、淀粉酶、果胶酶、寡聚糖酶及植酸酶等。家兔饲料中经常使用的酶制剂主要是以纤维素酶为主的复合酶制剂。

6. 益生素

益生素指能够用来促进生物体微生态平衡的一些有益微生物或其发酵产物，它与抗生素的作用机理不同，抗生素是直接杀死或抑制有害菌的生长，而益生素则是通过促进有益菌的增长来达到抑制有害菌数量的目的。使用抗生素，效果较快，但由于有益菌同时被抑制，容易造成二次感染，而益生素经过有益菌与有害菌竞争性抑制，虽然作用速度较慢，但能将有害菌排除，同时使肠道微生态环境正常化，达到治疗目的，不会产生抗生素可能产生的副作用。目前，常用的益生素菌种有枯草芽孢杆菌、蜡样芽孢杆菌、双歧杆菌、乳酸杆菌、链球菌、酵母菌等。

7. 吸湿剂和黏结剂

吸湿剂主要用于添加剂预混料的生产过程，特别是维生素、微量元素等添加剂预混料，常常需要使用吸湿剂，以控制其中的水分，保证它们的有效性。常使用的一种吸湿剂是蛭石。蛭石的结构中有很多毛细管，可吸附相当于本身体积50%的液体。与抗结块剂、吸湿剂一样，黏接剂也是一种为改善饲料加工性能所使用的添加剂。黏结剂主要用于水产饲料的生产过程中。常用的有木质素磺酸盐，在配合料中的最大用量为3%；膨润土，最大用量为3%；羧甲基纤维素及其钠盐，最大用量为0.3%；聚甲基脲，最大用量为0.25%。此外，还有聚丙烯酸钠、络蛋白酸钠、海藻酸钠、α-淀粉以及一些树脂类化合物等，也是常用的黏结剂。

第三节　饲粮配制技术及饲粮配方

一、兔的营养需要及饲养标准

（一）营养需要的概念

家兔的营养需要是指家兔在维持生命活动及生产（生长、繁殖、肥育、产乳、产皮等）过程中，对能量及各种营养物质的需要。一般用每日每只家兔需要这些营养物质的绝对值，或者用日粮（自然状态或风干物质或干物质）中这些营养物质的相对量来表示。家兔对营养物质的需要受家兔品种、类型、性别、年龄、生理状态及生产性能等因素的影响。一般家兔的营养需要分为维持营养需要和生产营养需要（繁殖、泌乳、生长、肥育、产毛）。

（二）维持的营养需要

1. 维持营养需要及其意义

维持营养需要是指家兔在不从事任何生产、体重不变、身体健康的维持状态下对能量、蛋白质、矿物质、维生素等营养物质的最低营养需要。维持需要用于维持体温、维持各种器官的正常生理机能（基础代谢）和必需的自由活动。把休闲的空怀母兔以及非配种用的成年公兔看成处于维持营养状态。家兔的维持需要受其品种、年龄、体重、性别、饲养水平、活动量及环境条件等因素的影响。幼龄兔维持需要高于壮年及老年兔；公兔高于母兔。活动量越大，维持需要量越多；生产力越高，维持需要量相对越少。家兔处于不运动，以及最高、最低临界温度的中界温度区（15～25℃）时维持需要量最少。

维持需要从兔生理上讲，是必不可少的。而从生产上讲，是一项重要支出，为非生产性活动的养分消耗，因为它不能形成兔产品，没有经济效益。尽管如此，兔的各项生产活动都是在维持的基础上进行的，两者相互影响、互相制约。用于维持消耗的营养物质比例越大，饲料报酬就越低；反之，用于生产的营养物质比例越大，兔生产水平和饲料报酬就越高。我们研究兔维持需要的主要目的，在于尽可能减少维持营养需要量的份额，增大生产需要量的比例，有效地利用饲料中的各种营养物质，提高生产水平，增加经济效益。例如，在兔生产潜力允许范围内，增加饲料投入，提高兔生产水平，可相对降低维持需要，从而增加生产效益。当然，缩短肉用兔的饲养时间，减少不必要的自由活动，加强饲养管理和控制适宜的畜舍温度等措施，都是减少维持营养需要，提高经济效益的有效方法。

2.影响兔维持营养需要的因素

(1)年龄和性别　幼龄兔代谢旺盛，以单位体重计，基础代谢消耗比成年和老年兔高，故幼龄兔的维持需要相对高于成年和老年兔的维持需要。性别也影响代谢消耗，公兔高于母兔。

(2)品种　兔品种不同，其代谢消耗和维持需要也不同。

(3)体重和体型　兔的体重越大，维持的需要量越多。但以单位体重计算，体小的维持需要比体大的高。这是因为体小者，单位体重具有的体表面积大，散热多，故维持需要量也多。

(4)生产性能　兔生产水平不同，其代谢消耗和维持需要的量也不同。生产性能高的兔代谢强度高，各器官的活动与功能都强，故维持需要量就高。一般代谢强度高的兔，按绝对量计算，其维持需要量也大；但相对而言，维持需要所占的比例则小。

(5)环境温度　兔机体通过调节产热量和散热量来维持体温的恒定。当气温低、风速大时，散热量增加；兔为维持体温的恒定，必须加强体内物质氧化，以增加产热量，这时维持需要的能量可能成倍增加。当气温过高，尤其是闷热潮湿天气，兔因散热困难，呼吸和血液循环加快，也会增加代谢消耗。各种类兔都有其适宜温度范围，这一范围称为“等热区”（15～25℃）。兔所处的环境温度在等热区内，其代谢率最低，维持能量消耗最少，故营养需要量最低。因此，在畜牧生产中，保持畜舍适宜温度，减少兔维持的能量消耗，具有重要的经济意义。

（6）活动量　兔活动量越大，代谢消耗越多，维持需要的能量就高。所以，饲养肉用兔应适当限制活动，可节省维持需要的消耗。

（7）被毛厚薄　兔的被毛状态影响维持能量的需要。如毛用兔在剪毛前和剪毛后其临界温度差别很大。故要避免在寒冷季节为毛用兔剪毛。

（8）饲养管理制度　个体饲养的兔受低温影响较大，在寒冷的冬季，群饲密养可使其相互挤靠以保持体温，减少体表热能散失，从而节省能量消耗。生产中，冬季群饲对保温是有效的；厚而干燥的垫草和保温性能良好的地面也可减少能量的消耗。

总之，掌握影响兔维持需要的因素，实行科学的饲养管理，以达到降低维持消耗，提高生产效益的目的。

（三）生产的营养需要

1. 繁殖母兔的营养需要

种母兔若长期处于低营养水平，可导致卵巢正常机能受阻，使种母兔不能正常发情、排卵。妊娠母兔处于低营养水平对胎儿和母体均有影响，在营养不足时，胎儿对营养物质的摄取有优先权，为了保证胎儿的营养需要，妊娠母兔就要动用母体的贮备，故此在低营养水平条件下妊娠母兔一般都很瘦，尤其是怀孕后期，严重营养缺乏会导致胎儿死亡。相反，营养水平过高不仅不经济，而且对繁殖也造成不良影响，生产实践中常常出现体膘过肥的家兔不育就是这个原因。种母兔体况过肥，卵巢被脂肪浸润因而卵泡发育受阻，引起发情无规律或不发情，配种延迟，甚至造成母兔不能繁殖。在繁殖母兔生产过程中的配种准备期、妊娠期和泌乳期，应根据不同阶段的生产任务、生理特点、营养要求组织合理的饲养，给予适量的营养物质，才能繁殖出数量多质好的仔兔。

(1)配种准备期的营养需要　配种准备期的繁殖母兔有两种，一是初产母兔(青年后备母兔)，二是经产母兔。前者母兔本身处于发育阶段，其营养需要重点是保证其健康，按期发情、配种，提高配种受胎率，避免不孕。该阶段营养水平视其体况而定，一般按维持需要水平供给，对体况差的可稍高于维持水平。经产母兔的营养需要主要是用于母兔恢复体况，恢复正常的繁殖机能。一般保持七八成膘为宜，营养水平可按维持需要供给。

(2)妊娠期的营养需要　妊娠期的母兔体内物质和能量代谢发生变化，引起母兔对营养物质的需要显著增加。试验证明，妊娠母兔在整个妊娠期代谢率平均增长10%～14%，妊娠期后3/4可增加30%～40%，且后期贮存养分为泌乳做准备。又由于胎儿的生长发育前期慢，后期快，70%～90%是在妊娠后期生长的。因此，母兔在妊娠前期的能量和蛋白质的需要比维持需要提高0.3倍，后期提高1倍。对矿物质钙、磷、锰、铁、碘及维生素A、维生素D、维生素E、维生素K等的需要量均有增加。据美国推荐，妊娠母兔日粮中应保持的钙最低水平为0.45%。具体的需要量见家兔饲养标准。在生产实践中，可用同一日粮，前期限量，后期增量。也可按妊娠期的营养需要另行配制日粮。

(3)泌乳期的营养需要　乳的形成过程是家兔全身性反应。乳腺形成乳时所需的各种原料，均由血液供应，而血液中的原料最终来源于饲料中的营养物质。因此，泌乳母兔的营养需要决定于母兔体重、仔兔只数、泌乳量、乳的养分含量及乳的合成效率。试验证明，母兔每千克活重平均产乳35克，在所有的哺乳动物中母兔乳的干物质含量为牛奶的2.5倍，即干物质含量最高(26.4%)，蛋白质含量10.4%，乳脂12.2%，矿物质2.0%，能量8.4～12.6兆焦/千克，乳糖含量较低为1.8%。因此，母兔泌乳时对营养物质的需要较高，能量和蛋白质的需要是维持量的4倍。由于需要的消化能高，势必要降低饲粮中粗纤维水平，破坏家兔正常的消化生理，因此，为了满足能量的供给，应尽量提高饲粮的消化能水平，一般为10.88～11.3兆焦/千克，同时提高饲粮的适口性，还应注意在饲喂颗粒饲料的同时，加喂青绿饲料。哺乳母兔的日粮中，粗蛋白质水平应不低于18%。兔乳中含有大量的矿物质和维生素，特别是钙、磷、钠、氯和维生素A、维生素D等，因此，泌乳母兔对其需要量也增加。具体的营养需要量见饲养标准。另外，由于泌乳过程中泌乳量、乳成分的变化，在实践中应注意泌乳母兔营养需要的阶段性、全价性和连续性。

2.公兔的营养需要

公兔的配种能力表现在体格健壮、性欲旺盛、精液品质良好等方面，这些均与营养有关。实践证明，种公兔若长期处于低营养水平，会使促性腺激素分泌量减少，或睾丸间质细胞对促性腺激素反应能力低而影响精子的形成，使其繁殖力下降。但营养水平过高，会使公兔体膘过肥，性欲下降甚至不育。一般公兔为保持较好的精液品质，能量需要应在维持需要的基础上增加20%，蛋白质的需要与同体重的妊娠母兔相同。同时还要注意矿物质和维生素的需要，如钙、磷与精液的品质有关，钙磷比例应为(1.5～2)∶1。此外，还要注意锌和锰的补充。维生素A、维生素C、维生素E与公兔繁殖机能有密切关系。因此，在繁殖季节，要注意日粮中的能量、蛋白质水平，可加入动物性蛋白质饲料，保证青绿饲料的供应。

3.生长家兔的营养需要

(1)生长的一般规律　生长是从断奶到性成熟的生理阶段。此阶段家兔机体细胞数量增加和组织器官体积增大，从而整体体积增大，重量增加。绝对生长呈现慢—快—慢的规律，相对生长则由幼龄的高速度逐渐下降。在增重内容方面，水分随年龄的增长而降低，脂肪随年龄的增长而增加，蛋白质和矿物质沉积起初最快，随年龄的增加而降低，最后趋于稳定。因此，应根据家兔的生长规律在家兔生长的各个发育阶段，给予不同的营养物质。如生长早期注意蛋白质、矿物质和维生素的供给，满足骨骼、肌肉的生长所需；生长中期注意蛋白质的供给；生长后期多喂些碳水化合物丰富的饲料，以供沉积脂肪所需。

(2)生长的能量需要　幼兔在生长阶段能量代谢非常旺盛，其对能量的需要根据增重中脂肪和蛋白质的比例而定。沉积的脂肪越多，能量需要就越多。家兔在3～4周龄时生长非常迅速，随年龄增长而增加体重，所增加的体重中脂肪比蛋白质多，因而每单位增重所需要能量也多。

(3)生长的蛋白质需要　生长兔蛋白质的需要随体重的增加而增加，供应量为维持需要的2倍左右。美国NRC研究推荐，生长兔日粮中含粗蛋白质16%可满足正常的需要，但同时要求赖氨酸、蛋氨酸以及其他必需氨基酸的含量满足需要。

(4)生长的矿物质及维生素需要　矿物质占生长兔体重的3%～4%，生长兔正处于骨骼生长期，对矿物质需要较多，特别是钙、磷。生长兔体内代谢非常强烈，必须充分供给维生素，以保证物质代谢的正常进行，促进其生长。维生素D参与钙、磷的代谢，也不能缺少。生长兔对维生素A特别敏感，缺乏时可引起生长停止，发育受阻，患夜盲症，对疾病抵抗力低。

4.肥育家兔的营养需要

肥育是指在家兔屠宰前，进行催肥饲养，提高屠宰率和肉品品质。肥育家兔对能量及蛋白质、矿物质和维生素的需要因年龄、体重、增重速度和肥育阶段而不同。幼龄家兔和育肥前期每单位增重所需能量较少，需要的饲料也少，而蛋白质、矿物质和维生素较多。随着年龄增长和育肥期的进展，单位增重所需能量增多，而对蛋白质和矿物质等需要相对减少。

在兔日粮中可以添加1%～3%的植物油，这样可以改善饲粮的适口性，促进营养物质的消化吸收。但脂肪含量过多，对消化吸收不利，对肉品质也有很大影响。在兔日粮中添加动物性油脂，可能会产生不良的影响。

同时，要注重矿物质和维生素的供给，需要量应超过生长家兔，否则对肥育不利。例如，钙不足常是增重不快的原因之一，磷和食盐与家兔的食欲有关，B族维生素与碳水化合物代谢有关，其中生物素对脂肪合成起作用。因此，在日粮中要保证矿物质和维生素的含量。另外，由于形成体脂的主要原料是碳水化合物，在家兔肥育期应多喂含有可溶性碳水化合物的饲料，如谷类籽实及其副产品等。

5. 产毛家兔的营养需要

毛的生长是伴随着产毛动物生长、肥育、繁殖和泌乳同时进行的。产毛兔的营养水平与毛的生长密切相关。

(1)能量需要　饲粮的能量水平对产毛兔的产毛量和毛的质量有明显影响。产毛的能量需要包括毛中含的能量和合成毛所消耗的能量两个部分。提高饲粮的能量水平，产毛量增加，毛的直径增大；降低饲粮的能量水平，会限制毛的生长。

(2)蛋白质需要　角蛋白是毛的主要成分，毛的生长即角蛋白合成。饲料蛋白质水平过低，影响角蛋白合成，使产毛量下降。饲料蛋白质供给不均衡，在蛋白质供给水平过低时，使毛的品质下降。胱氨酸是组成角蛋白的重要氨基酸，并对毛的质量产生明显影响。因此，在产毛兔饲料中，不仅应供给足够的蛋白质，而且还要求蛋白质中含有丰富的含硫氨基酸，特别是胱氨酸。

(3)矿物质需要　饲粮中矿物质含量低于需要量时，产毛动物的采食量下降，体内营养物质代谢受影响。研究表明，与绵羊产毛有关的矿物质元素有锌、铜、硫、硒、磷、钾、钠、氟和钴等。其中，硫、铜和锌对产毛的影响较大。

(4)维生素需要　产毛兔的饲粮缺乏维生素 A 或胡萝卜素，造成皮肤表皮及附着器官萎缩退化，表皮脱落及毛囊角质化，汗腺与皮脂腺的分泌功能下降，从而使皮肤粗糙，产毛量与毛的品质下降。此外，核黄素、生物素、烟酸和泛酸等维生素都与皮肤健康有关，缺乏时都能影响毛的生长。

6. 皮用兔的营养需要

皮用兔主要是指力克斯皮用兔（獭兔）。有资料指出，皮用兔应保持中等偏上的营养水平。应在保证蛋白质和氨基酸供给的前提下，适当控制能量水平和精料的进食量。特别注意含硫氨基酸（蛋氨酸、胱氨酸和半胱氨酸)的供应。

二、兔的饲养标准

(一)兔饲养标准的概念与作用

兔饲养标准是根据大量试验结果和动物生产的实际,对各种特定动物所需要的各种营养物质的定额做出的规定。简言之,特定动物系统的成套营养定额就是饲养标准。

饲养标准是一个传统的名称。现行饲养标准更确切的含义是:系统地表述经试验研究确定的特定动物(包括不同种类、性别、年龄、体重、生理状态和生产性能等)的能量和各种营养物质需要量或供给量的定额数值,经有关专家组集中审定后,定期或不定期以专题报告性的文件由有关权威机关颁发执行。饲养标准或营养需要的指标及其数值都以表格的形式出现。

饲养标准是动物营养需要研究应用于动物饲养实践的最有权威的表述,反映了动物生存和生产对饲料及营养物质的客观要求,高度概括和总结了营养研究和生产实践的最新进展,具有很强的科学性和广泛的指导性。它是动物生产计划中组织饲料供给、设计饲料配方、生产平衡饲粮,以及对动物实行标准化饲养的技术指南和科学依据。

(二)我国建议的家兔营养需要

1. 我国建议的家兔营养需要(表 4-4)

表 4-4 我国建议的家兔营养需要

营养指标	生长兔		妊娠兔	哺乳兔	成年产毛兔	生长肥育兔
	3～12 周龄	12 周龄后				
消化能/(兆焦/千克)	12.2	11.29～10.45	10.45	10.87～11.29	10.03～10.87	12.12
粗蛋白质/%	18	16	15	18	14～16	16～18

续表 4-4

营养指标	生长兔		妊娠兔	哺乳兔	成年产毛兔	生长肥育兔
	3～12 周龄	12 周龄后				
粗脂肪/%	2～3	2～3	2～3	2～3	2～3	3～5
钙/%	0.9～1.1	0.5～0.7	0.5～0.7	0.8～1.1	0.5～0.7	1.0
总磷/%	0.5～0.7	0.3～0.5	0.3～0.5	0.5～0.8	0.3～0.5	0.5
赖氨酸/%	0.9～1.0	0.7～0.9	0.7～0.9	0.8～1.0	0.5～0.7	1.0
蛋氨酸＋胱氨酸/%	0.7	0.6～0.7	0.6～0.7	0.6～0.7	0.6～0.7	0.4～0.6
精氨酸/%	0.8～0.9	0.6～0.8	0.6～0.8	0.6～0.8	0.6	0.6
食盐/%	0.5	0.5	0.5	0.5～0.7	0.5	0.5
铜/(毫克/千克)	15	15	10	10	10	20
铁/(毫克/千克)	100	50	50	100	50	100
锰/(毫克/千克)	15	10	10	10	10	15
锌/(毫克/千克)	70	40	40	40	40	40
镁/(毫克/千克)	300～400	300～400	300～400	300～400	300～400	300～400
碘/(毫克/千克)	0.2	0.2	0.2	0.2	0.2	0.2
维生素 A/(国际单位/千克)	6 000～10 000	6 000～10 000	6 000～10 000	6 000～10 000	6 000～10 000	6 000～10 000
维生素 D/(国际单位/千克)	1 000	1 000	1 000	1 000	1 000	1 000

2. 我国推荐的安哥拉毛兔营养需要(表 4-5)

表 4-5　我国推荐的安哥拉毛兔营养需要

营养指标	幼兔	青年兔	妊娠母兔	哺乳母兔	产毛兔	种公兔
消化能/(兆焦/千克)	10.45	10.04～10.64	10.04～10.64	10.88	10.04～11.72	12.12
粗蛋白质/%	16～17	15～16	16	18	15～16	17
可消化蛋白/%	12～13	10～11	11.5	13.5	11	13
粗纤维/%	14	16	14～15	12～13	12～17	16～17
粗脂肪/%	3.0	3.0	3.0	3.0	3.0	3.0

续表 4-5

营养指标	幼兔	青年兔	妊娠母兔	哺乳母兔	产毛兔	种公兔
钙/%	1.0	1.0	1.0	1.2	1.0	1.0
总磷/%	0.5	0.5	0.5	0.8	0.5	0.5
赖氨酸/%	0.8	0.8	0.8	0.9	0.7	0.8
蛋氨酸+胱氨酸/%	0.7	0.7	0.8	0.8	0.7	0.7
精氨酸/%	0.8	0.8	0.8	0.9	0.7	0.9
食盐/%	0.3	0.3	0.3	0.3	0.3	0.3
铜/(毫克/千克)	2～200	10	10	10	20	10
铁/(毫克/千克)	100	50	50	100	50	50
锰/(毫克/千克)	30	30	50	50	30	30
锌/(毫克/千克)	50	50	70	70	70	70
镁/(毫克/千克)	300～400	300～400	300～400	300～400	300～400	300～400
碘/(毫克/千克)	0.2	0.2	0.2	0.2	0.2	0.2
钴/(毫克/千克)	0.1	0.1	0.1	0.1	0.1	0.1
维生素 A/(国际单位/千克)	8 000	8 000	8 000	10 000	6 000	12 000
胡萝卜素/(毫克/千克)	0.83	0.83	0.83	1.0	0.62	1.2
维生素 D/(国际单位/千克)	900	900	900	1 000	900	1 000
维生素 E/(毫克/千克)	50	50	60	60	50	60

3. 我国推荐的獭兔饲养标准(表 4-6)

表 4-6 我国推荐的獭兔饲养标准

营养指标	幼兔	成年兔	妊娠母兔	哺乳母兔	毛皮成熟期
消化能/(兆焦/千克)	10.46	9.20	10.64	11.30	10.46
粗蛋白质/%	16.5	15	16	18	15
粗脂肪/%	3.0	2.0	3.0	3.0	3.0
粗纤维/%	14	14	13	12	14

续表 4-6

营养指标	幼兔	成年兔	妊娠母兔	哺乳母兔	毛皮成熟期
钙/%	1.0	0.6	1.0	1.0	0.6
总磷/%	0.5	0.4	0.5	0.5	0.4
赖氨酸/%	0.6～0.8	0.6	0.6～0.8	0.6～0.8	0.6
蛋氨酸+胱氨酸/%	0.5～0.6	0.3	0.6	0.4～0.5	0.6
食盐/%	0.3～0.5	0.3～0.5	0.3～0.5	0.3～0.5	0.3～0.5

4.美国 NRC 推荐的家兔营养需要量(表 4-7)

表 4-7　美国 NRC 推荐的家兔营养需要量

营养指标	生长(4～12周龄)	哺乳母兔	妊娠母兔	维持	哺乳母兔和仔兔
消化能/(兆焦/千克)	10.46	11.30	10.04	9.2	10.46
粗蛋白质/%	15	18	18	13	17
赖氨酸/%	0.6	0.75	—	—	0.7
蛋氨酸+胱氨酸/%	0.5	0.6	—	—	0.55
精氨酸/%	0.9	0.8	—	—	0.9
苏氨酸/%	0.55	0.7	—	—	0.6
粗纤维/%	14	12	14	15～16	12
粗脂肪/%	3.0	5.0	3.0	3.0	3.0
钙/%	0.5	1.1	0.8	0.6	1.1
总磷/%	0.3	0.8	0.5	0.4	0.8
钾/%	0.8	0.9	0.9	—	0.9
钠/%	0.4	0.4	0.4	—	0.4
氯/%	0.4	0.4	0.4	—	0.4
镁/%	0.03	0.04	0.04	—	0.04
硫/%	0.04	—	—	—	0.04
铜/(毫克/千克)	5	5.0	—	—	5.0
铁/(毫克/千克)	50	50	50	50	50
锰/(毫克/千克)	8.5	2.5	2.5	2.5	8.5
锌/(毫克/千克)	50	70	70	—	70
碘/(毫克/千克)	0.2	0.2	0.2	0.2	0.2

续表 4-7

营养指标	生长(4~12周龄)	哺乳母兔	妊娠母兔	维持	哺乳母兔和仔兔
钴/(毫克/千克)	1.0	1.0	—	—	1.0
维生素 A/(国际单位/千克)	6 000	12 000	12 000	—	10 000
胡萝卜素/(毫克/千克)	83	83	83	—	83
维生素 D/(国际单位/千克)	900	900	900	—	900
维生素 E/(毫克/千克)	50	50	50	50	50
维生素 K/(毫克/千克)	0	2	2	0	2

5.德国推荐的家兔混合料营养标准(表 4-8)

表 4-8　德国推荐的家兔混合料营养标准

营养指标	肥育兔	繁殖兔	产毛兔
消化能/(兆焦/千克)	12.14	10.89	9.63~10.89
粗蛋白质/%	16~18	15~17	15~17
赖氨酸/%	1.0	1.0	0.5
蛋氨酸+胱氨酸/%	0.4~0.6	0.7	0.7
精氨酸/%	0.6	0.6	0.6
粗纤维/%	9~12	10~14	14~16
粗脂肪/%	3~5	2~4	2
钙/%	1.0	1.0	1.0
总磷/%	0.5	0.5	0.3~0.5
钾/%	1.0	1.0	0.7
食盐/%	0.5~0.7	0.5~0.7	0.5
镁/(毫克/千克)	300	300	300
铜/(毫克/千克)	20~200	10	10
铁/(毫克/千克)	50	50	50
锰/(毫克/千克)	30	30	10
锌/(毫克/千克)	50	50	50
维生素 A/(国际单位/千克)	8 000	8 000	6 000
维生素 D/(国际单位/千克)	1 000	800	500
维生素 E/(毫克/千克)	40	40	20
维生素 K/(毫克/千克)	1.0	2.0	1.0

6. 法国推荐的家兔营养需要量(表 4-9)

表 4-9 法国推荐的家兔营养需要量

营养指标	生长兔(4～12 周龄)	哺乳母兔	妊娠母兔	成年兔	肥育兔
消化能/(兆焦/千克)	10.47	11.30	10.47	10.47	10.47
粗蛋白质/%	18	18	15	13	17
赖氨酸/%	0.6	0.75	—	—	0.7
蛋氨酸+胱氨酸/%	0.5	0.6	—	—	0.55
精氨酸/%	0.9	0.8	—	—	0.9
苏氨酸/%	0.55	0.7	—	—	0.6
色氨酸/%	0.18	0.22	—	—	0.2
粗纤维/%	14	12	14	15～16	14
粗脂肪/%	3.0	3.0	3.0	3.0	3.0
钙/%	0.5	1.1	0.8	0.6	1.1
总磷/%	0.3	0.8	0.5	0.4	0.8
钾/%	0.8	0.9	0.9	—	0.9
钠/%	0.4	0.4	0.4	—	0.4
氯/%	0.4	0.4	0.4	—	0.4
镁/%	0.03	0.04	0.04	—	0.04
硫/%	0.04	—	—	—	0.04
铜/(毫克/千克)	5	5.0	—	—	5.0
铁/(毫克/千克)	50	50	50	50	50
锰/(毫克/千克)	8.5	2.5	2.5	2.5	8.5
锌/(毫克/千克)	50	70	70	—	70
碘/(毫克/千克)	0.2	0.2	0.2	0.2	0.2
钴/(毫克/千克)	1.0	1.0	—	—	1.0
维生素 A/(国际单位/千克)	6 000	12 000	12 000	—	10 000
胡萝卜素/(毫克/千克)	0.83	0.83	0.83	—	0.83
维生素 D/(国际单位/千克)	90	90	90	—	90
维生素 E/(毫克/千克)	50	50	50	50	50
维生素 K/(毫克/千克)	0	2	2	0	2
维生素 C/(毫克/千克)	0	0	0	0	0
维生素 B_1/(毫克/千克)	2	—	0	0	0

续表 4-9

营养指标	生长兔(4~12周龄)	哺乳母兔	妊娠母兔	成年兔	肥育兔
维生素 B_2/(毫克/千克)	6	—	0	0	2
维生素 B_6/(毫克/千克)	40	—	0	0	4
维生素 B_{12}/(毫克/千克)	0.01	0	0	0	2
叶酸/(毫克/千克)	1.0	—	0	0	—
泛酸/(毫克/千克)	20	—	0	0	—

三、饲粮配制技术及配方举例

(一)配合饲料及其分类

1.配合饲料

依据营养需要量所确定的饲粮中各饲料原料组分的百分比,就称为饲料配方。饲料生产厂家可按照不同的饲料配方生产出符合各种动物不同需要的系列配合饲料。配合饲料是根据动物营养需要及饲料资源等状况,把若干种饲料按一定配比均匀混合的饲料产品。

2.配合饲料的分类

配合饲料产品多种多样,按其营养成分可分为四大类:添加剂预混料、浓缩饲料、全价配合饲料和精料混合料。

(1)添加剂预混料　添加剂预混料的基本原料是各种饲料添加剂,由一种或多种饲料添加剂经一定处理后与载体或稀释剂配制而成。市售产品"复合维生素"、"微量元素添加剂",以及含有各种添加剂的综合添加剂预混料都属于这一类。添加剂预混料是全价配合饲料的核心部分,一般占全价配合饲料的0.1%~10%,属于半成品饲料,不能单独饲喂动物。

不同动物的添加剂预混料组成成分一般不同,不能随便混用,也不能随意超量使用,以防某些微量成分过量引起动物中毒。

(2)浓缩饲料　添加剂预混料、蛋白质饲料和矿物质饲料按特定配比均匀混合,即可制成浓缩饲料。浓缩饲料也是半成品饲料,不能单独饲喂动物,使用前必须按说明与一定比例的能量饲料相混合,一般浓缩饲料占全价配合饲料的11%~40%。

(3)全价配合饲料　浓缩饲料与能量饲料配合,便可制成全价配合饲料。全价配合饲料是配合饲料的最终产品,用于完全舍饲的非草食单胃动物,在营养上能全面满足某种动物的需要,是全日粮型配合饲料。可直接饲喂相应的动物,不需外加任何其他饲料。

(4)精料混合料(又叫精料补充料)　浓缩饲料与能量饲料配合后,也可制成精料混合料。精料混合料同样是配合饲料的最终产品,是用于草食动物的,而且在营养上不能完全满足动物的需要,属于半日粮型配合饲料。饲喂时还应搭配一定数量的青绿多汁饲料和粗饲料等。

(二)全价配合饲料的配方设计方法及举例

给家兔设计一组好的饲料配方,不仅为提高家兔的生产性能和预防由于饲料营养的失调所造成的某些疾病创造了条件,同时,也为降低饲料成本、提高养兔效益打下了基础。设计饲料配方,应遵循一定的原则,掌握一定的方法。

1.配方设计的原则

(1)饲养标准的选择　应根据家兔的不同品种、类型、生理阶段等选择适当的营养标准,尽量参考本国或本地的情况,并结合本兔场家兔实际和本地饲料及环境情况作出适当调整。

(2)饲料原料的选择　应根据饲料的经济性、营养性、适口性和无毒无害性原则进行选择。尽量选择当地产、数量大、来源广、价格低的原料。每种饲料原料不可能一一进行营养成分的分析化验,可参考本国和本地常用饲料营养成分表的营养提供值。对于长期和大量使用的主要原料,有必要进行营养成分的化验。

(3)营养的互补性　任何一种或少数几种饲料原料,不可能或很难满足家兔对于各种营养的需要。而多种饲料的合理搭配,则可互相取长补短。正如农民所说:"花草花料,营养高效。"应将能量饲料、蛋白饲料、粗饲料及矿物质饲料等原料合理配合,每种类型的饲料最好在3种以上。

(4)饲料的适口性　由于家兔的嗅觉和味觉发达,饲料原料的选择必须考虑适口性的问题。一般来说,家兔喜欢吃甜味的、多汁的、微酸的、微香的、微辣的、微苦的(草苦味,非化学药物的苦味)和颗粒的,不喜欢腥味的、霉味的、浓厚刺鼻气味的和细粉状的。国外一些饲料企业,常在饲料中加入一定的糖蜜,既可提高饲料的适口性,又便于饲料压粒成型。

(5)营养浓度　家兔的采食量一般来说是有一定限度的。虽然家兔有根据饲料的能量浓度调节采食量的特点,但配合饲料中营养浓度的过低或过高都将产生不良效果。影响家兔采食量的因素很多,正常情况下,不同家兔日采食风干饲料量占体重的百分比为:空怀母兔3.5%～4.5%,妊娠母兔4.5%～5.5%,生长育肥兔5%～7%,泌乳母兔8%以上。在设计配方时应考虑这些因素。

2.饲料原料的大致参考比例

粗饲料(如干草、树叶、糟粕、作物茎叶等)30%～50%

能量饲料(如玉米、小麦、大麦、稻谷等)25%～35%

糠麸类饲料(如米糠、麦麸等)10%～30%

植物性蛋白饲料[如豆饼(粕)、花生饼(粕)等]5%～20%

动物性蛋白饲料(如鱼粉、蚕蛹粉、肉粉等)0～5%

钙、磷饲料(如骨粉、石粉、贝壳粉等)1%～3%

食盐0.3%～0.5%

其他各种饲料添加剂按照说明添加。

3.全价配合饲料的配方设计方法

全价饲料是指依据动物不同品种和生长阶段,由多种原料按一定配方经科学加工而成的具有一定形状、营养完全的配合饲料。全价饲料质量好坏,关键在于配方是否科学合理,配方的设计方法主要有:对角线法、试差法和电脑配方软件法等。

(1)对角线法　又叫方块法、四角法、图解法，在饲料种类不多、营养指标较少时可采用这种方法，比较简单。缺点是在饲料种类及营养指标较多时，采用这种方法计算要反复进行两两组合，比较麻烦，而且不能使配合日粮同时满足多项营养指标。例如：使用玉米(CP 8%)、豆粕(CP 43%)配制一个粗蛋白质14%的混合料。可进行如下计算：

①作十字交叉图，将配合日粮蛋白质含量14%放在交叉处，玉米和豆粕蛋白质含量分别放在左上角和左下角，然后以左上、下角为出发点，各项对角作交叉，大数减小数，所得数分别记在右上角和右下角。

玉米 8　　29(43－14，玉米份数)

\　/

14

/　\

豆粕 43　6(14－8，豆粕份数)

②计算所得各差数，分别除以两差数的和，就得到两种混合饲料的百分比：

玉米应占比例

$$29/(29+6)=82.86\%$$

豆饼应占比例

$$6/(29+6)=17.14\%$$

(2)试差法　又叫凑数法，是目前国内较普遍采用的方法之一。其具体做法是：根据经验初步拟定各种原料的大致比例，然后计算该配方各种养分的总量。将所得的结果与饲养标准比较，若某种养分过量或不足时，可通过增加或减少相应的原料比例进行调整和重新计算，直到所有的营养指标都基本满足要求为止。这种方法简单易学，掌握后可以逐步深入，用于各种配料技术，缺点是计算量大，十分繁琐，盲目性较大，不易选出最佳配方，成本可能较高。

(3)电脑配方软件法　根据线性规划原理，在规定多种条件的基础上选出最低成本饲料配方，它主要是根据所用原料的品种和营养成分，以饲养标准中规定的各种营养物质的需要量及饲料原料供应情况、市场价格变动情况为主要条件，将有关资料数据输入计算机，并提出约束条件：如饲料配比、营养标准、价格等，依据线性规划原理计算出能满足要求而价格最低的饲料配方。用计算机设计饲料配方的优点是速度快，计算准确，但其所作配方应注意以下几点：

①营养丰富，配比平衡。配合饲料由于直接用来饲喂家畜，要求保证饲料中的营养成分应充分满足动物生长、生产需要；各营养元素间要搭配合理，营养平衡，这样既能发挥各种营养元素的生理作用，又不会造成某种营养素的浪费。

②适口性好，便于采食。饲料的好坏除了保证营养完全外，一个前提条件就是要保证动物爱吃，动物只有采食，才能发挥饲料营养作用；要避免选用发霉、变质、有毒、有异味的饲料，并保证家兔的采食量；此外，可以有意识地向饲料中加入某些风味剂，以掩盖饲料原有的不良味道，提高饲料适口性。

③易于消化。饲料好坏最终表现在饲料的转化率上，只有易于被动物机体吸收利用才能最终转化为动物产品，所以依据配方配制出的饲料，应符合饲喂对象的消化生理特点，提高消化利用率。

④选择饲料原料的经济原则。饲料作为商品，要取得较好的经济效益，就必须在保证饲料质量的基础上尽量降低成本，因地制宜，因时制宜，尽量利用本地区现有饲料资源，减少运输等费用，同时在选用营养丰富、质量优良而价格低廉饲料的基础上，力求多样搭配，从而达到营养互补的作用。

4.配方举例

(1)幼兔全价配合饲料配制　幼兔消化器官正处于生长发育阶段，消化能力较弱，不易消化含木质素较多的粗饲料。选择幼兔饲料原料时应注意饲料的易消化性和适口性，粗饲料应以优质牧草为主，如苜蓿干草粉；蛋白质饲料以豆粕、花生粕等适口性好、易消化的植物性饲料为主，也可使用少量的鱼粉的优质的动物蛋白质饲料；还应该注意微量元素和维生素营养性添加剂的补充，以满足幼兔快速生长的需要。也可以配合一部分酵母饲料，因其中含有丰富的B族维生素（表4-10）。

表4-10　幼兔全价配合饲料举例　　%

饲料原料	1～3月龄		3～5月龄	
干草粉	30	30	38	38
玉米	36.1	36.5	34.8	20
小麦	0	0	0	15
豆粕	12.6	10	10	9
酵母粉	0	3	0	0
小麦麸	15	15	12	12.8
鱼粉	2	2	2	2
肉粉	1	0	0	0
磷酸氢钙	0.7	0.7	0.7	0.7
石粉	1.3	1.5	1.2	1.2
食盐	0.3	0.3	0.3	0.3
1%复合预混料	1	1	1	1
合计	100	100	100	100

（2）生长兔全价配合饲料配制　生长肥育兔的消化器官发育逐渐完善，特别是成年家兔盲肠发达，可以消化较多的粗纤维，并且可以合成合成较多的B族维生素。可以选择优质干草粉、农作物秸秆、玉米、大麦、豆粕、花生粕、鱼粉等，也可以加入少量的棉籽粕、菜籽粕、胡麻粕等杂粕，但应控制用量（表4-11）。

粗饲料的用量可以适当加大到占日粮总量的40%～45%。

表4-11　生长兔全价配合饲料举例　　%

饲料原料	配方1	配方2	配方3	配方4
干草粉	41	45	43	44
玉米	15	15	15	15
小麦	15	15	15	15
豆粕	8	8	8	6

续表 4-11

饲料原料	配方 1	配方 2	配方 3	配方 4
酵母粉	2	2	1	2
小麦麸	15.8	11.8	13.8	13.8
鱼粉或肉粉	0	0	1	1
磷酸氢钙	0.7	0.7	0.7	0.7
石粉	1	1	1	1
食盐	0.5	0.5	0.5	0.5
1%复合预混料	1	1	1	1
合计	100	100	100	100

(3)妊娠兔全价配合饲料配制　配制妊娠兔时，担负胎儿的营养供应，应特别注意营养充足和平衡，同时还要注意微量元素和维生素的供应充足，以保证胎儿的发育。妊娠期间，应保持中等营养状态，母兔不可过肥和太瘦，过肥会造成难产、死胎，影响哺乳；母兔太瘦容易造成流产。粗饲料可以在 40%～45%(表 4-12)。

表 4-12　妊娠兔全价配合饲料举例　%

饲料原料	配方 1	配方 2	配方 3	配方 4
干草粉	41	45	43	44
玉米	15	15	15	15
小麦	15	15	15	15
豆粕	8	8	8	6
酵母粉	2	2	1	2
小麦麸	15.8	11.8	13.8	13.8
鱼粉或肉粉	0	0	1	1
磷酸氢钙	0.7	0.7	0.7	0.7
石粉	1	1	1	1
食盐	0.5	0.5	0.5	0.5
1%复合预混料	1	1	1	1
合计	100	100	100	100

(4)泌乳兔全价配合饲料配制　泌乳母兔除了维持自身营养需要

外，还要维持泌乳功能，以保证仔兔生长发育的营养需要。为保证母兔的高泌乳性能和乳脂品质，如果条件允许可在日粮中添加适量的油脂（表 4-13）。

表 4-13　泌乳兔全价配合饲料举例　　%

饲料原料	配方 1	配方 2
干草粉	35	39
玉米	24.9	22.6
小麦	15	15
豆粕	12	12
酵母粉	2	2
小麦麸	5	5
鱼粉或肉粉	2	0
磷酸氢钙	1.6	1.7
石粉	1	1.2
食盐	0.5	0.5
1%复合预混料	1	1
合计	100	100

四、配合饲料的加工工艺

配合饲料加工工艺是生产配合饲料整个过程中各个工序的总称。生产工艺流程中各道工序主要包括原料的接收和清理、粉碎、配料、混合、调质、制粒、包装等几步。当前我国配合饲料加工主要采取两种加工工艺，即先粉碎后混合和先混合后粉碎工艺。

（一）先粉碎后混合工艺

指将需要粉碎的原料经过粉碎设备逐一粉碎后，分别进入各自的中间配料仓，然后按照饲料配方的配比，对这些粉状的饲料原料逐一计量后，进入混合机后混合均匀。如果不需制粒，可以直接进行包装为成品，如果需要制粒，再进入制粒系统制成颗粒饲料。这种工艺可以充分发挥粉碎机功能，降低电耗，提高产量，降低生产成本，缺点是需要较多的料仓，工艺复杂。我国饲料加工厂大部分采用这个加工工艺。

(二)先混合后粉碎再混合工艺

将各种原料按照饲料配方的配比，进行计量的进入混合机后混合在一起，然后进行粉碎，粉碎好的原料再次进行分批或连续混合，然后再制粒。这种工艺优点是工艺简单，结构紧凑，不需要占用多个料仓，投资少，可连续工作；缺点是部分没有必要粉碎的粉状饲料经过粉碎粒度过细，影响粉碎机功能，浪费电能。

(三)配合饲料的贮存

配合饲料在贮存过程中，如果贮存不当会使饲料质量下降。其主要因素首先是饲料本身，饲料中的某些营养成分如不饱和脂肪酸在贮存过程中会氧化变质，使饲料营养价值下降；其次是环境因素如温度、湿度、光照等，会破坏维生素、酶等活性营养素而降低其有效含量，或滋生霉菌，产生霉菌毒素，不仅降低饲料营养价值，还影响饲料和动物安全性。饲料贮存主应注意以下几个方面：

①仓库设施要具备不漏雨、不潮湿、门窗齐全、防晒、防热、防太阳辐射功能。

②饲料堆放要合理，地面要做好防潮处理，最好将饲料放在隔栅上，不要直接放于地面，并离墙壁 20 厘米。注意通风、散热。

③加强库房的日常卫生管理，经常进行消毒灭鼠，严格检查，防止发霉、生虫。注意室内温度、湿度保持相对恒定。

④贮存时间不要太长，产品严格遵守“先进先出”的原则。

五、预混料

预混料又叫添加剂预混料，是一种或多种添加剂与载体或稀释剂按一定比例配制的均匀混合物。

(一)预混料配方设计原则

预混料在设计过程中应掌握以下原则:

①切合实际,因地制宜。不同品种、不同阶段、不同生理状态下的家兔对养分的需要量不同,同时随着育种技术的进步,家兔对养分的需要也有所变化,所以,在进行配方设计时,饲养标准也应随之变化。同时,不同地区、不同饲养条件,家兔对微量营养成分的需要也会不同,所以补充量也要随之调整,以满足需要。

②注意考虑各种养分间的平衡和某些微量养分的特殊作用。家兔对各种微量养分不仅有各自的需要量,而且要求各种养分之间保持平衡;还有一些微量成分间存在协同或拮抗作用,例如,高铜对动物生长有促进作用,但铜增加供应的同时,必须同时注意铁、锌的供应量,才能保证不会出现铁、锌不足症。

③经济性原则。进行配方设计,不仅要考虑养分的充足供应,还应该在满足营养需要的前提下,尽量节省成本,以便获得更大效益。

(二)微量元素预混料设计

1.微量元素种类及适宜用量的确定

(1)微量元素的种类　微量元素中最容易缺乏的有铜、铁、锰、锌、碘、硒、钴等,其中碘、锌及硒等有明显的地域性,在确定产品的针对性时应予以考虑。

(2)微量元素适宜添加量的确定　在考虑微量元素的添加量时,理论上添加量应为实际需要量与基础饲料中实际含量的差值。目前生产实践中的普遍做法是将实际需要量作为添加量,而基础饲料中的含量作为安全裕量部分。

2.原料选择

应根据原料中主元素的含量、原料纯度、结晶水含量、生物利用率、稳定性和流动性等来选择原料。微量元素化合物包括无机化合物和有机化合物两大类，后者的生物利用率较高，但价格亦偏高，目前使用的微量元素仍以无机化合物为主。

3.载体选择

适宜的载体有石粉、沸石粉、膨润土、硅藻土粉、白陶土粉等，可根据当地原料价格与实际情况选用。

4.配方计算过程与示例

(1)配方计算过程　确定预混料的添加量→根据养殖对象的营养标准，以及各种其他因素确定各种矿物元素的添加种类与添加量→选择适宜的原料→选择适宜的载体→计算原料与载体的实际用量→整理出预混料的配方。

(2)配方设计示例(以需要量作为添加量)　以产蛋鸡的微量元素预混料的配方为例。

第一步　根据饲养标准确定微量元素在全价饲料中用量(表4-14)。

表4-14　微量元素添加量　　毫克/千克

微量元素	铜	碘	铁	锰	硒	锌
添加量	3	0.3	50	25	0.1	50

第二步　微量元素原料选择(表4-15)。

表4-15　微量元素原料选择　　%

商品微量元素盐	分子式	所含元素的含量	商品原料纯度
硫酸铜	$CuSO_4 \cdot 5H_2O$	Cu:25.5	96
碘化钾	KI	I:76.4	98
硫酸亚铁	$FeSO_4 \cdot 7H_2O$	Fe:20.1	98.5
硫酸锰	$MnSO_4 \cdot H_2O$	Mn:32.5	98
亚硒酸钠	Na_2SeO_3	Se:45.6	95
硫酸锌	$ZnSO_4 \cdot 7H_2O$	Zn:22.7	99

第三步　计算商品原料量。将需要添加的各微量元素折合为每千克风干全价配合饲料中的商品原料量。即：

商品原料量＝某微量元素需要量/纯品中该元素含量/商品原料纯度

按此计算方法，得到以上6种商品原料在每千克全价配合饲料中的添加量（表4-16）。

表4-16 每千克全价配合饲料中微量元素盐商品原料用量

商品原料	计算式	商品原料量/（毫克/千克）
硫酸铜	3÷25.5％÷96％	12.3
碘化钾	0.3÷76.4％÷98％	0.4
硫酸亚铁	50÷20.1％÷98.5％	252.5
硫酸锰	25÷32.5％÷95％	78.5
亚硒酸钠	0.1÷45.6％÷95％	0.23
硫酸锌	50÷22.7％÷99％	222.5
	合计	566.43

第四步 计算载体用量。若预混料在全价配合饲料中占0.2％（即每吨全价配合饲料有预混料2千克），则预混料中载体用量等于预混料与微量元素盐商品原料量之差。即：2－0.566 43＝1.433 57（千克）所以每吨全价配合料中载体用量为1.433千克。

第五步 列出微量元素预混料的生产配方（表4-17）。

表4-17 蛋鸡微量元素预混料的生产配方

商品原料	每吨全价料用量或2千克预混料用量/克	每吨预混料用量/千克	配合比例/％
硫酸铜	12.3	6.15	0.615
碘化钾	0.4	0.2	0.02
硫酸亚铁	252.5	126.25	12.63
硫酸锰	78.5	39.25	3.925
亚硒酸钠	0.23	0.115	0.011 5
硫酸锌	222.5	111.25	11.125
载体	1.433 57	716.78	71.678
合计	2 000.05≈2 000	1 000.05≈1 000	100.003≈100

(三)维生素预混料设计

1.确定维生素添加量的原则

动物对维生素的需要量应包括最低需要量和最适需要量。反映在日粮中则应包括总供给量和添加量。

因此,在进行维生素预混料的配方设计时,首先应确定出不同养殖动物类别的最适或适宜需要量,而确定最适或适宜需要量应考虑以下有关原则。

2.配方设计的原则

维生素添加剂预混料的设计原则是添加剂满足有效、安全与经济3个方面。特别是应考虑到维生素之间的可配伍性、稳定性和在贮存过程中的损失,使各种维生素的添加量在产品的规定保质期限内能满足动物的需要。

同时,由于各种维生素原料的价格较高,过量的添加既会造成浪费,又会致使成本过高。

3.配方设计方法

①根据饲养标准确定维生素的需要量。对于基础日粮中的维生素含量,除维生素 B_1、维生素 B_6 和生物素含量较为丰富外,其余的维生素含量并不高,故一般在设计配方时,往往把这一部分维生素当作安全裕量的一部分,而不将其计算在内。

②计算维生素的添加量。一般来讲添加量等同于所确定的需要量。

③选择适宜的维生素原料。

④添加量与原料换算。由于各种维生素添加剂的商品形式中其有效成分的含量不足100%,故需将添加量折算成维生素原料添加量。

⑤选择适宜的载体种类并确定其用量。应选择含水量少、质量浓度与维生素原料相接近、pH 近中性、化学性质稳定的载体。常用的主要为有机载体类,如淀粉、脱脂米糠、麸皮等。

4. 配方计算示例

配制维生素添加剂预混料。

第一步，查出标准列出维生素需要量。

第二步，选择相应的维生素原料，根据不同种类维生素商品的有效成分含量，计算出不同维生素的添加量。

第三步，根据维生素添加剂预混料在全价料中的添加比例（如 0.02%），计算载体添加量（表 4-18）。

表 4-18　维生素需要量与预混料配方表

维生素种类	每千克饲料中维生素添加量	原料中的有效成分	每千克预混料中维生素的添加量*/克	每千克预混料中的原料用量/克
维生素 A	3 300 国际单位	50 万国际单位	6.60	6.60
维生素 D_3	330 国际单位	50 万国际单位	0.66	0.66
维生素 E	11 毫克	50%	22.00	22.00
维生素 K	1.0 毫克	51.0%	1.96	1.96
维生素 B_1	1.0 毫克	98.0%	1.02	1.02
维生素 B_2	2.0 毫克	96.0%	2.08	2.08
维生素 B_3	10.0 毫克	98.0%	10.20	10.20
维生素 B_6	1.0 毫克	98.0%	1.02	1.02
烟酸	16.0 毫克	99.0%	16.16	16.16
维生素 B_{12}	0.01 毫克	1.0%	1.00	1.00
生物素	0.05 毫克	2.0%	2.50	2.50
载体			134.8	934.8
合计			200	1000

* 每吨全价料中应添加 200 克预混料。

（四）复合预混料的配制示例

配制 1%复合预混料为例：

①在配制 1%复合预混料时应注意以下几个方面的问题：由于维生素和微量元素混合在一起时，微量元素会影响到几种维生素的活性，时间越长，影响越大。所以维生素预混料用量应比直接添加到日粮中的用量要提高 5%～10%。而且复合预混料中应加抗氧化剂。

使用药物饲料添加剂时，应符合有关规定。并且不宜长期使用一种，轮换使用效果更佳。应注意药物的配伍原则。

②计算1%复合预混料配方示例：0～21日龄肉鸡日粮组成中，已知添加维生素、微量元素预混料等用量，即可计算出1%复合预混料的配方组成（表4-19）。

表4-19　1%复合预混料的配方组成

组成复合预混料的原料	100千克全价料中原料用量/克	1%复合预混料组成*/%
维生素预混料	20	2.0
微量元素预混料	200	20.0
蛋氨酸	180	18.0
氯化胆碱(50%)	60	6.0
杆菌肽锌(10%)	20	2.0
抗氧化剂	20	2.0
载体	500	50.0
合计	1 000	100

* 每100千克饲料原料克数乘100除1 000。

③预混料的包装与贮存：预混料中含有高浓度微量营养成分，高温、高湿、阳光照射都会使养分损失，失去营养价值，因此预混料包装一般使用覆膜包装或双层包装，以维持质量稳定。预混料贮存首先要注意贮存时间：贮存时间越长，微量成分活性越低，一般要求产品贮存时间为1～4周，最长不能超过半年；其次是贮存条件，预混料的贮存一般要求低温、通风，仓库最高温度不超过31℃，相对湿度不超过70%，仓库墙顶最好有隔热措施，高温季节要特别注意通风，光线不宜过强。预混料包装口打开后，要尽快使用完，不要使之长期暴露在空气中，不用时封好包装。

思考题

1. 饲料中含有的，也就是动物需要的六大营养物质分别是什么？

2. 简述蛋白质、碳水化合物、脂肪、钙、磷、维生素A、维生素D和维生素E的营养作用以及缺乏的危害。

3.简述粗纤维对家兔的意义。

4.家兔所需能量来源于饲料中的哪些营养物质?

5.简述能量在家兔体内的转化过程。

6.八大类饲料分别有哪些营养特点?

7.简述常用饲料原料玉米、干草、麸皮、小麦、鱼粉、肉粉(肉骨粉)、豆粕、棉籽粕、菜籽粕、花生粕、石粉、磷酸氢钙等的营养特点以及利用时注意的问题。

8.利用青绿饲料时应该注意哪些问题?

9.简述饲料添加剂的概念和种类。

10.按营养物质进行分类,配合饲料分为几大类?分别由哪些饲料原料组成?

11.影响兔维持营养需要的因素有哪些?采取什么措施降低维持需要消耗?

12.简述生长兔、繁殖兔、肥育兔、毛用兔和皮用兔的营养需要特点。

13.配方设计应遵循哪些原则?

14.如何合理配制兔配合饲料?

15.比较我国与其他国家兔饲养标准的异同点。

16.自己设计一配合饲料配方。

第五章

繁殖种兔健康养殖技术

导　　读　饲养任何动物均涉及数量扩大，质量提高的问题，即使再优良的家兔品种，如果不能很好地掌握配种繁殖技术，其生产力就不可能得以发挥。本章主要介绍怎样养好种公兔，怎样合理使用种公兔，家兔配种繁殖的技术方法和要领，母兔的催情方法和催乳方法，提高仔兔成活率的技术措施及肉兔保育健康的技术措施等内容，以达到合理使用种兔，最大限度地提高兔的繁殖力和后代成活率的目的。

第一节　家兔繁殖技术

一、家兔的繁殖生理

1. 精子的发生

公兔睾丸曲细精管上皮组织中的精原细胞在雄性激素的作用下，

经过分裂、增殖和发育等不同阶段的复杂生理变化形成精细胞，之后精细胞附着在营养细胞上，经过变态期形成精子，这一过程称为精子的发生。

一个精原细胞可生成多个精子，其外形如蝌蚪状，由头部、颈部和尾部组成，全长 33.5～62.5 微米。头部大部分被细胞核所占据，前部有顶体，后部有核后帽保护，是精子的核心。颈部起头、尾的连接作用。尾部是精子的运动器官，精子的运动主要靠尾的鞭索状波动向前推进。

精子在发生过程中除了在形态上发生变化外，核酸、蛋白质、糖和脂类的代谢也发生了变化。但从睾丸释放出来的精子并不具有运动和受精的能力，还需在附睾运行过程中，受附睾微环境中的 pH、渗透压、离子和大分子物质的作用才逐渐获得运动和受精能力。当公兔交配射精时，精子通过输精管与副性腺分泌物混合成精液排出体外。

2. 卵子的发生

母兔卵巢中的卵原细胞经增殖、生长和成熟等阶段成为卵子的过程，称为卵子的发生。在雌性胎儿的卵巢内有种上皮形成的细胞团，其中的性原细胞可分化成为卵原细胞。卵原细胞经分裂后进入生长期，在胎儿出生前或出生后不久增殖成为卵母细胞。卵母细胞的生长与卵泡的发育密切相关，在卵泡增长的后期，卵母细胞逐渐成熟，最后卵子从卵泡中释放出来。与精子的发生不同的是，在卵子发生过程中，一个卵母细胞仅变成一个卵子。

卵子的形态为球形，其结构近似体细胞，有放射冠、透明带、卵黄膜及卵黄等构造。家兔在一次发情期间。从两侧卵巢所产生的卵子数为 18～20 个。

3. 性成熟

幼兔生长发育到一定时期，无论雌雄，生殖器官已发育完全，开始表现性行为，能产生成熟的生殖细胞，具备了繁殖能力即称为性成熟。气候寒冷、光照时间逐渐缩短、营养不足、单独饲养会延迟性成熟的到来。相反，气候温暖、光照时间逐渐增长、营养条件适宜、雌雄混养则可使性成熟提前到来。家兔的性成熟在体成熟之前，母兔的性成熟早于公兔。一般母兔在 3～4 月龄达到性成熟，公兔在 4～5 月龄达到性成熟。

4. 配种年龄

又称初配年龄或适配年龄，是指家兔在性成熟以后，身体的各个器官基本发育完备，体重达到一定水平，适宜配种繁殖后代的年龄。由于家兔的性成熟比体成熟早，小兔在达到性成熟时，正处于生长发育阶段，过早配种繁殖不仅影响本身的生长发育和后代质量，还会造成种兔的早衰。

在生产中一般以体重作为确定配种年龄的标准，即达到成年体重的 75%以上时即可配种。小型兔在 5～6 月龄，体重达到 2.5 千克以上即可配种；中型兔在 6～7 月龄，体重达到 3.0 千克以上即可配种；大型兔在 7～8 月龄，体重达到 4.0 千克以上即可配种。若进行种兔生产，还应适当后延。

5. 利用年限

指种兔在具有生殖能力年龄内的经济利用年限。家兔的繁殖能力与年龄有关，一般情况下，1～2.5 岁的种兔繁殖能力最强，随着使用年限的增长，配种受胎率逐渐降低，胚胎死亡率升高，后代生活力下降。因此，延长种兔的使用年限在经济上是不合算的。

在生产中对于一般种兔，其利用年限控制在 3 年以内，个别优秀的种兔可适当延长半年。在采取频密繁殖技术的兔场，种兔的利用年限一般掌握在 2 年以内。

6. 发情

性成熟之后的母兔，卵巢中的卵泡相继发育，每隔一定时间就会成熟一批卵泡。卵泡液中释放出雌性激素，它通过卵巢组织细胞渗透扩散到血液中，作用于大脑性活动中枢，引起母兔生殖器官、精神状态、行为等出现一系列的变化，称之为发情。

7. 发情表现

母兔发情时常表现为：食欲减退或短期内停止采食，兴奋不安，活泼好动，在笼内蹦跳不止，常在笼具或料槽上摩擦下颌，用后肢拍打底板。发情盛期的母兔，常爬跨同笼的母兔或其仔兔，当与公兔放在一起时，主动向公兔调情，爬跨公兔或向公兔身上撒尿。当公兔追逐爬跨时，后躯抬高，主动配合交配。在发情初期，母兔的外阴黏膜潮红、肿胀、湿润；发情中期，黏膜呈大红色，肿胀和湿润更明显；到发情后期，黏膜呈黑紫色，肿胀和湿润逐渐消失。上述发情表现一般持续3～4天。

8.发情周期

母兔性成熟后，每隔一定时间卵巢内就会成熟一批卵泡，使其发情，如果未经交配刺激便不能排卵，这些成熟的卵泡在雌激素和孕激素的协同作用下会逐渐萎缩、退化。之后，新的卵泡又开始发育成熟、发情，使母兔总是处于周期性发情—休情—发情—休情的变化状态。从上一个发情开始至下一个发情开始，为一个发情周期。

母兔的发情周期不同于其他家畜，有其特殊性：

(1)发情周期的不固定性　母兔的发情容易受到外界环境的影响，如天气、温度、营养、光照、公兔效应(公兔的气味、行为、爬跨等)、人为因素(捕捉、按摩、剪毛、疫苗注射、投喂药物等)、哺乳、疾病等，都会使母兔的发情期提前或延后。

(2)发情不完全性　不完全发情出现的几率冬季高于春季、营养不佳高于营养良好、老龄兔和青年兔高于壮龄兔、泌乳期高于空怀期、公母混养时高于母兔单养、体型过大者高于中等和小型个体。

(3)发情无季节性　家兔经长期的人工驯化和选育，其繁殖已没有严格的季节性，只要提供合适的环境，一年四季均可繁殖。但是，在粗放饲养条件下，由于四季的更替、气候的变化、温度的高低及其他因素的影响，春季的繁殖力高于其他季节。

(4)产后发情　母兔分娩后卵巢上就有卵泡发育，远远早于其他家畜，此时配种受胎率很高，尤其是公母混养时表现更为突出。以后，由于泌乳量的增加和膘情下降等原因，发情不明显，受胎率下降。

(5)断乳后发情　泌乳对卵巢活动有一定的抑制作用，母兔在泌乳期间发情不明显，尤其是在泌乳高峰期更不容易出现发情。当仔兔断奶后，这种抑制作用被解除，经3～5天普遍出现发情。

9. 排卵

卵巢内的成熟卵泡破裂将卵子排出，称为排卵。家兔属诱发性排卵动物，发情母兔经公兔的交配刺激或其他诱发刺激（如注射黄体生成素、人绒毛膜促性腺激素、促性腺释放激素，电刺激腰部脊髓，针刺某些穴位，母兔之间互相爬跨等）后方可排卵。母兔排卵发生在公兔交配刺激后 10～12 小时，两侧卵巢排出的卵子数多寡不一，一般 5～20 个。

卵子排出后保持受精能力的时间约 6～8 小时，在排卵后 2 小时受精能力最强。随着时间的推移，卵子与输卵管腺体分泌物的接触而发生某些生理变化，会逐渐衰老，失去受精能力。精子保持受精能力的时间较长，约为 30 小时。因此，在人工授精过程中多采取候卵配种。即让精子提前到达受精部位（输卵管上 1/3 处）等候卵子排出，争取使更多的卵子不失去受精机会，以提高受胎率和产仔数。

10. 妊娠

受精卵在母体内逐渐发育成胎儿所发生的一系列复杂的生理变化过程称为妊娠。完成这一发育过程的时段，称为妊娠期。

妊娠期的长短与家兔的品种、年龄、个体营养状况、健康水平、胎儿的数量以及发育情况等有关，平均为 30～31 天。通常体型大、年龄大、胎儿数少、营养和健康状况好的母兔妊娠期长。卵子排出后，受到众多精子的包围，在输卵管上 1/3 处，活力最强的精子优先获得与卵子结合的机会，形成合子，并立即进行分裂。第一次分裂在交配后 21～25 小时完成，并在输卵管中发育到桑葚胚期。在交配后 72～75 小时胚胎进入子宫，此时的胚胎呈游离状态，主要依靠子宫腺体分泌物来滋养。在交配后 7～7.5 天，胎膜与子宫黏膜相连，胚胎开始附植于子宫壁。胚胎中的尿囊膜发育，并和绒毛膜愈合一处，与母体子宫壁的特殊组织相连，形成盘状胎盘，完成着床。此后，胚胎完全依靠胎盘吸收母体的营养和氧气，胚胎的代谢产物也通过胎盘传递到母体。这种方式一直维持到妊娠结束为止。

母兔在妊娠期间应保持环境安静，如有猫、狗、鼠和其他强噪声刺激，或经常捕捉孕兔，将明显增加胚胎死亡率。

11. 分娩

发育成熟的胎儿和胎盘通过母兔生殖道产出的生理过程叫分娩。母兔临分娩时的表现比较明显，多数母兔在临产前数天乳房肿胀，食欲减退。在临产前数小时，也有在产前1～2天开始衔草营巢的，并用口将胸、腹部的毛拉下来铺在巢箱里。

拉毛是分娩的信号，与乳腺的发育和分泌有关。拉毛也是一种母性行为，一则可刺激乳腺分泌，二则便于仔兔捕捉乳头，三则为仔兔准备良好的御寒物。凡是拉毛早、拉毛多的母兔，其泌乳量大，护仔性强。对于不会拉毛的母兔，饲养管理人员可代为铺草、拉毛，以唤起母兔营巢做窝的本能。

母兔分娩多选择在环境安静的夜晚，精神不安，频繁出入产箱。母兔呈蹲坐姿势，弓背努责，口抵阴部，排出羊水，仔兔连同胎衣等一并产出。母兔边产边将仔兔脐带咬断，并将胎衣和胎盘吃掉，同时舔净仔兔身上的血液和黏液。一般每隔1～3分钟产出一只，多为头部先出，产完一胎需15～30分钟。但也有个别母兔呈间歇性产仔，产出部分后便停顿下来，2小时甚至数小时后再产其他部分。母兔分娩结束后因失水较多，口渴难耐，便跳出产箱寻找饮水。如此时喝不到水，有的母兔就跳回产箱，残食仔兔。

12. 泌乳

母兔分娩后，雌激素、孕激素、黄体素分泌骤然减少，解除了对催乳素的抑制作用，垂体前叶分泌的催乳素大量增加，并作用于乳腺组织的分泌细胞。这些细胞从血液中摄取营养物质生成乳，乳汁汇集到腺泡腔内，这一生理过程称为泌乳。

乳汁中营养成分的浓度很高，其中蛋白质10.4%，脂肪12.2%，乳糖1.8%，灰分2.0%。多数母兔第一次哺乳在产后1小时内，母性强的母兔一边产仔一边哺乳。在仔兔的睡眠期，一般每天哺乳1次，个别的哺乳2次。母兔的泌乳量在分娩后逐渐增加，至21天左右达到高峰后开始下降。母兔的泌乳期可长达2个月之久，但1个月之后其泌乳量大幅下降，远远不能满足仔兔的需要。因此，仔兔的哺乳期不可过长，否则对母兔和仔兔均无益处，一般30天左右即可断乳。

二、家兔的繁殖技术

1.配种时间

配种时间即最佳配种时间。若是自然交配，应在母兔发情最旺盛时期，即外生殖器官肿胀、潮红时最好。生产中有一句谚语是："粉红早，紫红迟，大红配种正当时。"若是人工授精，则应在刺激排卵后2小时进行。

2.配种技术

笼统地讲，配种技术包括两方面：一是发情鉴定。正确地鉴定母兔的发情状况，适时确定配种时机，是提高配种受胎率的关键。二是配种方法。饲养者可根据自己的饲养方式、规模、所掌握的技术等实际情况，采用适宜的配种方式（自然交配、人工辅助交配、人工授精）。

在生产中要提高配种受胎率应做好以下几方面的工作：

(1)做好选种工作　选择健康无病、繁殖力强、性欲旺盛、生殖器官发育良好的公、母兔留作种用。对受胎率低、产仔少、母性差、泌乳性能差、患病、种用价值不大的老、弱、残兔要及时淘汰，绝不能留作种用。在选择种兔时，种母兔要从胎产仔数多、死亡率小、母性强的群体中挑选。要求至少要有4对乳头，发育正常，泌乳性能好；种公兔要挑选体型大、发育匀称、生长速度快、体壮、性欲强、睾丸大而对称、精液多、品质好、受胎率高的个体。

(2)掌握母兔发情规律　在母兔发情盛期配种效果最好。

(3)合理搭配饲料　种兔饲料要保证全价性，根据饲养标准合理配料，尤其要注重蛋白质饲料的质量及维生素和微量元素的合理添加。饲料中维生素（尤其是维生素A和维生素E）不足或被破坏，将导致种兔性欲降低，严重时会使母兔怀孕中断、流产。矿物质的缺乏同样会导致繁殖力降低，如缺乏铜、钴、碘、硒、锌、锰等微量元素或钙、磷不平衡，都会导致母兔发情不正常，流产、产死胎、胎衣不下、卵巢囊肿，以及公兔睾丸变性、性欲降低等难以治疗的营养性疾病。农村家庭养兔和有条件的兔场应尽可能地多喂些青饲料以提高种兔的性机能。

(4)科学喂料　生产中因种兔过肥而造成的不孕较为多见,应适当控制喂料数量。要根据种兔的体质状况确定饲料的质量和喂料的数量,使之既不肥胖,又不能过于瘦弱。

(5)为种兔提供良好的环境卫生条件　兔舍要通风,保持干燥、卫生,光照良好,每天的光照时间应在 14～16 小时。种兔笼大小适宜,要有一定的活动空间。

(6)科学用药　对于药物的使用要严格控制,尽量不用药或少用药。必须用药时,应严格控制用药量和用药时间,不可超量用药和长期用药。配种前尽量不投药和不注射疫苗。

(7)可采用重复配种和双重配种　重复配种是一只母兔在一个发情期与同一只公兔交配两次或多次,一般间隔 6 小时左右。双重配种是一只母兔在一个发情期同两只公兔交配,一般间隔 15 分钟以上。重复配种和双重配种均可提高受胎率和产仔数,但后者仅限于商品兔的生产。

(8)合理使用种兔　公兔精液的品质是保证母兔受胎的关键,公兔配种(采精)频率过高会使精液品质下降,使受胎率受到影响。自然交配时,适宜的公母比例为 1∶(8～10)。为了获得强壮的后代,公兔的利用年限不要超过 2 年。公兔的睾丸对高温极其敏感,在高温季节应加强对公兔的保护,防止因高温刺激而丧失配种能力。

母兔的繁殖频率要根据具体情况而定。繁殖频率越高,得到的仔兔越多,但如果没有较好的体况和营养水平,则会使母兔的体重明显下降,造成仔兔生长不良。在自然哺乳条件下,母兔以每年繁殖 4～5 胎为宜。对营养水平和管理条件较好的兔场可采用仔兔早期断奶的方法,加快繁殖速度。

3. 自然交配

即将公、母兔按一定的比例混养在一起,任其自由配种。这种方法省工省力,不用对母兔作发情鉴定,母兔发情后可及时配种,不会发生漏配误配等现象。母兔在一个发情期可多次交配，受胎率和产仔数一般较高。但公、母兔混养疾病不容易控制，一旦有一只发病，全群很难幸免，尤其是生殖系统疾病，通过公兔的交配活动感染全群；不能知道母兔的准确怀孕时间，很难掌握母兔的分娩日期，往往造成接产不及时而影响仔兔的成活率；公兔整日追逐母兔，体力消耗较大，交配次数过多，精液质量无保障，容易造成早衰，影响公兔的使用年限；公兔与公兔之间常常因争夺一只发情母兔而互相咬斗致伤，影响配种，严重者失去配种能力；未到配种年龄，身体尚未发育成熟的公、母幼兔，过早配种妊娠，不但影响自身生长发育，而且胎儿也发育不良。因此，采用自由交配的配种方法时，应根据公、母兔的血缘关系、体质类型和选配方案，按照适宜的公、母比例放在固定的圈舍里，以防止近交。要经常检查种兔的身体状况，及时隔离病兔，定期轮换种公兔。

4.人工辅助交配

即平时种公、母兔分别单笼饲养，当母兔发情需要配种时，按照配种计划将其放入选定的公兔笼内配种。配种结束后，再将母兔放回原笼，并做好记录。

此法目前在我国大多数兔场被普遍采用。其优点是，采用这种配种方式能有计划地进行配种，避免了近亲交配、乱配和早配，可保持兔群的质量和生产出品质优良的仔兔；可合理安排配种次数，减少了种公兔体力消耗，有利于保持种公兔的性活动机能，延长种兔使用年限，有利于公兔的健康；由于减少了公、母兔之间的接触，减少或避免了疾病的传播。其缺点是比自由交配费工费时，劳动强度大，需要有一定经验的饲养人员及时发现母兔发情，做好发情鉴定并安排配种。在配种前10天左右，应尽可能每天将公母兔放在场地上运动1～2小时。在日粮上，除青绿饲料不能缺少外，公兔可喂些鱼粉、麦粉和大豆等；母兔增喂些大麦芽、小麦芽等。

在人工辅助交配时，将母兔放入公兔笼内，公兔即有嗅闻母兔的尿液和外阴部，做出戏弄姿态和发出特异呼声等求偶行为。公、母兔对嗅一阵后，公兔即追逐母兔。处于发情旺盛的母兔，遇到公兔追逐时，可能会躲避一会儿，然后则四肢下蹲、举尾迎合。公兔爬上母兔的后躯，用前爪紧紧抱住母兔的腹部将阴茎插入母兔的阴道后立即射精，并发出“咕咕”的叫声。然后后肢蜷缩，两眼紧闭，倒向一侧，配种即告结束，就可将母兔放回原笼。

在生产中，为了提高母兔的受胎率和产仔数，可用同一只公兔在第一次交配后 6～8 小时再复配一次。配种时应掌握的几项措施：

①配种前应对种兔健康状况进行认真检查，凡是瘦弱和患病的种兔，特别是患有生殖道疾病、皮肤病（如疥癣、霉菌病）及其他传染病时，不能参加配种。长途运输之后、病愈不久、注射疫苗后等，不能马上配种。

②在配种前数日，应将公、母兔生殖器周围的长毛剪掉，以免妨碍交配和将赃物带进生殖器。

③配种活动必须在公兔笼内进行，以防环境改变，公兔不能适应新环境而造成精神紧张、精力分散，影响配种效果。配种用的公兔笼要宽敞，提前将食槽、水槽取出。脚踏板如果间隙过大或强度不足，务必垫一块木板，以防种兔的脚卡在里面造成骨折。配种过程中要保持环境安静，禁止陌生人围观和大声喧哗。

④春秋两季配种应安排在日出和日落前后进行，冬季在中午，夏季最好在早晨和夜间。一般在配种半小时以后喂食或喂食半小时以后再配种，以保证其食欲和消化机能正常。

⑤如果母兔爬伏不动，不接受交配，可采取手托法人工辅助配种。即一手抓住母兔两耳及颈肩部皮肤，一手伸到母兔腹下，将其后躯托起，迎合公兔交配；如果母兔尾巴拒不上举，可采用牵线法人工辅助配种。即用一根细绳拴住母兔的尾巴尖部，将绳子的另一端沿母兔的背部绕过，由固定头颈部的手控制，将母兔尾巴轻轻上拉，露出外阴。用另一只手伸到母兔腹下，托起后躯迎合公兔交配。

⑥如果母兔拒不接受交配或公兔对母兔不感兴趣，或经过一番爬跨没有成功，可更换一只公兔。此时要注意，不能直接将母兔放入另一只公兔笼内，要等离开公兔笼 15 分钟以上，待前一只公兔的气味散尽

后，再放到另一只公兔笼内。否则，会因母兔身上的其他公兔气味而引起公兔的误会，发生咬斗现象。

⑦配种成功后，应在母兔的臀部突然击一掌，使之肌肉紧张，防止精液外流。如发现母兔在配种之后排尿，应予以补配。

⑧及时填写配种记录，以便安排后期工作。

⑨公兔的配种强度要适宜。壮龄公兔一般日配1～2次，连续2～3天休息1天。青年公兔和老年公兔要减少配种次数。如果发现公兔食欲减退，配种懈怠，每次配种的时间延长，说明使用强度过大，应暂时休息或减少配种次数。平时要定期对公兔进行精液品质检查，及时分析配种记录，发现问题及时解决。对于精液品质不良的公兔应及时淘汰。如果发现配种受胎率普遍都低，说明饲养管理中存在问题，应全面分析查找原因。

5.人工授精

家畜繁殖改良工作中最经济最科学的方法，即利用一定的器械采集公兔的精液，并借助输精器将精液输入母兔的生殖道内使其受胎，公母兔不直接进行性器官接触。母兔经诱发排卵后，熟练的人工授精技术是提高受胎率的环节之一。不论是新鲜精液，还是解冻后的精液，输入母兔生殖道的时间间隔越短，母兔的受胎率越高。

人工授精的优点：

①能充分发挥优良种公兔的作用，提高配种效率，加快良种推广，减少种公兔的饲养量和饲养成本。用自然交配法配种，一次只能配1只母兔，1只公兔只能负担8～10只母兔。而用人工授精的方法配种，一次采集的精液经稀释后可为8～10只母兔输精，1只公兔可担负80～100只母兔的配种任务。

②能防止兔群退化，保证兔群质量。如果公、母混养，会造成群交乱配、近亲交配，或过早交配、过早怀孕等不良现象，使兔群品种退化，质量下降。采用人工授精的方法可克服上述缺点，并进行严格的选种选配，有计划地繁殖仔兔。另外，精液采集之后，要进行品质鉴定，凡不合乎要求的精液一律不得输精，从而保证了每次为发情母兔输入精液

的质量,保证了兔群的质量,并有利于家兔的育种工作。

③人工授精应为无菌操作,因而防止了皮肤病和生殖器官疾病的发生和传播。

④可使家兔生产实现繁殖同步化、商品兔出栏同期化、生产管理程序化和产品质量规格化。

⑤设备简单,投资少,操作方便。

采用人工授精的受胎率一般不如自然交配高,长期连续使用激素会使母兔产生耐药性,使输精效果降低。因此,这项技术适于规模较大的兔场和有组织的良种推广。人工授精技术包括采集精液、精液品质检查、精液的稀释和保存、输精等几项技术。

(1)采精 家兔常用的采精方法是假阴道法。采精前应安装准备好假阴道,目前我国没有标准的兔用假阴道,可自己制作。假阴道由外壳、内胎和集精管 3 部分组成。外壳可用直径 1.8～2.0 厘米、长 6 厘米的橡胶管,将两端截齐,磨去棱角和毛边即可;内胎可用 3.0～3.3 厘米的人用安全套;集精管可用口沿外径与外壳内径相适应的青霉素小瓶。使用前先将假阴道用清水冲洗,再用肥皂水清洗,然后用清水冲洗,最后用生理盐水冲洗。将安全套放入外壳中,将盲端剪去一段,并翻转与外壳一端用橡皮筋固定好,提起内胎的另一端,往内胎与外壳之间的夹层注满 45℃左右的温水,然后再将内胎外翻,同样用橡皮筋固定到外壳的另一端。最后将集精管安上,并尽量往里推,使夹层里的水被推向另一端,增加内胎的压力,并从活塞处吹入气体,使入口处形成 Y 字形。用消过毒的温度计测量内胎里的温度,能达到 38～40℃时,便可采精。

采精时选一只发情母兔作台兔放在公兔笼内,待公兔爬跨后将其推下,反复 2～3 次,以提高公兔性欲,促进性腺的分泌,增加射精量和精子活力。之后操作者一手抓住台兔的耳朵及颈部的皮肤,一手握住采精器伸到台兔的腹下,将假阴道口紧贴在台兔外阴部的下面,突出约 1 厘米,其角度与公兔阴茎挺出的角度一致。当公兔的阴茎反复抽动时,操作者应及时调整采精器的角度,使阴茎顺利进入假阴道内。公兔射精后，应立即将采精器的开口抬高，使精液流入集精杯内，迅速从台兔腹下抽出，竖直采精器，取下集精杯，并将粘在内胎口处的精液引入集精杯加盖贴上标签，送到检精室内进行精液品质检查。

(2)精液品质检查　精液品质与人工授精效果密切相关，精液稀释的倍数也必须根据精液的品质来确定。因此，采精后首先要对精液的品质进行检查。检查的项目主要有：射精量、色泽、气味、pH、精子密度、精子活力、精子形态等。

射精量是指公兔一次射出的精液数量，可从带有刻度的集精杯上直接读出。集精杯上无刻度时，需倒入带有刻度的小量筒内读数。正常成年公兔一次射精量约为1毫升，射精量与品种、体型、年龄、营养状况、采精技术、采精频率等有关。

正常精液的颜色为乳白色或灰白色，浑浊而不透明。精子密度越大，浑浊度越大。肉眼观察精液为红色、绿色、黄色等颜色者均属不正常色泽，都不可使用，应查明原因；正常精液应无臭味。

精液pH一般用精密pH试纸测定，正常精液的pH为6.6～7.6。如果pH偏高，可能是公兔生殖器官有疾患，不宜使用。

精子密度指精液单位体积内精子的数量。检查精子密度可判定精液优劣程度和确定稀释倍数，精子密度越大越好。测定精子密度的方法有估测法和计数法。生产中常用估测法，即依据显微镜视野中精子间的间隙大小来估测精子的密度，分为密、中、稀3个等级。显微镜下精子布满整个视野，精子与精子之间几乎没有任何间隙，其密度可定为“密”；若视野中所观察的精子间有能容纳1～2个精子的间隙，其密度可定为“中”；若视野中所观察的精子间有能容纳3个或3个以上精子的间隙，其密度可定为“稀”。据测定，采用估测法被定为“密”的精液，每毫升中约含10亿个以上精子；密度为“中”的精液，含1亿～9亿个精子；密度为“稀”的精液，含精子数不足1亿个。

计数法即借助血细胞计数板较精确地计算出单位体积中精子的数量。其具体方法是：先将血细胞计数板推上盖玻片，用白细胞吸管吸取精液至“0.5”刻度处，并将吸管外壁精液拭去。再吸取3%氯化钠溶液至“11”刻度处，以拇指和食指分别堵住吸管两端，充分震荡混合。然后弃去吸管前端数滴混合液，将吸管尖端谨慎地放在计数板与盖片之间的空隙边缘，使吸管中的混合液被自然吸入并充满计数室。在计数板25个中方格中，按五点取样法（即四个角和中央）取5个中方格，依次计数出每个中方格内16个小方格的精子数。计数时，以精子头部为准，凡精子的头部压在方格边线者，采取“数上不数下，数左不数右”的原则，以免遗漏或重复计数。最后按公式：精子密度=5个中方格内的精子数×1 000 000计算出精子密度。为了准确测定精子的密度，应连续取样，测定2次，取其平均数。如果前2次所测的数据差距较大，应测3次。

精子活力指做直线运动的精子占精子总数的比率。精子密度和精子活力都是评定精液品质的重要指标，精液品质越好，其活力越高。测定精子活力需借助显微镜，其方法是：在30℃室温下，取1滴精液于干燥洁净的载玻片上，加盖片后，置于显微镜下放大200～400倍观察。若精子100%呈直线运动，其活力定为1.0；若90%的精子呈直线运动，其活力定为0.9，依此类推。如果多个视野内均无一个精子呈直线运动，其活力为0。在评定精子活力时，应注意环境的温度和空气中是否有其他异味。低温和空气中含有大量的挥发性化学物质，都会影响精子的活力。家兔新鲜精液的活力一般为0.7～0.8，用于输精的常温精液的活力要求在0.6以上，冷冻精液精子活力在0.3以上。

精子形态主要检查畸形精子率，即形态异常（如有头无尾、有尾无头、双头、双尾、头部特大、头部特小、尾部卷曲等）的精子数占精子总数的比率。其方法是：做一精液抹片，自然干燥后，用红蓝墨水或伊红染色3～5分钟，冲洗晾干后，在400～600倍显微镜下，从数个视野中统计不少于500个精子中畸形精子的数，并按下列公式计算畸形率：精子畸形率=（畸形精子数÷观察精子总数）×100%。正常精液中畸形精子不应超过20%。

（3）精液稀释　稀释精液的目的在于增加精液量，增加配种数量，提高优良种公兔的利用率。同时，稀释液中的某些成分还具有营养和保护作用，起到缓冲精液酸碱度、防止杂菌污染、延长精子存活的作用。

常用的稀释液有：

①生理盐水稀释液：0.9%的医用生理盐水。

②葡萄糖稀释液，5%的医用葡萄糖溶液。

③牛奶稀释液：用鲜牛奶加热至沸，维持15～20分钟，晾至室温，用4层纱布过滤。

④蔗糖奶粉稀释液：取蔗糖5.5克、奶粉2.5克、磷酸二氢钠0.14克、磷酸氢二钠1.69克、青霉素和链霉素各10万国际单位，加双蒸馏水至100毫升使之充分溶解后再过滤。

⑤葡萄糖、蔗糖稀释液：取葡萄糖7克、蔗糖11克、氯化钠0.9克、青霉素和链霉素各10万国际单位，加双蒸馏水至100毫升使之充分溶解后再过滤。

稀释倍数根据精子密度、精子活力和输入精子数而定，通常稀释3～5倍。稀释时应掌握“三等一缓”的原则，即等温(30～35℃)、等渗(0.986%)和等值(pH 6.4～7.8)，缓慢将稀释液沿杯壁注入精液中，并轻轻摇匀。配制稀释液的用品、用具应严格消毒，精液稀释后应再进行一次活力测定，如果差距不大，可立即输精。否则，应查明原因，并重新采精、测定和稀释。为了提高受胎率，应尽量缩短从采精到输精的时间。

(4)输精　家兔是诱发排卵动物，对发情母兔人工授精前需进行诱发排卵处理。可采用结扎输精管的公兔交配刺激或注射激素诱导两种方法。对已发情母兔可耳静脉或肌肉注射促排卵素2号(LRH—A2)或促排卵素3号(LRH—A3)3～7微克，或人绒毛膜促性腺激素(HCG)50万国际单位，或促黄体素(LH)10万～20万国际单位，在注射后5小时内输精。对未发情的母兔先用孕马血清促性腺激素(PMSG)，每天皮下注射120万国际单位，连续2天，待母兔发情后再做诱发排卵处理。输精器可用玻璃滴管，口端用酒精喷灯烧圆，按授精母兔的数量(一兔一支)备齐，消毒后待用。为了减少捉兔次数和减轻对母兔的刺激，输精应在注射完诱导排卵药物后进行。通常一次的输精量为0.2～1毫升稀释后的精液，其活精子数应为0.1亿～0.3亿个。

常用的输精方法有以下几种：

①倒提法。由两人操作。助手一手抓住母兔耳朵及颈部皮肤，一手抓住臀部皮肤，使之头向下尾向上。输精员一手提起尾巴，一手持输精器，缓缓将输精器插入阴道深处。

②倒夹法。由一人操作。输精员采取一个适中的坐姿，使母兔头向下，轻轻夹在两腿之间，一手提起尾巴，一手持输精器输精。

③仰卧法。输精员一手抓住母耳朵及颈部皮肤，使其腹部向上放在一平台上，一手持输精器输精。

④俯卧法。由助手保定母兔呈伏卧姿势，输精员一手提起尾巴，一手持输精器输精。

为提高母兔的受胎率，在整个输精操作过程中应注意以下问题：

①输精器械要严格消毒，一只母兔用一支输精器，不能重复使用，待全部操作完毕后清洗、消毒备用。

②输精前用蘸有生理盐水的药棉将母兔的外阴擦净。如果外阴污浊，应先用酒精药棉擦洗，再用生理盐水药棉擦拭，最后用脱脂棉擦干。

③由于母兔尿道开口在阴道的中部腹侧5～6厘米处，输精器应先沿阴道的背侧插入并下行，越过尿道开口后再向正下方推入，插入深度至7厘米后，即可将精液注入。

④如果遇到母兔努责，应暂停输精，待其安静后再输，不可硬往阴道内插入输精器，以免损伤阴道壁。

⑤在注入精液之前，可将输精器前后抽动数次，以刺激母兔，促进生殖道蠕动。精液注入后，不要立即将输精器抽出，要用手轻轻捏住母兔外阴，缓慢将输精器抽出，并在母兔的臀部拍一下，防止精液逆流。

6. 妊娠检查

母兔配种后考证其是否妊娠的工作，叫妊娠检查。妊娠检查应尽早进行，以便对兔群分类管理，对未孕母兔及时配种，减少空怀时间，提高繁殖率。妊娠检查的方法有以下几种：

(1)外部观察法　母兔妊娠后会有较明显的变化,阴道黏膜苍白、干涩,食欲增强,采食量增加。在配种15天后,妊娠母兔体重明显增加,毛色光润,腹围增大,下腹突出。散养母兔开始打洞,做产仔准备。

(2)称重法　在母兔配种之前和配种后12天分别空腹称重,对比两次体重的差异。一般来说,相差150克以上,其妊娠的可能性较大,体重增加300克以上的,可确认其已经妊娠。由于初配母兔还处在生长发育阶段,无论其是否怀孕,体重都会增加,故此法只适用于成年母兔。

(3)试情法　又称复配法,即在母兔配种后5～7天,将母兔放入公兔笼内,如果接受交配,则认为没有怀孕;如果拒绝交配,则认为已经怀孕。此法不妥之处在于:即便母兔未孕,在5～7天时,未处在发情期,也会拒绝交配;有的兔即便怀孕了也会接受交配,而造成复孕;还有可能发生咬斗,或强行交配造成流产等后果。因此,若用此法一定要严格监护,防止发生意外。

(4)摸胎法　利用手指隔着母兔腹壁触摸胚胎诊断妊娠的方法。一般在配种8天以后,饲喂前空腹进行。将母兔头部朝向操作者,前后反复抚摸其被毛,待其安静后,一手抓住两耳及颈部皮肤,一手掌心向上,拇指与其余四指分开呈八字形,伸到母兔后腹部触摸。空怀的母兔腹部柔软;怀孕母兔可触摸到类似肉球样、可滑动、花生米大小的胚泡。

摸胎时应注意:

①8～10天的胚泡,其大小和形状易与粪球相混淆,应仔细辨认。粪球表面硬而粗糙,无弹性、无肉球样的感觉,分散、面积较大,并与直肠宿粪相接,其大小、形状不随妊娠时间的变化而变化。而胚胎表面光滑,有弹性,有似摸着非摸着的感觉,多呈串状。

②妊娠时间不同,胚泡的大小、形状和位置不同。妊娠8～10天,胚泡呈球形,大小如花生米,弹性较强,在腹后中上部,胚泡较集中;13～15天,胚泡仍为球形,似小枣大小,弹性强,位于腹腔后中部;18～20天,胚泡呈椭圆形,似小核桃大,弹性变弱,位于腹腔中部;22～23天,呈长条状,可触摸到胎儿较硬的头骨,位于腹中下部,范围扩大;28

天以后，胎儿的头体分明，长 6～7 厘米，充满整个腹腔。

③不同品种、体型、胎次，胚泡也不尽相同。一般初产母兔胚泡较小，位置靠后上方；经产母兔的胚泡稍大，位置靠下；体型较大且营养状况良好的母兔，胚泡发育较快，与体小且营养不良的母兔相比胚泡大些。

④摸胎最好空腹进行。由于家兔的胃肠容积较大，具有发达的盲肠，占据空间较大，加之妊娠后采食量增大，内容物充满整个腹腔，给摸胎带来一定困难。因此，摸胎最好空腹进行。

⑤摸胎要温、稳、准、轻。所谓温，即捉兔时动作要轻柔，不可强抓硬拽，强行捕捉；稳，即稳定情绪，抚摸其被毛，使之安静，停止挣扎，然后再摸；准，即动作要规范，手形和触摸的位置都要准确；轻，即触摸时手法要轻，不可将胚泡硬捏，以防胚泡死亡或母兔流产。

⑥注意与子宫瘤和肾脏的区别。子宫瘤虽然也有弹性，但增长速度较慢，一般仅 1 个。当肿瘤有多个时，大小不一，与胚泡有明显的区别；体型较大而膘情较差时，肾脏周围的脂肪较少，肾脏下垂，使初学者容易与 18～20 天的胚胎相混淆。

7. 分娩与接产

胎儿在母体内发育成熟之后，经产道排出体外的生理过程称为分娩。母兔在临分娩前表现比较明显，多数母兔在临产前数天乳房肿胀，可挤出乳汁，腹部凹陷，尾根和坐骨间韧带松弛，外阴部肿胀出血，黏膜潮红湿润，食欲减少，甚至不吃食。在临产前数小时，也有的在前一两天便开始衔草营巢，并将胸、腹部的毛用嘴拉下来，衔入巢箱内铺好。

母兔分娩时，由于子宫的收缩和阵痛，表现精神不安，四爪刨地、顿足、弓背努责，排出羊水等。最后呈犬卧姿势，仔兔依次连同胎衣等一起产出。母兔边产边将仔兔脐带咬断，并将胎衣吃掉，同时舔干仔兔身上的血迹和黏液，分娩即告结束，然后跳出巢箱找水喝。一般产完一窝仔兔只需 20～30 分钟。但也有个别母兔，产下一批仔兔后，间隔数小时或者数十小时再产第二批仔兔。因此，在母兔分娩完之后，最好检查一下所产仔兔的数量。如若发现仔兔过少时，要检查一下母兔的腹部内是否还有仔兔，最后把所有的仔兔放在温暖和安全的地方，以防冻死或被老鼠伤害。

母兔的妊娠期一般为 30.5 天，在产前必须做好接产准备工作。一般在妊娠的第 28 天，将消过毒的产箱放入母兔笼内，里面放些柔软而干燥的垫草，让母兔熟悉环境，防止将仔兔产在产箱外。母兔产前多拉毛做窝，但有一些初产母兔及个别经产母兔不会拉毛，对此可在产前人工诱导拉毛或辅助拉毛。具体方法是：将母兔保定好，腹部向上，将其乳头周围的毛拔下一些，放在产箱里，这样可诱导母兔自己拉毛。对于产前没有拉毛的母兔，可在产后人工辅助拉毛。应该注意的是，无论是在产前还是产后，拉毛面积不可过大，动作要轻，切记不可硬拉而使母兔的皮肤或乳房受伤，也防止对母兔的刺激太强。在母兔分娩时要保持环境安静，禁止陌生人围观和大声喧哗，更不可让其他动物闯入。

母兔产前应为其备好一些温开水放在笼内，若备些麸皮淡盐水（含盐量 1%左右）或红糖水更好。母兔产后口渴，将仔兔掩护好后便出来找水喝，此时如果没有水喝，有可能返回产箱将仔兔吃掉。待母兔分娩完后可将产箱取出，清点仔兔数，除去死胎、弱胎及污物，换上新垫草。检查仔兔是否已经吃过奶，如果仔兔胃内无乳，应在 6 小时内人工辅助哺乳。

第二节　种公兔的饲养管理

饲养种公兔的目的在于配种、繁殖，以获得量多质优的后代。种公兔应具备品种纯、生长发育良好、体质健壮、配种能力强、繁殖后代量多质优等特点。种公兔饲养管理得好坏，将影响到整个兔群的质量，表现在兔群的生产性能、母兔的受胎率和产仔数、仔兔的健康及生长发育等方面。

一、饲料营养全面、均衡

种公兔的营养与其精液的数量和质量有密切的关系，特别是蛋白质、维生素和矿物质等营养物质，对精液品质有着重要作用。

日粮中蛋白质充足时，种公兔的性欲旺盛，精液品质好，不仅一次射精量大，而且精子密度大、活力强，母兔受胎率高。低蛋白日粮会使种公兔的性欲低下，精子的数量和质量都降低。不仅生产精液需要蛋白质，而且在性机能的活动中，激素、各种腺体的分泌物以及生殖系统的各个器官，也需要蛋白质。所以应从配种前2周起到整个配种期，采用精、青料搭配，同时添加熟大豆、豆粕或鱼粉饲喂，日粮中粗蛋白质含量为16％～17％，使蛋白质供给充足，提高其繁殖力。实践证明，对精液品质不佳的种公兔，配种能力不强的种公兔，适量喂给鱼粉、豆饼及豆科饲料中的苜蓿、紫云英等优质蛋白质饲料，可以改善精液品质，提高配种能力。

维生素与种公兔的配种能力和精液品质有密切关系。规模化养兔场，饲喂全价配合饲料时，一定要添加足够的维生素。当压制颗粒饲料时，还应适当提高维生素含量，以补充由于压粒过程中的高温对维生素的破坏。小规模兔场，在青饲料供应丰富的季节，可降低维生素的水平。青绿饲料中含有丰富的维生素，所以一般不会缺乏，但冬季青绿饲料少，或常年饲喂颗粒饲料而不喂青饲料时，容易出现维生素缺乏症。特别是维生素A缺乏时，会引起公兔睾丸精细管上皮变性，精子数减少，畸形精子数增多。如能及时补喂青草、菜叶、胡萝卜、大麦芽或多种维生素就可得到改善。

矿物质对种公兔的精液品质也有明显影响，特别是日粮中缺钙时，精子发育不全，活力降低，公兔四肢无力，体能下降。饲粮中加入2％的骨粉即可满足公兔对钙的需要。日粮中有精料供应时，一般不会缺磷，但要注意钙的补充，钙磷比例(1.5～2)：1为宜。如在精料中能经常供给2％～3％的骨粉、蛋壳粉或贝壳粉，就不会引起钙、磷缺乏症。

锌对精子成熟有重要作用。缺锌时，精子活力降低，畸形精子增多。日粮中添加微量元素添加剂，可保持种公兔具有良好的精液品质。

对种公兔的饲养，除应注意营养的全面性之外，还应着眼于营养的长期性。因为精细胞的发育过程需要一个较长的时间，实践证明，饲料变动对精液品质的影响很缓慢，对精液品质不佳的公兔改用优质饲料来提高精液品质时，要长达 20 天左右才能见效。因此，对一个时期集中使用的种公兔，在配种前 20 天左右就应调整日粮，达到营养价值高、营养物质全面、适口性好的要求。

另外，还应注意种公兔不宜喂过多能量和体积大的秸秆类粗饲料，或含水分高的多汁饲料，要多喂含粗蛋白质和维生素类高的饲料。如配种期玉米等高能量喂得过多，会造成种公兔过肥，导致性欲减退，精液品质下降，影响配种受胎率。喂给大量体积大的饲料，导致腹部下垂，配种难度大。对种公兔应实行限制饲养，防止体况过肥而导致配种力差，性欲降低，而且精液品质也差。可以通过对采食量和采食时间的限制而进行限制饲养。自由采食颗粒料时，每只兔每天的饲喂量不超过 150 克；另一种是料槽中一定时间有料，其余时间只给饮水，一般情况下，料槽中每天的有料时间以 5 小时左右为宜。

二、配种强度适当

要充分发挥种公兔的作用，应掌握合理的配种强度，严禁使用过度。首先，公、母兔比例要适宜：一般商品兔场，公母兔以 1∶(8～10)为宜；种兔场为 1∶5，若采用人工授精可减少公兔的数量。其次，要注意配种的强度在配种旺季，不能过度使用公兔。青年公兔 1 天配种 1 次，连用 2～3 天休息 1 天；成年公兔 1 天配种 1 次，1 周休息 1 天，或 1 天使用 2 次，连用 2～3 天休息 1 天，每天配种 2 次时，间隔时间至少应在 4 小时以上。

在饲养管理条件好的兔场可实行频密繁殖，频密繁殖又称“配血窝”或“血配”，即母兔在产仔当天或第二天就配种，泌乳与怀孕同时进行。采用此法，繁殖速度快，适用于年轻体壮的母兔，主要用于生产商品兔，对种用肉兔则不宜产仔过密。采用频密繁殖一定要用优质的饲料来满足母兔的营养需要，同时加强饲养管理，在生产中，可根据母兔体况、饲养条件、环境条件综合起来考虑，将频密繁殖、半频密繁殖（产后7～14天配种）和延期繁殖（断奶后再配种）3种配种方式交替采用。

频密繁殖和半频密繁殖制度对母兔的要求高，利用强度大，需要有充分的营养和完善的技术管理作为支撑。不具备条件的兔场不宜采用。在我国多数兔场，仍以常规繁殖为主，仅在条件较好的兔场或特别适宜繁殖的春秋季节结合使用频密繁殖或半频密繁殖制度。

三、饲养管理精心

1. 适宜的环境条件

根据保温降温设施和当地气候条件，安排好配种季节与交配时间。当室温超过30℃时；种兔食欲下降，性欲减退，室温低于5℃会使种兔性欲减退，影响繁殖，所以要选择气候温暖和适时配种繁殖。

2. 足够休息，适当运动

日常应为种公兔创造一个安静的生活环境，种公兔要单笼饲养，防止早配、乱配和打架斗殴致伤、致残。公、母兔笼应有一定距离，避免因异性刺激而影响休息。在休息好的基础上，定期安排运动。种公兔要经常晒太阳，适当运动，可每天放出笼外运动1～2小时，增强体质。运动能使种公兔身体强壮，激发其性机能，从而产生强烈的交配欲。兔笼应保持清洁干燥，经常洗刷消毒，防止肠道病、球虫病、疥癣病的发生。种公兔不宜长期饲养在一个兔笼里，应在2个月内换笼饲养。

3. 加强种公兔疾病防治

除常规的疫病防治外，还要特别注意对种公兔生殖器官疾病的诊治，如公兔的梅毒、阴茎炎，公兔睾丸炎或附睾炎等，对患有生殖器官疾病的种兔要及时治疗或淘汰。

种公兔在换毛季节（春、秋两季）和健康状况欠佳时（如食欲不振、粪便异常、精神委靡等)不宜配种。

第三节　种母兔的饲养管理技术

种母兔是兔群的基础,饲养的目的是提供数量多、品质好的仔兔。种母兔的饲养管理比较复杂,因为母兔在空怀、妊娠、哺乳阶段的生理状态各不相同,因此,在饲养管理上也应根据各阶段的特点,采取不同的措施。

一、空怀期母兔的饲养管理

空怀母兔是指从仔兔断奶到再次配种妊娠之前这段时期的母兔。

空怀期饲养主要体现在迅速调整膘情,促使其尽快发情,早日配种,提高受胎率几个方面。母兔空怀期的饲养管理应根据季节、母兔膘情等酌情掌握。

饲养空怀母兔营养要全面,但营养水平不宜过高,在青草丰盛季节,只要有充足的优质青绿饲料和少量精料就能满足营养需要。在青绿饲料缺乏的季节,应补喂胡萝卜等多汁饲料,也可适当补喂精料。

在炎热的夏季和寒冷季节,可降低繁殖密度,营养水平不宜过高。空怀母兔应保持七八成膘的适当肥度,过肥或过瘦的母兔都会影响发情、配种,要调整日粮中蛋白质和碳水化合物含量的比例,对过瘦的母兔应增加精料喂量,迅速恢复体膘;过肥的母兔要减少精料喂量,增加运动。

空怀母兔的管理应做到兔舍内空气流通,兔笼及兔体要保持清洁卫生,长期照不到阳光的家兔要调换到光线充足的笼内,以促进机体的新陈代谢,保持母兔性机能的正常活动。有些母兔因多种原因而长期不发情,拒绝配种而影响繁殖。为使母兔发情配种,除改善饲养管理条件外，还可采用人工催情的方法。

1. 性诱催情（挑逗催情）

将长期不发情或拒绝交配的母兔放入公兔笼内，通过追逐爬跨等刺激后，1 小时后仍将母兔放回原笼，经 2～3 次后就能诱发母兔分泌性激素，促使母兔外阴发红，呈发情症状。一般采用早上催情，傍晚配种，这样母兔配种容易，受胎率也很高。

2. 信息催情（外激素催情）

公、母兔都有一种性信息，可使同种异性产生性冲动和求偶行为。将长期不发情或拒绝配种的母兔放入事先预备好的公兔笼内，将公兔放入母兔笼内，进行公、母兔笼位交换。经 24 小时，将母兔放回原笼与留在母兔笼内的公兔配种。由于母兔接受了公兔笼内的公兔信息，往往会诱发母兔性冲动，再经公兔性追逐，就可使母兔发情、配种。这种方法简单易行，受胎率较高，但要选择健康、性欲强的公兔，母兔留在公兔笼内的时间不能少于 20 小时。

3. 按摩催情（机械催情）

用手轻轻按摩母兔外阴部，每次 1～2 分钟，当外阴部出现红肿，自愿举尾时，将母兔放入公兔笼内配种，受胎率很高。或在配种前，用一手轻轻提起母兔尾巴，一手以快速频率拍击母兔阴部，使母兔产生交配感觉，每次 1～2 分钟，直至母兔自愿举尾时，说明催情成功，配种受胎率很高。

4. 外涂催情

用 2%碘酊涂于外阴部可刺激母兔发情，有效率可达 70%以上。

5. 药物催情

用 10～15 毫克硫酸铜溶于 1 毫升蒸馏水中静脉注射后即可配种，受胎率达 60%以上。每兔每日内服维生素 E 1～2 丸，连用 3～5 天，内服中药淫羊藿 5～10 克/日，均有良好的催情效果。

6. 激素催情

促使母兔发情排卵的激素 FSH、LH、PMSG、hcG。

(1)肌肉注射 FSH，2 次/日，0.6 毫克/只，可促使卵泡成熟，分泌雌激素。

(2)静脉注射 LH,每次每只 20 单位或 0.5～0.7 毫克/千克体重,能促使卵泡排卵,形成黄体。

(3)肌肉注射 hcG,每次每只 40～60 单位诱发排卵,但连续使用会产生抗体,使排卵无效。

(4)肌肉注射 PMSG,每次每只 40～60 单位,能使卵泡强烈发育。

一般都可使母兔的发情率达到 80%～90%,受胎率达 70%～80%,平均每胎产仔 5～7 只。

7. 断乳催情

母兔泌乳抑制发情。对产仔少的母兔可合并仔兔,一兔泌乳,一兔则在断乳后 7 天内发情。哺乳期超过 28 天的仔兔可提前断乳。

8. 光照催情

在光照短的秋、冬季,延长光照时间达 14～16 小时,可促进母兔发情。

9. 营养催情

配种前 1～2 周,对体况较差的母兔增喂精料,多喂优质青饲料,补喂大麦芽、绿豆芽或南瓜、胡萝卜等,或超倍添加维生素,添加含硒生长素等,或饮水中加入可弥散性复合维生素。

二、妊娠母兔的饲养管理

母兔从配种怀胎到分娩的这一段时期称妊娠期。

家兔的妊娠期 29～35 天(平均 31 天),此期的饲养管理主要抓两点:一是供给充足的优质饲料,尤其在妊娠 15 天之后,更应注意饲料的质量(如粗蛋白含量应在 20%以上),以保证胚胎的正常发育;二是要防止流产,种母兔在怀孕之后,一定要单笼饲养,更不要随意捕捉。另外,在怀孕母兔产仔前 3～4 天,可把带有垫草的产仔箱放入笼内。

母兔在妊娠期要供给母兔全面而充足的营养物质。但是,怀孕母兔如果营养供给过多,使母兔过度肥胖,也会带来不良影响,主要表现为胎儿的着床数和产后泌乳量减少。据试验，在配种后第 9 天观察受精卵的着床数，结果高营养水平饲养的德系长毛兔胚胎死亡率为 44%，而正常营养水平饲养的只有 18%。所以，一般怀孕母兔在自由采食颗粒饲料情况下，每天喂量应控制在 150～180 克；在自由采食基础饲料(青、粗料)、补加混合精料的情况下，每天补加的混合精料应控制在 100～120 克。

怀孕母兔所需要的营养物质以蛋白质、无机盐和维生素为最重要。蛋白质是组成胎儿的重要营养成分，无机盐中的钙和磷是胎儿骨骼生长所必需的物质。如果饲料中蛋白质含量不足，则会引起死胎增多、仔兔初生重降低、生活力减弱。无机盐缺乏会使仔兔体质瘦弱，容易死亡。根据胎儿的发育规律，90%的重量是在怀孕 18 天后形成，所以在怀孕 15 天后要增加饲料量，特别加喂精料、维生素、矿物质饲料，保证营养的需要，防止发育不良及母兔产奶不足。在产前 3 天，则要适时减料，特别要减少精料，增加青料，供给充足干净饮水，防止乳房炎和难产。所以，保持母兔妊娠期，特别是妊娠后期的适当营养水平，对增进母体健康，提高泌乳量，促进胎儿和仔兔的生长发育具有重要作用。

做好产前准备工作，一般在临产前 3～4 天就要准备好产仔箱，清洗消毒后在箱底铺上一层晒干敲软的稻草。临产前 1～2 天应将产仔箱放入笼内，供母兔拉毛筑巢。产房要有专人负责，冬季室内要防寒保温，夏季要防暑防蚊。

防止母兔流产。母兔流产一般在怀孕后 15～25 天内发生。引起流产的原因可分为机械性、营养性和疾病等。机械性流产多因捕捉、惊吓、不正确的摸胎、挤压等引起。营养性流产多数由于营养不全、突然改变饲料，或因饲喂发霉变质、冰冻饲料等引起。引起流产的疾病很多，如巴氏杆菌病、沙门氏菌病、密螺旋体病以及生殖器官疾病等。为了杜绝流产的发生，母兔怀孕后要一兔一笼，防止挤压；不要无故捕捉，摸胎时动作要轻，尽量避免兔体受到冲击，应轻捉轻放，使家兔保持安静、温顺；饲料要清洁、新鲜；发现有病母兔应查明原因，及时治疗；保持舍内安静，禁止突然声响及狗、猫等危害动物的惊扰；毛用兔禁止在妊娠期采毛。

做好接产工作。为了便于管理，大规模养兔应做到使母兔集中配种，然后将母兔集中到相近的兔笼产仔。母兔在临产前不吃食，阴门红肿，并自动拉毛、衔草做窝。有些母兔需人工帮助把乳头周围的毛拉下，铺在窝内。母兔在产仔时要特别注意安静，生产笼内光线不能过强。母兔边产仔边咬断脐带，吃掉胎盘，同时舐干仔兔身上的血污和黏液。母兔产后急需饮水，因此，在母兔临产前必须备好清洁饮水，供水要充足，水中可加些食盐和红糖，避免母兔因口渴而发生吃仔兔现象。母兔产仔之后要及时检查、整理产仔箱，清除污毛、血毛和死胎，并将仔兔用毛盖好。

三、哺乳母兔的饲养管理

母兔自分娩到仔兔断奶这段时期称为哺乳期。哺乳期是负担最重的时期，饲养管理得好坏，对母兔、仔兔的健康都有很大影响。母兔在哺乳期，每天可分泌 60～150 毫升乳汁，高产母兔泌乳量可达 150～200 毫升。兔乳汁浓稠，含干物质 24.6%，营养丰富，除乳糖含量较低外，蛋白质和脂肪含量比牛、羊奶高 3 倍多，无机盐高 2 倍左右。所以饲喂哺乳母兔的饲料一定要清洁、新鲜，同时应适当补加一些精饲料和无机盐饲料，如豆饼、麸皮、豆渣以及食盐、骨粉等，每天要保证充足的饮水，以满足哺乳母兔对水分的要求。为提高仔兔的生长速度和成活率，并保持母兔健康，必须为哺乳母兔提供充足的营养。供给营养全面，能量、蛋白质水平较高的饲粮：消化能水平最低为 10.88 兆焦/千克，可以高到 11.3 兆焦/千克，蛋白质水平应达到 18%。

应注意母兔产后 2 天内采食量很少，不宜喂精饲料，要多喂青饲料。母兔产后 3 天才能恢复食欲，要逐渐增加饲料量，为了防止母兔发生乳房炎和仔兔黄尿病，产前的 3 天就要减少精料，增加青饲料，而产后的 3～4 天则要逐步增加精料，多给青绿多汁饲料，并增加鱼粉和骨粉，同时每天喂给磺胺噻唑0.3～0.5克和苏打片1片，每日2次，连喂3天。如果母兔产后乳汁少和无乳，除上述增加精料外，可采用催乳措施：

(1)鱼催奶　用鱼50～100克，没有鲜鱼时，干鱼也可以，在锅内煮后，取汤或肉拌料喂母兔，连用3～5天。

(2)拉毛催奶　在母兔分娩拉毛时，将其拉下的毛取走，母兔发现毛少了，就会继续拉毛，直拉到腹毛光秃。如果初产母兔不会拉毛，可人工帮助拉毛，使乳房充分暴露，此法有明显的催奶效果。

(3)红糖水催奶　母兔分娩后，立即用开水冲一碗红糖水给母兔喂服，可提高泌乳量。

(4)黄豆、豆浆催奶　将黄豆20～30粒用开水浸泡后煮熟，拌入饲料中喂兔；也可将豆浆加开水稍凉后供母兔饮用。但豆浆要随制随用，喂量不宜过多。

(5)豆饼催奶　将豆饼粉碎后，加水浸泡9～12小时，将泡好的水供母兔饮用，剩渣拌入饲料喂兔。

(6)蚯蚓催奶　将新鲜蚯蚓用开水泡，发白后切碎拌红糖喂兔，每天两次，每次1～2条；也可晒干粉碎后每天喂10～15克，连喂4天，可增加泌乳量1.5倍。

(7)花生米催奶　将花生米2～3粒，用温水浸泡1～2小时，使其充分泡开，拌入饲料中让母兔自行采食，连用2～3次，母兔泌乳就会十分旺盛。

(8)食油催奶　在饲料中加入1.5%玉米油或少量猪油喂兔。

(9)茴香苏打催奶　茴香2克，苏打1片，粉碎后混入饲料中喂母兔，连喂3～5天。

(10)催乳片催奶　对无乳哺乳母兔，可喂催乳片，每天2片，连喂3～4天。

(11)中草药催奶　将紫花地丁、车前子、蒲公英等切碎拌入饲料中，连喂3～5天，即可产奶，又可消炎去火。冬春多喂胡萝卜、南瓜等多汁饲料。

(12)芝麻、花生米催奶　芝麻一小撮，花生米10粒，食母生3～5

片，捣烂后饲喂，每日一次。

(13)香菜催奶　每日早晨喂香菜10克，2～3天喂1次。

饲养哺乳母兔的好坏，一般可根据仔兔的粪便情况进行辨别。如产仔箱内保持清洁干燥，很少有仔兔粪尿，而且仔兔吃得很饱，说明饲养较好，哺乳正常。如尿液过多，说明母兔饲料中含水量过高；粪便过于干燥，则表明母兔饮水不足。如果饲喂发霉变质饲料，还会引起下痢和消化不良。哺乳母兔的管理，主要保持兔舍、兔笼的清洁干燥，应每天清扫兔笼，洗刷饲具和尿粪板，并要定期进行消毒。另外，要经常检查母兔的乳头、乳房，了解母兔的泌乳情况，如发现乳房有硬块，乳头有红肿、破伤情况，要及时治疗。

四、提高母兔繁殖率的措施

母兔的受胎率直接关系到兔场生产水平的高低和经济效益的好坏，要提高母兔的受胎率必须做好以下工作。

(1)加强选种　必须选择健康无病、性欲旺盛、不过肥或过瘦的母兔，留作种用，凡卵巢囊肿、子宫发育不全或患有其他生殖道疾病的必须及时淘汰。留种仔兔最好从优良母兔的3～5胎中选留，乳头应在4对以上。产仔少，受胎率低，母性差，泌乳性能不好的母兔不能用于配种繁殖。

(2)重复配种　正常情况下，只要母兔发情正常，公兔精液的品质良好，交配1次即可受孕，但是，为了确保母兔妊娠和防止假孕，可在第一次配种后6～8小时，再用同一只公兔重复交配1次，第一次配的目的是刺激母兔排卵，第二次交配的目的是正式受孕，据试验，重复配种的受胎率可达95%～100%，产仔数为6～8只。

(3)双重配种　1只母兔连续与2只不同血缘关系的公兔交配，中间相隔时间不超过20～30分钟，目的是利用不同公兔的精子相互竞争以增加卵子的选择性，同时受精卵因获得他种精子作为养料，仔兔的生活力强，成活率高。据试验，采用双重配种的受胎率比对照组提高

25％～30％，产仔数提高10％～20％。

(4)频密繁殖　频密繁殖又称“血配”。一般养兔场多数在40～45日龄断奶，然后进行再次配种，所以一年只能繁殖3～4胎，繁殖速度很慢，采用频密繁殖法，即使母兔在哺乳期内配种受孕，泌乳和妊娠同时进行，所以每年可繁殖8～10胎(表5-1)。

必须注意，母兔血配之后，由于哺乳和妊娠同时进行，因而对营养物质的需要量很大，在饲料的数量和质量上一定要满足母兔本身及泌乳和胎儿生长发育的需要。

表5-1　家兔频密繁殖计划

胎次	配种日期	分娩日期	离乳日期
1	1月1日(孕30天)	2月1日(哺乳25天)	2月25日
2	2月3日(孕30天)	3月5日(哺乳25天)	4月1日
3	3月20日(孕30天)	4月20日(哺乳25天)	5月15日
4	4月22日(孕30天)	5月22日(哺乳25天)	6月17日
5	6月7日(孕30天)	7月7日(哺乳25天)	8月2日
6	7月9日(孕30天)	8月9日(哺乳25天)	9月5日
7	8月20日(孕30天)	9月20日(哺乳25天)	10月15日
8	9月22日(孕30天)	10月22日(哺乳25天)	11月17日
9	10月24日(孕30天)	11月24日(哺乳25天)	12月20日

(5)增加光照　家兔对光照虽不苛求，但光照不足会明显影响繁殖性能。增加光照强度和时间，可明显提高母兔的受胎率和仔兔的成活率。

第四节　仔兔的饲养管理

一、仔兔的生理特点

从出生到断奶这一时期的小兔称为仔兔。仔兔的生理特点是：器官发育不完全，调节功能差，适应能力弱；所以新生仔兔不易饲养。

二、仔兔的饲养管理

加强仔兔的管理，提高成活率，是仔兔饲养管理的目的。主要是抓三关：初生关、开食关、断奶关。

（一）初生关

除保证孕兔妊娠和泌乳期的营养水平外，一是记准分娩时间，做好接生准备。二是仔兔出生后及时让其吃足初乳，采用强制哺乳，人工哺乳，寄养等措施，实行母仔分养，按时哺乳。三是切实做好仔兔保温防冻、防压、防吊乳、防鼠害，确保母仔安静舒适的生活。

(1)尽早吃上初乳　初乳是仔兔出生后早期生长发育所需营养物质的直接来源和唯一来源。尽管仔兔获得母源抗体主要来自母体胎盘血液，但初乳中也含有丰富的抗体，它对提高初生仔兔的抗病力有重要意义。初乳适合仔兔生长快、消化力弱的生理特点。实践证明，仔兔能早吃奶、吃饱奶则成活率高，抗病力强，发育快，体质健壮；否则，死亡率高，发育迟缓，体弱多病。在仔兔出生 6～10 小时内应让其吃到初乳，发现没有吃到初乳或没有吃饱，应及时让母兔喂奶。

(2)强制哺乳　有些母性不强的母兔，尤其是初产母兔，产仔后不给仔兔哺乳，导致仔兔缺奶挨饿，若不及时处理，会使仔兔死亡。强制喂奶的方法是：将母兔轻轻放入产仔箱内，轻轻抚摸其被毛，使其保持安静，再将仔兔分别放在母兔的每个乳头旁，让其自由吮乳。当仔兔较长时间没有吃奶，又处于较低的气温条件下，仔兔往往没有能力寻找和捕捉奶头，这时需要人扶着仔兔喂奶。

(3)防受冻　仔兔出生前处于恒温的环境中，母体子宫内的温度为39℃左右，而生后由于仔兔裸体无毛，体温调节机能不健全，需要较高的温度。出生后前 3 天，产仔箱需保持较高的温度，最好提供 33～35℃的温度。

(4)防鼠害 防鼠可主动灭鼠和被动防鼠相结合。主动灭鼠是利用药物和器械灭鼠,但投放药物要注意安全,防止家兔误食药物;被动防鼠是将仔兔和产仔箱放在老鼠不能爬进的地方。用猫来灭鼠不是最佳方案,因猫会吃掉仔兔,同时猫的一些寄生虫也会感染家兔。

(5)防黄尿病 仔兔发生黄尿病主要是吃了患乳腺炎母兔的乳汁。可在预产期开始,直至产后2～3天,给母兔投喂抗生素预防乳腺炎。有条件时可在母兔妊娠至15～20天时接种葡萄球菌疫苗。

(二)开食关

母兔泌乳量是很有限的,随着仔兔的生长,仅靠母乳不能完全满足仔兔对营养的需求,必须给仔兔补料。大多数仔兔14日龄之内100%的营养是从母乳中获得的。当开眼后,仔兔已具备了一定的活动能力和体温调节能力时,便开始认识草料。仔兔的成长过程是先靠母乳为主、后采食饲料为主、再到独立生活。

给仔兔补料一般从16～18天开始。仔兔开始吃食量很少,可将小浅盘粉料放在产仔箱里诱食,也可将粉料捏成小颗粒,从仔兔口角处塞进口腔,几次后仔兔便会主动采食了。这时是应激反应多发阶段,15～20日龄时,母仔同笼饲养、共同采食,增加母兔饲料量,提高饲料品质。20～45日龄,母仔分开,单独供给仔兔富含营养、易消化、新鲜卫生、适口性好、加工细致的优质饲料,并补充矿物质、维生素以及消炎、杀菌、健胃、驱虫等药物。一般含粗蛋白质20%～22%,消化能11.72～12.56兆焦/千克,粗纤维低于8%。逐渐减少哺乳次数,增加喂料量,少喂多餐,供足温水,使仔兔逐步适应独立生活的外部环境。并要经常检查产仔箱,及时更换垫草,淘汰弱小仔兔。

(三)断奶关

仔兔断奶的日龄,应根据饲养水平、繁殖制度、仔兔生长情况以及品种、用途、季节气候等不同情况而定。一般40日龄后就开始减少母仔接触的次数,并降低母兔的营养水平,减少泌乳量直至断奶。45日龄后，体质强壮、采食好的仔兔，完全断奶。体弱仔兔多留在母兔身边1周左右。

断奶时采取母去仔留的方法，以防环境骤变发生应激反应。断奶现在一般采取分批或一次断奶，其实，无须分批断奶，因为多次断奶对小兔的应激更大，管理也麻烦。而且只要有一只仔兔没断奶，对母兔的体况恢复和繁殖就会造成麻烦。最好采用一次断奶法，即在同一时间将母仔分开饲养。对个别窝重大小不一致的问题，要靠平时调整，只要断奶体重差不多即可。断奶时，实行“离奶不离笼”的方法最佳，做到饲料、环境、管理三不变，让断奶仔兔留在原笼饲养数日再转入幼兔舍，以减少环境变化和断奶同时进行使仔兔产生的应激，影响其生长。

在管理上还应特别注意仔兔出窝后的一段时间里，如果笼底板缝隙过大，许多仔兔漏腿后由于挣扎导致的伤残现象。

第五节　幼兔和育成兔的饲养管理

一、幼兔的饲养管理

从断奶到3月龄的兔称为幼兔。幼兔阶段若不特别注意饲养管理，死亡率较高。

(一)合理饲喂

幼兔阶段是生长发育速度最快的时期，但消化系统发育尚不完善，特别是肠道内还未形成正常的微生物群系，对食物的消化能力弱，但此时幼兔食欲旺盛，往往由于贪吃而引起消化紊乱和腹泻。从仔兔到幼兔，环境也发生很大变化，易发球虫病、大肠杆菌病等。因此，良好的饲养管理是预防消化系统疾病的关键。断奶后1～2周内，要继续饲喂补料，然后逐渐过渡到幼兔料，以防因突然变料而导致消化系统疾病。为了促进幼兔生长，提高饲料消化率，降低发病率，幼兔日粮一定要新鲜、清洁、体积小、适口性好、营养全面。特别是蛋白质、维生素、矿物质要供给充分，同时添加一些氨基酸、酶制剂和抗生素等。饲喂幼兔一般使用人工颗粒饲料自由采食的办法，饲喂要定时定量，少吃多餐，一般以每天喂 3～4 次为宜，保证幼兔吃饱吃好，健康成长。

(二)及时分笼

应根据性别、体重、体质强弱、日龄大小进行分群饲养。按笼舍大小确定饲养密度，幼兔每笼(面积约 0.5 米^2)4～5 只为宜，群养时 8～10 只组成小群，饲养密度过大，群体过大会造成拥挤，采食不均而影响生长发育，环境也容易脏污，使幼兔抵抗力下降。在饲养管理上可采用单笼或原窝同笼饲养的办法。

(三)适时剪毛

适时剪毛主要是指长毛兔。断奶幼兔在 2 月龄左右应进行第一次剪毛，把乳毛全部剪掉。体质健壮的幼兔剪毛后，采食量增加，生长发育加快；体质较弱的幼兔不宜剪毛，可延迟一段时间再剪。冬季是长毛兔产好毛的季节，应提高技术、把握时机，待兔毛长至一级标准时，选在晴日抓紧时机适时剪毛。为照顾毛兔自身保暖，剪毛时要取长留短，少采腹毛，以免兔体受寒。剪毛后为防其受凉感冒，两周以内应加强防寒保暖措施。夏季为防暑可提前到 50 天剪毛，其他季节 70 天剪毛，这样就充分利用了剪毛后毛生长快的优点，并且每年可增加一次剪毛。

(四)防寒保暖

幼兔比较娇气，对环境的变化敏感，尤其是寒流等气候突变，给其提供舒适的环境条件是降低发病率、促进发育的有效措施。应保持兔舍清洁卫生，环境安静，干燥通风，饲养密度适中，还要防止惊吓、潮湿、风寒和炎热，防空气污染和鼠害等。幼兔放出运动时，春秋季节在早晨放出，傍晚归笼；冬季宜在中午暖和时放出；夏季应在早、晚凉爽时放出。

（五）疾病预防

幼兔阶段是多种传染病的易发期，防疫好坏是决定成活率高低的关键，应将环境隔离、药物预防、疫苗注射和加强管理结合起来，严格防疫制度。除了注射兔瘟疫苗外，还应注射魏氏梭菌疫苗及波氏-巴氏二联苗。兔场可根据本场的实际情况，注射大肠杆菌和克雷伯氏杆菌疫苗。由于以上几种病原菌产生变异的可能性较大，最好利用本场分离出来的病原菌制作疫苗，以提高免疫效果。有些疾病疫苗的保护率不高，有的目前还没用适宜的疫苗。因此，不能放松药物预防，特别是球虫病和巴氏杆菌病。在春、秋两季，还应注意预防感冒、肺炎和传染性口腔炎等疾病。农村的中草药资源丰富，有些中草药的效果很好，特别是在预防病毒性疾病方面可以发挥作用。如在饲料中加入洋葱、大蒜或韭菜等植物，不仅可以防病，而且可促进生长。

二、育成兔的饲养管理

育成兔指3月龄至初配阶段留作种用的青年兔。

青年兔阶段生长发育很快，各种系统的发育已趋完善，成熟早的公母兔已有性欲和发情表现。此期主要是长骨骼和肌肉的阶段，对蛋白质、无机盐和维生素的需要多，抗病力和对粗饲料的消化力已逐渐增强，是比较容易饲养的阶段，但也是容易忽视饲养管理的时期。如果饲养管理过于粗放，青年兔生长缓慢，到适配年龄时达不到标准体重，其繁殖性能则会降低，繁殖力较差。因此，生产中不能忽视青年兔的饲养管理。

（一）育成兔的体重控制

控制体重是育成兔管理的要点，种兔体重并非越大越好。成年獭兔体重应控制在3.5～4千克，不超过4.5千克即可。初配体重，一般生产群只要达到成年体重的70%以上即可。对于有生长潜力的后备种兔，要采取前促后控的策略，后期不能使其体重无限生长。一般采取限制饲养的办法，即当达到一定体重后，每天控制喂料量85%左右。对于配种期的种兔，要控制膘情，防止过肥。在条件允许的情况下，可适当让育成兔增加运动和多晒太阳。

(二)育成兔的饲料控制

此期正是生长发育的旺盛时期，应利用其优势，满足蛋白质、矿物质和维生素等营养的供应，尤其是维生素 A、维生素 D、维生素 E，以促进其骨骼和生殖系统的发育。育成兔饲料中的蛋白质成分可低于繁殖种兔的饲料，一般含 12%～15%即可，但粗纤维的成分要略高些，可达17%以上。4 月龄以后脂肪的囤积能力增强，为了防止其过于肥胖，应适当控制能量饲料，多喂青饲料，以促进骨骼的发育和形成健壮的体质。有些兔场在生产中容易忽视对育成兔的饲养管理，结果导致生长缓慢，到配种年龄时，由于发育差，达不到标准体重，勉强配种，所生仔兔发育也差，因此，在生产中不能忽视对青年兔的饲养管理。

(三)育成兔的初配控制

为了防止青年兔的早配、乱配，从 3 月龄开始就必须将公母兔分开饲养。对 4 月龄以上的青年兔进行一次选择，把生长发育优良、健康无病、符合种兔要求的留作种用，最好单笼饲养。不作种用的公兔要及时去势，便于管理和提高生产性能。据试验，长毛兔去势后一般可提高产毛量 10%～15%；肉兔去势后的增重速度可提高 10%～15%。从 6 月龄开始应训练公兔进行配种，一般每周交配 1 次，以提高早熟性和增强性欲。

思考题

1. 种兔何时初配最为适宜？
2. 对母兔如何进行刺激排卵？

3. 母兔发情时，何时进行配种效果最好？

4. 对母兔如何进行妊娠诊断、摸胎时应注意什么问题？

5. 母兔分娩时如何进行护理？

6. 家兔的配种方法有几种？各有什么优点？

7. 家兔人工授精时应注意哪些技术要领？

8. 提高公、母兔繁殖力的措施有哪些？

9. 养好种公兔和种母兔主要注意什么？

10. 怎样提高幼兔成活率？

第六章

商品兔健康养殖技术

导　读　出优质兔产品是养兔生产的最终目标。兔产品本身具有很多优良特性，但饲养管理不当就会出次品、劣品，会极大地降低养殖的经济效益，特别是獭兔和毛兔，产品的质量档次决定着产品的价值。本章简要介绍家兔饲养管理的基本原则，围绕提高生长速度，保障兔产品质量问题，对肉兔、獭兔、毛兔饲养管理的技术要点分别进行详细介绍。

第一节　家兔饲养管理的基本原则

一、饲养原则

1. 青、粗饲料为主，精料为辅

家兔是食草动物，应以青、粗饲料为主，然后将营养不足的部分，再适当补以混合精料，这是饲养食草动物的一个基本原则。养兔实践证明，家兔不仅能利用植物的茎叶，还能对植物中的粗纤维进行消化和利用。所以，在家兔的日粮中只要根据它的生长发育、妊娠、哺乳等生理阶段的营养需要，适当补充占日粮 20%～30% 的混合精料，其余 70%～80%由青、粗饲料中来摄取即可满足家兔的营养需要。每天补给 50～150 克混合精料，300～500 克品质优良的青草即可(表 6-1)。

表 6-1　家兔每天采食青草的数量

项目	家畜体重/克							
	500	1 000	1 500	2 000	2 500	3 000	3 500	4 000
采食青草量/克	153	216	261	293	331	360	380	411
采食量占体重/%	31	22	17	15	13	12	11	10

在喂给家兔的混合精料中，因每种饲料所含营养物质不同，若单一饲喂，不但不能满足家兔对营养物质的需要，还会影响其食欲甚至造成营养缺乏。所以，喂给家兔的日粮要由多种多样的饲料组成，并根据饲料中所含的养分，取长补短，合理搭配，这样才能保证各种家兔获得全面的营养物质。

2. 定时定量，少给勤添

定时，就是固定每天喂饲的时间，使家兔养成定时采食和排泄的习惯。这样久而久之，家兔在每次饲喂之前，即可分泌大量的消化液，提高其胃肠的消化能力，充分利用饲料中的营养物质。但由于各种家兔在每个时期所处的生理发育阶段不同，则饲喂的次数和时间亦略有区别，如幼兔多于青年兔，青年兔多于成年兔。所以每种家兔都要有一个具体的安排。

定量，就是根据家兔对饲料的需要，从实际出发，规定出每天应喂给家兔的数量，原则上要吃饱吃好，不能忽多忽少。特别是喂给混合精料时，一定要根据家兔每天的采食量，严格控制，既不能过多，也不能过少，要让兔在短时间内吃净食槽里的饲料，不足部分再用粗料补充。

青、粗饲料也是如此，不但质量要好，而且数量也应该充足。在喂给家兔青草、野菜或干草时，最好将其放在食草架内或者吊挂起来，并要根据时间长短和家兔的采食情况，控制在一定数量，即夜间吃净并伏卧休息，决不能让兔边吃边踏，以免浪费饲料，感染疾病。

不论喂给家兔混合精料，还是青粗饲料，在每天每次饲喂时，要注意观察家兔的采食情况，少给勤添，以防饲料浪费，也有利于家兔的生长发育。一日饲养工作时间见表 6-2。

表 6-2 一日饲养工作时间（大、中型獭兔场）

工作内容	夏季	冬季
夜班交接、检查兔群	5:00～5:30	6:00～6:30
调制及饲喂混合精料	6:00～6:30	7:00～7:30
饮水	7:30～8:00	8:00～8:30
清扫	8:00～8:30	8:30～9:00
配种、称重	9:00～9:30	9:00～9:30
饲喂仔幼兔	9:30～10:00	9:30～10:00
饲喂青粗料	10:00～10:30	10:00～10:30
饮水	14:00～14:30	14:00～14:30
复配、饲喂仔幼兔	14:30～15:00	14:30～15:00
洗刷	15:00～15:30	15:00～15:30
调料及饲喂混合精料	16:00～17:00	16:00～17:00
交接班	18:00～18:30	17:00～17:30
添喂夜草	21:00～21:30	21:00～21:30

3．更换饲料要逐步进行

喂给家兔的饲料不论是在夏季以青绿饲料为主，还是在冬季以干草或根茎多汁饲料为主，改变饲料时，都要逐步过渡，先更换 1/3，过两三天后再更换 1/3，再过一两天才全部更换过来，以便使家兔的消化机能有一个逐渐适应的过程。如果饲料突然发生改变，容易引起家兔食欲下降或者贪食过多，造成胃肠疾病等不良现象。

4．注意饲料品质，适当进行调制

家兔对饲料的选择比较严格，凡被践踏或污染的草料或者腐烂、发霉变质的草料，家兔一般不会采食，更不喝污浊的水。所以，喂给家兔的饲料一定要新鲜、优质，水要清洁。同时还应按照家兔的消化特点和饲料的性质，进行合理调制，做到洗净、切细、煮熟、调好和晾干，以促进家兔的食欲和消化机能，防止疾病的发生。

5. 加喂夜草，注意饮水

根据兔子昼伏夜行的习性，晚上喂给家兔的饲料要多于白天，特别是夜间要喂给一次粗饲料，对家兔的健康和增膘都有好处，在昼短夜长的冬季更是如此，喂给量以吃饱、吃好，不糟蹋饲料为原则。

水是生命活动的重要物质，家兔体小，活泼，新陈代谢旺盛，需水量大，因此要根据家兔的年龄、生理状况，季节、气候以及饲料的性质等，及时供应。如生长发育旺盛的幼龄兔、妊娠母兔、产仔后的母兔，于夏季炎热天气喂食粗蛋白和粗纤维及矿物质含量高的饲料时，都需要及时供给饮水，冬季最好喂给温水，以免引起肠炎。做到五不饮：不饮冰碴水，不饮坑塘水，不饮隔夜水，不饮污水，不饮有毒水。笼养或者多联多层式兔窝，最好采取自动饮水的设备，以满足兔群对水分的需要。

根据上述原则，群众总结为“早晨喂得少，中午喂得好，晚上要喂饱，再加添夜草”。

二、管理原则

1. 注意卫生，保持干燥

家兔体小，很爱干燥，抗病力弱。因此，每天必须打扫兔笼、兔舍，清理粪便，洗涮饲喂用具。勤换垫草，定期消毒，经常保持兔舍的清洁和干燥，使病原微生物无法繁殖和滋生。这是增强家兔的体质和预防疾病不可缺少的措施，也是饲养管理中的一项经常化的管理程序。

2. 保持安静，防止惊扰

家兔是胆小怕惊的动物，所以在日常饲养管理工作中或者在接近兔笼、兔舍和兔群活动中都要轻手轻脚，更不能高声喧闹，禁忌众人围观，以保持安静的环境。此外，还应注意狗、猫、黄鼬、鼠、蛇的侵袭。

3. 加强运动，保持健康

运动能促进家兔的新陈代谢，增进食欲，提高抗病力，还能沐浴阳光，促进在体内合成维生素 D 有助于钙、磷吸收，减少母兔的空怀和死胎，提高产仔率。因此笼养的家兔特别是种公兔要有适当的运动或每周放养 1～2 次。平养的家兔则更加方便一些。供兔运动的场地，四周应砌 1 米高的围墙，地面要踩实，平坦，并铺一层干净的河沙。运动场的面积以 30 $米^2$ 为宜，可放幼兔、中兔 20～40 只，或成兔 10～15 只，但要注意公、母分开，以防乱配。分笼编号饲养的放饲后要收回原笼，不要乱放。

为了管理方便，兔场还应按兔群品种、生产方向、年龄、性别等分群喂养，不要混群以免造成混乱现象。对个别体弱的家兔最好单独管理，个别照顾，以利于恢复健康。

4. 夏季防暑，冬季防寒，雨季防潮

家兔全身被绒毛覆盖，怕热，因此在夏季气温较高时要注意防暑；另外，也怕潮湿，所以雨季湿度大时，影响家兔的生长发育，而且疾病较多，死亡率高，因此要注意防潮。冬季气温较低，特别是北方各省，气候比较寒冷，对仔兔威胁很大，要注意兔舍、兔笼的保温和防寒工作。

5. 注意观察，搞好防疫

饲养员一定要做到每天注意观察兔群的健康、食欲、粪便等情况，观察兔子精神状态，鼻孔周围有无分泌物，被毛是否有光泽，有无脱毛或脓肿。凡发现有病兔子，必须及时隔离观察、治疗，并采取防疫措施。做到四防、五及时，确保养兔业健康发展。

四防是：夏季重点防球虫，春、秋注意防感冒和巴氏杆菌病，冬季注意防仔兔冻害，常年防疥癣和兔瘟病。

五及时是：发现疾病及时报告、及时隔离、及时诊断、及时治疗、传染病及时处理。

6. 定期消毒

多长时间消毒一次，没有统一的规定，应根据具体情况而定。当病原微生物含量较多，对兔的威胁较大时，可勤消毒，反之，可延长间隔时间。一般来说，每年春秋季节分别进行一次大消毒，最好是用火焰消毒，将脱落的毛纤维、黏附的微生物一扫而光；每月一次中消毒，以不同的消毒液交替使用，可带兔消毒；每周一次器具消毒，包括饲具、饮具、产箱等；发现个别患兔局部消毒，如肠炎、疥癣等；特殊时期每天消毒，如发生急性传染病时(如兔瘟、真菌孢子病等)每天消毒，连续 7 天；新建兔舍和兔舍清空时要密封熏蒸消毒。有的兔场频繁消毒，每天一次，其效果不一定好。因为每进行一次消毒，对兔子都是一次应激，降低其抗病力。

消毒的关键是抓好时机，掌握方法，注意关键部位——笼具，注重实效。消毒应灵活掌握。如室内养兔，光照不足，舍内湿度大，病原微生物含量高，可适当勤消毒；室外养兔，阳光充足，通风干燥，自然的净化作用强，不必消毒过勤。春秋季节，传染性疾病多发，可进行预防性消毒；发生传染性疾病之后，尽管已经扑灭，也应坚持消毒，以彻底杀灭残存在兔场内的病原微生物。

三、家兔的饲养方式

根据饲养的目的，家兔的品种、年龄、管理设备、自然条件和社会的经济状况，家兔的饲养大体上有笼养、放养、栅养和洞养 4 种方式。这 4 种方式各有其优缺点。其中以笼养较为理想，产品质量也比较好，尤其是毛用兔，在国外采用笼养者较为普遍。我国地域辽阔，各地条件不同，所以 4 种养兔方式各地皆有，在此介绍如下：

(一)笼养

笼养就是把家兔放在特制的兔笼内饲养，它分室内、室外两种，这是一种比较好的饲养方式，特别是培养种兔的单位，大多采用这种方式。笼养的优点是：

①饲养管理比较细致，家兔的饲喂、配种繁殖和管理完全可以控制；

②单笼饲养，便于隔离，避免疾病的传播；

③可以有计划地进行配种防止乱配，有利于改良和培育新品种；

④对毛用兔来说，定时清理与打扫兔笼，能保持兔体清洁卫生，使兔毛洁白，保证毛的品质；

⑤笼养还易于积集粪尿，有利积肥等。

笼养的主要缺点是：使用建筑材料多，造价高，管理比较费工；特别是室内笼养，每天把大部分时间用在清扫卫生工作上，若不能坚持彻底清理，则因室内的潮湿和污秽，不但会影响兔群健康，而且对饲养管理人员也不利。

1. 室内笼养

把兔笼放在房舍内饲养家兔，这种饲养方式在雨季管理方便，冬季也容易保暖，平时又容易预防兽害。

2. 室外笼养

就是把兔笼放在室外，在露天饲养家兔。这种饲养方式，可以使家兔在寒冷和炎热的条件下受到锻炼，形成生活力强、抵抗力大、适应性强的优良性能。同时兔舍通风良好，常受日光照射，不利于细菌繁殖，使家兔既能呼吸新鲜空气，又能晒日光，体质比较健壮，被毛浓密。同时搬动方便，易于管理，节省建筑材料和人力。不论毛兔、家兔、皮兔都很适宜，因此，应大力推广。

据实际观察，两种饲养方式的共同要求是笼底距地面应有适当的高度，放置地方要高燥背风，方向最好是坐北朝南，保证通风透光，夏季要防止强烈日光照射，冬季要防止寒风袭击。幼兔和青年兔活动量大，最好附设运动场。经常让其外出运动，以促进其体质健康。

这种笼养的方式，有些养兔户已把兔笼固定成两层或者三层，以扩大饲养量，同时管理也较方便。

兔笼的最底层距地面 10～15 厘米，用木板条或树枝棍作笼底，粪尿漏在下面，由下面清扫，冬季再将笼底用砖块等封闭保温，定时拆开清扫粪便。第二、第三层的底面要有一定的坡度，在适当的位置设有排尿、排粪孔，使兔养成定点排便的习惯，既便于清扫，又保持卫生。也有的把第二层、第三层也做成漏粪板式的笼底，下面再设有一定坡度的承尿粪板。另外，每层固定的兔笼都设有开、闭方便的笼门，通气窗和产仔设备，可适用于各种用途的家兔。

(二)放养

就是把兔群长期在草场上放牧，任其自由采食，自由活动，自由交配繁殖。这是一种最粗放的饲养方式，可适用于饲养商品性的家兔。放饲的主要优点是：节省人力、财力，家兔能自由采食新鲜的饲料，呼吸新鲜空气并能获得充足的阳光，因此，生长比较迅速，繁殖率也高。缺点是：公、母交配无法控制，乱交混配容易使品种退化，传染疾病，以及无法积肥。毛用兔因被杂草、泥土污染，毛的质量粗糙，且易缠结，黏附杂质多，色泽黄、次，无洁白毛，而且公兔之间易发生互斗咬伤现象。

若采用放养的方法饲养家兔，最好选择抵抗力强，繁殖率高的家兔或皮肉兼用品种，能取得好的效果。

放养场地的要求可根据当地的具体地形进行设计，一般在四周可用砖或其他材料建造围墙，以防兽害。地面种植牧草，围墙周围栽一些常绿树或阔叶乔木，用来遮阳，在中间用土堆成小丘陵并在其中用砖砌成各式各样的洞穴，供兔群栖居。场内搭一座矮草棚，供兔群避雨，棚内设置食槽、水盆、草架等。以便补饲时使用。对于放养的家兔每天需要检查，若发现病兔，要立即隔离，严防波及全群。放养兔的占用面积一般每只兔需 1 $米^2$ 左右。种公兔和种母兔的比例应以 1∶(8～10)为宜。如果小公兔太多，除选留一部分作种用外，其余可去势肥育，达到屠宰标准时，再一律屠宰，以便节省场地和饲料。

放养的家兔在春、夏季节，牧草繁茂，能满足其营养需要，可不用另外补饲，每天只需供给充足的饮水即可，但每周要喂一次盐水，其他季节要看牧草的生长情况再酌情补加饲料。

目前有些地区探索海岛养兔效果很好。据报道，浙江温岭有一农民，利用 0.5 平方千米的小岛放养几对种兔，仅两年时间就繁殖上万只家兔。

(三)栅养

就是在室外空地或室内就地架起栅圈,把兔放在圈内饲养。这是一种比较好的饲养方式。其优点是节省人力、物力,便于管理,可有计划地进行繁殖,也能使家兔获得充足的运动,吸收新鲜空气和沐浴充足的阳光,促进其生长发育。缺点是不能定量喂饲,传染病较难控制,易发生咬斗现象。

这种饲养方式适合饲养毛用兔或皮用兔。为了防止公兔殴斗,除种用公兔单独笼养外,其余则全部去势。也适用于饲养商品家兔。为了保持环境的清洁卫生,场地应每天清扫,室内3~5天换一次垫草,并要打扫干净,定期消毒。

若目前尚无条件进行笼养的地区,可采取栅养的方法。为了提高兔群质量,在栅养的同时要进行分群饲养。即把好品种的公兔和妊娠母兔分圈饲养,其他各种兔也按公母分开饲养,这样可杜绝杂交乱配现象。

(四)洞养

我国东北一些高寒地区,采用洞养者较为广泛,而且创造了各种不同的抗寒保温的洞窖,使家兔能在严冬生存、繁殖和正常生长。这种方法简单易行,特别是在一些土质较好的地带,集体养兔户均可采用。

洞养不仅能大大节省基建材料和费用,而且能适合家兔穴居的习性,还可避免或减少一般疾病的传播。另外,由于地下温度变化幅度较小,无论冬季或夏季都能保持一定的恒温,所以,在冬季可以避免冻死。

洞养的缺点是在春、夏季节,窖里潮湿,发凉,不利于家兔产仔,毛用兔放入洞窖后,两三天内因打洞扒土其头部及前肢沾污泥土,影响兔毛质量。洞养的母兔由于在洞的深处产仔,不便于检查产仔的数量和调整每头母兔所带的仔兔头数,所以采用者少。

四、一般管理技术

1. 捉兔方法

母兔发情鉴定、妊娠摸胎、种兔生殖器官的检查、疾病诊断和治疗(如:药物注射、口腔投药、体表涂药等)、注射疫苗、打耳号等,种兔的鉴定,后备兔体尺体重的称量,所有家兔的转群和转笼等,都需要先捕捉家兔。

在捕捉前应将笼子里的食具取出,右手伸到兔子头的前部将其挡住(如果手从兔子的后部捕捉,兔子受到刺激而奔跑不止,很难捉住),顺势将其耳朵按压在颈肩部,抓住该部皮肤,将兔上提并翻转手腕,手心向上,使兔子的腹部和四肢向上(如果使兔子的四肢向下,则兔子的爪用力抓住踏板,很难将其往外拉出,而且还容易把脚爪弄断)撤出兔笼。如果为体型较大的种兔,此时左手应托住其臀部,使重心放在左手上。取兔时,一定要使兔子的四肢向外,背部对着操作者的胸部,以防被兔子抓伤。捉兔时绝不可提捉兔子的耳朵、两后肢或前肢、腰部及其他部位。否则容易造成耳部受损而下垂、脑溢血、内脏受伤和腰部骨折,有时还可能被兔子抓伤或咬伤。对于妊娠母兔在捕捉中更应慎重,以防流产。

2. 年龄鉴定

在集市上购买种兔,或对兔群进行鉴定,以决定种兔的选留和淘汰,判断其年龄是非常必要的。生产中常用的方法是根据兔子的眼睛、牙齿、被毛和脚爪来判断。

青年兔(6 个月至 1.5 岁):眼睛圆而明亮、凸出;门齿洁白短小,排列整齐;趾爪表皮细嫩,爪根粉红。爪部中心有一条红线(血管),红线长度与白色(无血管区域)长度相等,约为 1 岁,红色多于白色,多在 1 岁以下。青年兔爪短,平直,无弯曲和畸形;皮板薄而富有弹性;行动敏捷,活泼好动。

壮龄兔(1.5～2.5 岁):眼睛较大而明亮;趾爪较长、稍有弯曲,白色略多于红色,牙齿白色,表面粗糙,较整齐;皮肤较厚、结实、紧密;行动灵活。

老龄兔(2.5 岁以上):眼皮较厚,眼球深凹于眼窝中;趾爪粗糙,长而不齐,向不同的方向歪斜,有的断裂;门齿暗黄,厚而长,有破损,排列不整齐;皮板厚,弹性较差;行动缓慢,反应迟钝。

獭兔的脚毛短,很难掩盖脚爪,因此,以脚爪露出脚毛的多少判断年龄的方法不适于獭兔。以上判断方法,仅是一种粗略估测方法,不十分准确。而且兔子的年龄越大,误差也越大。准确知道兔子的年龄必须查找种兔档案,因为营养条件(钙、磷缺乏会使齿爪发育畸形),种兔的品种(系),饲养方式(笼养和地面平养不同,地面平养时,兔子有较多的活动量和用爪刨地的机会,一般脚爪较短),环境条件等不同,兔子的外表有所差别。而靠以上方法只能作出初步判断。

3.性别鉴定

鉴别初生仔兔性别对于决定是否保留和重点培养有一定的意义,可根据阴孔和肛门的形状、大小和两者的距离判断。公兔的阴孔呈圆形,稍小于其后面的肛门孔洞,距离肛门较远,大于一个孔洞的距离;母兔的阴孔呈扁形,其大小与肛门相似,距离肛门较近,约一个孔洞或小于一个孔洞的距离。也可以将小兔握在手心,用手指轻轻按压小兔阴孔,使之外翻。公兔阴孔上举,呈柱状,母兔阴孔外翻呈两片小豆叶状。

性成熟前的家兔可通过外阴形状来判断。一手抓住耳朵和颈部皮肤,一手食指和中指夹住尾根,大拇指往前按压外阴,使之黏膜外翻。呈圆柱状上举者为公兔,呈尖叶状下裂接近肛门者为母兔。

性成熟后的公兔阴囊已经形成,睾丸下坠入囊,按压外阴即可露出阴茎头部。对于成年家兔的性别鉴定应注意隐睾的家兔。不能因为没有见到睾丸就认为是母兔。隐睾是一种遗传性疾病。一侧睾丸隐睾可有生育能力,但配种能力降低,不可留种。两侧睾丸隐睾,由于腹腔内的温度始终在 35℃以上,家兔的睾丸不能产生精子,不具备生育能力。

4.修爪技术

家兔的脚爪是皮肤衍生物。家兔的每一指(趾)的末节骨上都附有爪。前肢5指5爪，后肢4趾4爪。爪的功能是保护脚趾，奔跑抓地，挖土打洞和御敌搏斗等。家兔的爪具有终身生长的特性。保持适宜的长度，才能使家兔感到舒服。在野生条件下，家兔在野外奔跑和挖土打洞，将过长的爪磨短。但是，在笼养条件下，家兔失去了挖土的自由，随着月龄的增加，其脚爪不断生长，越来越长，不仅影响活动，而且在走动中很容易卡在笼底板间隙内，导致爪被折断。同时，由于爪部过长，脚着地的重心后移，迫使跗关节着地，是造成脚皮炎的主要原因之一。因此，及时给种兔修爪很有必要。

在国外有专用修爪剪刀，我国还没有专用工具，可用果树修剪剪刀代替。方法是：将种兔保定，放在胸前的围裙上，使之臀部着力，露出四肢的爪。剪刀从脚爪红线前面0.5～1厘米处剪断即可，不要切断红线。如果一人操作不方便，可让助手配合操作。剪断爪之后，可用锉刀将其端部锉平，以便种兔着地舒服。种兔一般从1岁以后开始剪爪，每年修剪2～3次。

5. 恶癖的纠正

恶癖是指动物非常规性的、习惯性的、对动物或管理者产生不利影响的行为。如咬人、乱排便、咬架、拒绝哺乳等，只要方法得当，是可以调教的。

(1)咬人兔的调教　有的兔当饲养人员饲喂或捕捉时，先发出“呜——”的示威声，随即扑过来，或咬人一口，或用爪挠人一把，或仅仅向人空扑一下，然后便躲避起来。这种恶癖，有的是先天性的，有的是管理不当形成的(如无故打兔、逗兔，兔舍过深过暗等)。对这种家兔的调教首先要建立人兔亲和，将其保定好，在阳光下用手轻轻抚摸其被毛和颜面，并以可口的饲草饲喂，以温和的口气与其“对话”，不再施以粗暴的态度。经过一段时间后，恶癖便能改正。

(2)咬架兔的调教　当母兔发情时将其放入公兔笼内配种，而有的公兔不分青红皂白，先扑过去，猛咬一口。这种情况多发生在双重交配时，在前一只公兔的气味还没有散尽时便放进另一只公兔笼中，久而久之，便形成了咬架的恶癖。对这种公兔可采取互相调换笼位的方法，使其与其他种公兔多次调换笼位，熟悉更多的气味。如果还不行，则采取在其鼻端涂擦大蒜汁或清凉油予以预防。

(3)拒绝哺乳母兔的调教　有的母兔无故不哺喂仔兔，有的母兔因为人用手触摸了仔兔而不再喂奶。一旦将其放入产箱便挣扎着逃出。对于这种母兔，可用手多次抚摸其被毛，让其熟悉饲养人员的气味，并使之安静下来，将其放在产箱里，在人的监护和保定下给仔兔喂奶，经过几天后即可调教成功。

如果因为母兔患了乳房炎、缺乳，或因环境嘈杂，母兔曾在喂奶时受到惊吓而发生的拒哺，应有针对性地予以防治。

6.公兔去势

商品獭兔出栏的理想时间为5月龄，3月龄后公兔相继性成熟，群养时相互爬跨影响生长和采食，有可能造成偷配而受孕。对非种用公兔实行去势不仅可使之温顺好养，便于群养，而且可改善兔皮品质和兔肉风味。去势时间一般为2.5～3月龄，去势方法有以下3种。

(1)手术法　将兔仰卧保定，将两侧睾丸从腹腔挤入阴囊并固定捏紧，用2%的碘酒涂擦手术部位(阴囊中部纵向切割)，然后用75%的酒精涂擦，以消毒后的手术刀切开一侧阴囊和睾丸外膜2～3厘米，并挤出睾丸，切断精索。用同样方法处理另一侧睾丸。手术后在切口处涂些抗生素或碘酒即可。

(2)结扎法　将睾丸挤入阴囊并捏紧，以橡皮筋在阴囊基部反复缠绕扎紧，使之停止血液循环和营养供应，自然萎缩脱落。

(3)药物法　药物去势是以不同的化学药物注入睾丸，破坏睾丸组织而达到去势的目的。常用的化学药物有：2%～3%的碘酒、甲钙溶液(10%的氯化钙+1%的甲醛)、7%～8%的高锰酸钾溶液和动物专用去势液等。其方法是以注射器将药液注入每侧睾丸实质中心部位，根据兔子年龄或睾丸的大小，每侧注射1～2毫升。

3种方法比较，药物法去势睾丸严重肿胀，兔子疼痛时间长，操作简便，没有感染的危险，但有时去势不彻底。结扎法也有肿胀和疼痛时间长的问题。手术法将睾丸一次去掉，干净彻底，尽管当时剧烈疼痛，但很快伤口愈合，总的疼痛时间短。缺点是动手术，伤口有感染的危险性。

7. 编耳号

对于任何一个兔场来说，每只种兔都应有区别其他种兔的方法。在育种工作中，通常给种兔编刺耳号。也就是说，耳号就是家兔的名字。编耳号是按照一定的规则给每只种兔起“名字”。耳号应尽量多地体现种兔较多的信息，如品种(或品系、组合)、性别、初生时间及个体号等。编号一般为 4～6 位数字或字母。给家兔编耳号没有统一规定。习惯上，表示种兔品种或品系的号码一般放在耳号的第一位，以该品种或品系的英文或汉语拼音的第一个字母表示，如美系以 A 或 M 表示，德系以 G 或 D 表示，法系以 F 表示。性别有两种表示方法：一种是双耳表示法，通常将公兔打在左耳上，母兔打在右耳上；另一种是单双号表示法，通常公兔为单号，母兔为双号。

初生时间一般仅表示出生的年月或第几周(星期)。出生的年份以 1 位数字表示，如 1998 年以“8”表示，2000 年以“0”表示，10 年一个重复。出生月份以两位数字表示，即 1～9 月份分别为 01～09，10～12 月份即编为实际月份。也可用一位数表示，即用数字和字母混排法。1～9 月份用 1～9 表示，10 月、11 月和 12 月份分别用其月份的英文第一个字母，即 O、N 和 D 表示；周(即星期)表示法是将一年分成 52 周，第一至第九周出生的分别以 01～09 表示，此后出生的以实际周号表示。比较而言，以周表示法更好。

个体号一般以出生的顺序编排。如以出生年月表示法则为该月出生的仔兔顺序号，如出生周表示法则为该周初生仔兔的顺序号。由于耳朵所容纳的数字位数有限，个体顺序号 以两位为好。对于小型兔场，如每月出生的仔兔在 100 只以内，可以年月表示法，如果生产的仔兔多，最好以出生周表示法。

如果一个兔场饲养的品种或品系只有一种，可将车间号编入耳号，以防车间之间种兔的混乱；对于搞杂交育种的兔场，耳号应体现杂交组合种类和世代数；对于饲养配套系的兔场，应将代(系)编入耳号。如果所反映的信息更多，一个耳朵不能全部表示出来，也可采用双耳双号法。

8. 打耳号

打耳号也叫刺耳号，即借助一定的工具将编排好的号码刺在种兔的耳壳内。通常是用专用工具——耳号钳。先将欲打的号码按先后顺序一一排入耳号钳的燕尾槽内并固定好，号码一般打在耳壳的内侧上 1/3～1/2 的皮肤上，避开较大的血管。打前先消毒，再将耳壳放入耳号钳的上下卡之间，使号码对准欲打的部位，然后按压手柄，适度用力，使号码针尖刺透表皮，刺入真皮，使血液渗出而不外流为宜。此时在针刺的耳号部位涂擦醋墨（用醋研磨的墨汁，也可在黑墨汁中加入 1/5 的食醋）即可。此后在耳壳上留下蓝黑色永不褪色的标记。

小规模兔场也可使用蘸水笔刺耳号的方法。其原理与耳号钳相同。将蘸水笔的尖部磨尖，一手抓住家兔的耳朵，一手持笔，先蘸醋墨，再将笔尖刺入家兔耳壳内，多个点形成预定的字母或数字的轮廓。此种方法比较原始，但对于操作熟练的饲养员很实用。

刺耳号对于家兔来说是一个非常大的应激。应尽量缩短刺号时间。在刺耳号前 2 天，可在饮水或饲料中添加抗应激的添加剂，如维生素 C、维生素 E 等。操作前，应在刺号的部位消毒，以防止病原菌感染。

第二节　家兔的四季饲养管理

一、春季的饲养管理

1. 注意气温变化

春季气温渐暖，空气干燥，阳光充足，是家兔繁殖的最佳季节。但是春季的气候多变，给养兔带来更多的不利因素。总体来说，春季的气温是逐渐升高的。但是，在这一过程中并不是直线上升的，而是升中有降，降中有升，气候变化无常。在华北以北地区，尤其是在3月份，倒春寒相当严重，寒流、小雪、小雨不时袭来，很容易诱发家兔患感冒、巴氏杆菌病、肺炎、肠炎等病。特别是刚刚断奶的小兔，抗病力较差，容易发病死亡，应精心管理。尽管春季是家兔生产的最佳季节，但给予生产的理想时间是很短的。原因在于春季的气候变化十分剧烈，而稳定的时间很短。由冬季转入春季为早春，此时的整体温度较低，以较寒冷的北风为主，夹杂着雨雪。此期应以保温和防寒为主。每天中午适度打开门窗，进行通风换气。而由春季到夏季的过渡为春末，气候变化较为激烈。不仅温度变化大，而且大风频繁，时而有雨。此期应控制兔舍温度，防止气候骤变。平时打开门窗，加强通风，遇到不良天气，及时采取措施，为春季家兔的繁殖和小兔的成活提供最佳环境。

2.抓好春季繁殖

大量的试验和实践证明，家兔在春季的繁殖能力最强，公兔精液品质好，性欲旺盛，母兔的发情明显，发情周期缩短，排卵数多，受胎率高。这与气温逐渐升高和光照由短到长，刺激家兔生殖系统活动有关。应利用这一有利时机争取早配多繁。但是，在多数农村家庭兔场，特别是在较寒冷地区，由于冬季没有加温条件，往往停止冬繁，公兔较长时间没有配种，造成在附睾里贮存的精子活力低，畸形率高，最初配种的母兔受胎率较低。为此，应采取复配或双重配（商品兔生产时采用），并及时摸胎，减少空怀。

春季繁殖应首先抓好早春繁殖。对于我国多数地区夏季和冬季的繁殖有很大困难，而秋季由于公兔精液品质不能完全恢复，受胎率受到很大的影响。如果抓不住春季的有利时机，很难保证年繁殖5胎以上的计划。一般来说，春季第二胎采取频密繁殖策略，对于膘情较好的母兔，在产后立即配种，缩短产仔间隔，提高繁殖率。但是第三胎采取半频密繁殖，即在母兔产后的10～15天进行配种，使母兔泌乳高峰期和仔兔快速发育期错开，这样可实现春繁2胎以上，为提高全年的繁殖率奠定基础。

3.保障饲料供应

早春是青黄不接的时候，对于没有使用全价配合饲料喂兔的多数农村家庭兔场而言，适量的青绿饲料补充是提高种兔繁殖力的重要措施。应利用冬季贮存的萝卜、白菜或生大麦芽等，提供一定的维生素营养。

春季又是家兔的换毛季节，此期冬毛脱落，夏毛长出，要消耗较多的营养，对处于繁殖期的种兔，加重了营养的负担。兔毛是高蛋白物质，需要含硫氨基酸较多。为了加速兔毛的脱换，在饲料中应补加蛋氨酸，使含硫氨基酸达到0.6%以上。

根据生产经验，在春季家兔发生饲料中毒事件较多，尤其是发霉饲料中毒，给生产造成较大的损失。其原因是冬季存贮的甘薯秧、花生秧、青干草等在户外露天存放，冬春的雪雨使之受潮发霉，在粉碎加工过程中如果不注意挑选，用发霉变质的草饲喂家兔，就会发生急性或慢性中毒。此外，冬贮的白菜、萝卜等受冻或受热，发生霉坏或腐烂，也容易造成家兔中毒。

冬季向春季过渡期，饲料也同时经历一个不断的过渡。特别是农村家庭兔场，为了降低饲料成本，尽量多饲喂野草野菜等。随着气温的升高，青草不断生长并被采集喂兔。由于其幼嫩多汁，适口性好，家兔喜食。如果不控制喂量，兔子的胃肠不能立即适应青饲料，会出现腹泻现象，严重时造成死亡。一些有毒的草返青较早，要防止家兔误食。一些青菜，如菠菜、牛皮菜等含有草酸盐较多，影响钙、磷代谢，对于繁殖母兔及生长兔更应严格控制喂量。

4.预防疾病

春季万物复苏，各种病原微生物活动猖獗，是家兔多种传染病的多发季节，防疫工作应放在首要的位置。

①要注射有关的疫苗，兔瘟疫苗必须保证注射。其他疫苗可根据具体情况灵活掌握，如魏氏梭菌疫苗、巴氏-波氏二联苗、大肠杆菌疫苗等。

②将传染性鼻炎型为主的巴氏杆菌病作为重点。由于气温的升

降，气候多变，会诱发家兔患呼吸道疾病，应有所防范。

③预防肠炎，尤其是断乳小兔的肠炎作为预防的重点。可采取饲料营养调控、卫生调控和微生态制剂调控相结合，尽量不用或少用抗生素和化学药物。

④预防球虫病。春季气温低，湿度小，容易忽视春季球虫病的预防。目前我国多数实行室内笼养，其环境条件有利于球虫卵囊的发育。如果预防不利，有暴发的危险。

⑤有针对性地预防感冒和口腔炎等。前者应根据气候变化进行，后者的发生尽管不普遍，但在一些兔场连年发生。应根据该病发生的规律进行有效防治。

⑥控制饲料品质，预防饲料发霉。可在饲料中添加霉菌毒素吸附剂，同时加强饲料原料的保管，缩短成品饲料的贮存时间，控制饲料库的湿度等。

⑦加强消毒。春季的各种病原微生物活动猖獗，应根据饲养方式和兔舍内的污染情况酌情消毒。在家兔的换毛期，可进行一次到两次火焰消毒，以焚烧脱落的兔毛。

5.做好防暑准备

在我国北方，春季似乎特别短，4～5 月份气温刚刚正常，高温季节马上来临。由于家兔惧怕炎热，而我国多数兔场的兔舍保温隔热条件较差，尤以农村家庭兔场的兔舍更加简陋，给夏季防暑工作带来很大的难度。应采取投资少、见效快、效果好、简便易行的防暑降温措施，即在兔舍前面栽种藤蔓植物，如丝瓜、吊瓜、苦瓜、葡萄、爬山虎等，既起到防暑降温效果，又起到美化环境、净化空气的作用，还可有一定的瓜果收益，一举多得。

二、夏季的饲养管理

1.防暑降温

夏季是兔最难饲养的季节，这是因为气温高，湿度大，给家兔的生长和繁殖带来很大的难度。同时，由于高温高湿气候利于球虫卵囊的发育，幼兔极易暴发球虫病。因此有“寒冬易度，盛夏难熬”之说。首先应采取多种措施进行防暑降温。生产中较简便易行的方法如下：

（1）舍顶灌水　兔舍内的温度来自太阳辐射，舍顶是主要的受热部位。降低兔舍顶部热能的传递是降低舍温的有效措施。如果为水泥或预制板为材料的平顶兔舍，在搞好防渗的基础上，可将舍顶的四周垒高，使顶部形成一个槽子，每天或隔一定时间往顶槽里灌水，使之长期保持有一定的水，降温效果良好。如果兔舍建筑质量好，采取这样的措施，兔舍内夏季可保持在30℃以下，使母兔夏季继续繁殖。

（2）舍顶喷水　无论何种兔舍，在中午太阳照射强烈时，往舍顶部喷水，通过水分的蒸发降低温度，效果良好。美国一些简易兔舍，夏季在兔舍顶脊部通一根水管，水管的两侧均匀钻有很多小孔，使之往两面自动喷水，是很有效的降温方式。当天气特别炎热时，可配合舍内通风、地面喷水，以迅速缓解热应激。

（3）舍顶植绿　如果为平顶兔舍，而且有一定的承受力，可在兔舍顶部覆盖较厚的土，并在其上种草（如草坪）种菜或种花，对兔舍降温有良好作用。

（4）舍前栽植　在兔舍的前面和西面一定距离栽种高大的树木（如树冠较大的梧桐），或丝瓜、眉豆、葡萄、爬山虎等藤蔓植物，以遮挡阳光，减少兔舍的直接受热。

（5）墙面刷白　不同颜色对光的吸收率和反射率不同。黑色吸光率最高，而白色反光率很强，可将兔舍的顶部及南面、西面墙面等受到阳光直射的地方刷成白色，以减少兔舍的受热度，增强光反射。

（6）铺反光膜　近年来，为了提高果品（主要是苹果）的着色度，在地面铺放反光膜的办法，效果良好。根据其原理，可在兔舍的顶部铺放反光膜。

（7）拉折光网　在兔舍顶部、窗户的外面拉折光网，实践证明是有效的降温方法。其折光率可达70%，而且使用寿命达4～5年。

（8）搭建凉棚　对于室外架式兔舍，为了降低成本，可利用柴草、树枝、草帘等搭建凉棚，起到折光造荫降温作用，是一种简便易行的降温措施。

2.加强通风

通风是兔舍降温的有效途径，也是家兔对流散热的有效措施。在天气不十分炎热的情况下，在兔舍前面栽种藤蔓植物的基础上，打开所有门窗，可以实现兔舍的降温或缓解高温对兔舍造成的压力。

兔舍的窗户是通风降温的重要工具，但生产中发现很多兔场窗户的位置较高。这样造成上部通风效果较好，而下部通风效果不良，导致通风的不均匀性。此外，兔舍的湿度产生在下部粪尿沟，如果仅仅在上面通风，下面粪尿沟没有空气流动，或流动较少，起不到降低湿度的作用。因此，在建筑兔舍时，可在大窗户的下面，接近地面的地方，设置下部通风窗。这对于底部兔笼的通风和整个兔舍湿度的降低产生积极效果。但是，当外界气温居高不下，始终在33℃以上时，仅仅靠自然通风是远远不够的，应采取机械通风，强行通风散热。机械通风主要靠安装电扇，加强兔舍的空气流动，减少高温对兔的应激程度。

小型兔场可安装吊扇，对于局部空气流动有一定效果，但不能改变整个兔舍的温度，仅仅使局部兔笼内的家兔感到舒服，达到缓解热应激的程度。因此，其作用是很有限的。大型兔场可采取纵向通风，有条件的兔场，采取增加湿帘和强制通风相结合，效果更好。

3.降低饲养密度

兔舍高温热量的来源有三：一是太阳辐射使整个室外大气温度升高，通过门窗直接进入兔舍或通过墙壁和舍顶辐射进入兔舍，影响舍内温度。二是粪尿分解产生热量。粪尿是有机物料，含有较高的水分，其内的微生物发酵，分解有机物，产生热量和气体。粪尿越多，积累的时间越长，在适宜的温度和湿度下发酵产生的热量就会越多，影响兔舍的温度。三是家兔本身的散热。家兔正常体温38.5～39.5℃，与外界温度保持一定的温差，其体温通过体表或呼吸等方式向外界散热。其散热量与二者的温差呈正比。饲养密度越大，向外散热量越多，越不利于防暑降温。因此，降低饲养密度是减少热应激的一条有效措施。

为了便于散热降温，对兔舍内的家兔进行适宜的疏散。泌乳母兔最好与仔兔分开，定时哺乳，既利于防暑，又利于母兔的体质恢复和仔兔的补料，还有助于预防仔兔球虫病。育肥兔实行低密度育肥，每平方米底板面积饲养 10～12 只，由群养改为单笼饲养或小群饲养。三层重叠式兔笼，由三层养兔改为两层养兔，即将最上面的笼具空置（上层的温度高于下层）。

4. 合理喂料

饲喂时间、饲喂次数、饲喂方法和饲料组成，都对家兔的采食和体热调节产生影响。面对夏季的高温，从饲喂制度到饲料配方等均应进行适当调整：

①喂料时间方面，采取"早餐早，午餐少，晚餐饱，夜加草"，把一天饲料的 80％安排在早晨和晚上。由于中午和下午气温高，家兔没有食欲，应让其好好休息，减少活动量，降低产热量，不要轻易打扰家兔。即便喂料，它们也多不采食。

②适当调整饲料种类。增加蛋白质饲料的含量，减少能量饲料的比例，尽量多喂青绿饲料。尤其是夜间，气温下降，家兔的食欲旺盛，活动量增加，可满足其夜间采食。农村家庭养兔，可以大量的青草保证自由采食。使用全价颗粒饲料的兔场，也可投喂适量的青绿饲料，以改善胃肠功能，提高食欲。阴雨天，空气湿度大，笼具的病原微生物容易滋生，通过饲料和饮水进入家兔体内，导致腹泻。可在饲料中添加 1％～3％的木炭粉，以吸附病原菌和毒素。

③在喂料方法上相应变更，如果为粉料湿拌，加水量应严格控制，少喂勤添，一餐的饲料量分两次添加，防止剩料发霉变质。

5. 满足饮水

水是家兔机体重要的组成部分，是家兔对饲料中营养物质消化、吸收、转化、合成的媒介。水对于体温调节起到重要作用。也可以说，机体内的任何代谢活动，几乎都与水有密切关系。水对家兔的作用不亚于任何其他营养素。研究表明，假如完全不提供水，成年兔只能活 4～8 天，而供水不供料，家兔可以活 30～31 天。一般来说，家兔的饮水量是采食量的2～4倍。随着气温的升高而增加。

有人试验，在30℃环境下家兔饮水比20℃时饮水量增加50%。有人对生长后期的家兔进行了限制饮水和自由饮水对增重的影响试验。限制饮水组每只兔日供水50毫升，试验组自由饮水。试验期30天。结果表明，限制饮水组日增重平均0.63克，而试验组为15.5克。试验组是对照组的24倍之多。饮水不足必然对家兔的生产性能和生命活动造成影响。其中妊娠母兔和泌乳母兔受到的影响最大。妊娠母兔除了自身需要外，胎儿的发育更需要水。泌乳母兔饮水量要比妊娠母兔增加50%。因为，泌乳高峰期的母兔日泌乳量高达250毫升，而乳中70%是水。生长家兔代谢旺盛，相对的需水量大。家兔夏季必须保证自由饮水。为了提高防暑效果，可在水中加入人工盐；为了预防消化道病，可在饮水中添加一定的微生态制剂；为了预防球虫病，可让母兔和仔、幼兔饮用0.01%～0.02%的稀碘液。

6. 搞好卫生

夏季气温高，蚊蝇滋生，病原微生物繁殖速率快，饲料和饮水容易受到污染。夏季空气湿度大，兔舍和笼具难以保持干燥，不仅不利于细菌性疾病的预防，给球虫病的预防增加了难度，往往发生球虫和细菌的混合感染，因而，家兔消化道疾病较多。欲使家兔安全度夏，卫生工作必须做好以下几点：

(1)饲料卫生　饲料原料要保持较低的含水率，否则霉菌容易滋生而产生毒素；室外存放的粗饲料，要预防雨水浸入；室内存放的饲料原料，很容易通过地面和墙壁的水分传导而受潮结块，应进行防潮处理；饲料原料在贮存期间，要预防老鼠和麻雀的污染；颗粒饲料是最佳的饲料形态，但夏季由于气温高、湿度大，存放时间不宜过长，以控制在3周内最佳；小型颗粒饲料机压制的颗粒饲料含水率一定要控制。当加入的水分较多时，一定要经过晾晒，使含水率低于14%方可入库存放；粉料湿拌饲喂，一次的喂料量不宜过多，以控制在2分钟之内吃完为度，不能使含水率较高的粉料长期在饲料槽内存放；青饲料喂兔，一定要放在草架上，尽量降低被污染的机会。

(2)饮水卫生　对于家兔的健康非常重要。对于用开放性饮水器(如瓶、碗、盆等器皿)的兔场，容易受到污染，应经常清洗消毒饮水器具，每天更换新水；重视对水源的保护，防止被粪便、污水、动物和矿物等污染；定期化验水质，尤其是兔场发生无原因性腹泻时应首先考虑是否水源被污染；以自动饮水器供水，可保持水的清洁。目前国内生产的塑料管容易长苔，对家兔的健康形成威胁，应选用不透明的塑料管。

(3)环境卫生　对于降低家兔夏季疾病是非常重要。在家兔的生活环境着中，直接与家兔接触的环境对家兔的健康影响最大。尤其是脚踏板，家兔每时每刻都离不开踏板。当湿度较大时，残留在踏板上的有机物很容易成为微生物的培养基，尤其是家兔发生腹泻后，带有很多病原微生物的粪便黏附在踏板上。因此，踏板是消毒的重点。

此外，还应注意消灭苍蝇、蚊子和老鼠。它们是造成饲料和饮水污染的罪魁祸首之一。兔舍的窗户上面安装窗纱，涂长效灭蚊蝇药物，可对蚊蝇有一定的预防效果。加强饲料库房的管理，防止老鼠污染料库。采取多种方法主动灭鼠，可降低老鼠的密度，减少其对饲料的污染。

7. 预防球虫病

夏季温度高、雨水多、湿度大，是兔球虫病的高发期。尤其是1～3月龄的幼兔最易感染，是严重危害幼兔的一种传染性寄生虫病。多年来，人们都非常重视球虫病的防治工作，但是，近年发现家兔球虫病有些新的特点，即发病的全年化、抗药性的普遍化、药物中毒的严重化、混合感染的复杂化、临床症状的非典型化和死亡率排位前移等，为有效控制这种疾病带来很大的难度。

家兔球虫病除了高温高湿的夏季，其他季节也可发生。但是，仍然以夏季最为严重，暴发的可能性最大。生产中，无论何种饲养方式，任何品种，只要是1～3月龄的家兔，必须预防，否则，随时都有发生的危险；传统治疗方法通常用磺胺类、呋喃类、克球粉等药物，近年来使用地克珠利等，生产中发现，都有不同程度存在抗药性问题。因此，在防治工作中，采取交替用药的方法。若采取中西结合或复合药物效果更好；家兔对不同药物的敏感性不同，有些药物不同动物使用都可以，但家兔对马杜霉素非常敏感，正常剂量添加即可造成中毒。因此，该药物不可用于家兔球虫病的预防和治疗。有些药物仅仅标注商品名称，而没有注明化学物质，在生产中应慎重选用。生产中疾病是很复杂的，有时候是多种疾病并发，即混合感染。如球虫和大肠杆菌、球虫和线虫混合感染等，在诊断和治疗中应引起重视。由于家兔不同的月龄、不同的体况、球虫不同的种类和数量，以及发病的时间和混合感染的程度不同，表现的临床症状不一，给诊断造成一定困难。

总之，兔球虫病是家兔夏季的主要疾病，应采取综合措施进行防控：

①搞好饮食卫生和环境卫生，对粪便实行集中发酵处理，以降低感染机会；

②小兔获得球虫卵囊是多数来自母兔，因而，减少母仔接触机会，或严格控制通过母兔对仔兔的感染，是降低本病的有力措施；

③目前还没有家兔球虫疫苗生产，药物预防是最有效的手段。选用高效药物，交替使用药物、准确用量和严格按照程序用药是控制本病的不可缺少的几个环节。

8.控制繁殖

家兔具有常年发情、四季繁殖的特点。只要环境得到有效控制，特别是温度控制在适宜的范围之内，一年四季均可获得较好的繁殖效果。但是，我国多数兔场，尤其是农村家庭兔场，环境控制能力较差，夏季不能有效降低温度，给家兔的繁殖带来极大困难。家兔体温为38.5～39.5℃，适宜的环境温度为15～25℃，临界上限温度为30℃。也就是说，超过30℃不适宜家兔的繁殖。我国属于季风性气候，夏季炎热。在华北以南地区，有时气温高达38℃以上，甚至42℃。如果防暑措施不当，很容易造成中暑。家兔在这种情况下自身生命难保，繁殖将无从谈起。因此，在无防暑条件的兔场，夏季必须停止繁殖。

高温对家兔整个妊娠期均有威胁，关键是两个阶段：妊娠早期和妊娠后期。妊娠早期，即胎儿着床前后对温度敏感。高温容易引起胚胎的早期死亡；妊娠后期，尤其是产前1周，胎儿发育迅速，母体代谢旺盛，需要的营养多，采食量大。如果此时高温，母兔采食量降低，造成营养的负平衡和体温调节障碍，不仅胎儿难保，有时母兔也会中暑死亡。母兔夏季的繁殖应根据兔场的具体情况而定。在没有防暑降温条件的兔场，6月份就应停止配种。

9.种公兔的特殊保护

在我国中南部地区，除了夏季配种受胎率低以外，秋季的配种受胎率也很不乐观，有时甚至不如夏季。其原因主要在于种公兔。公兔睾丸对于高温十分敏感，高温条件下，家兔的曲细精管变性，细胞萎缩，睾丸体积变小，暂时失去产生精子的机能。欲提高母兔配种受胎率，首先在公兔的环境控制方面下功夫：进行公兔的特殊保护工作。种公兔的特殊保护主要抓好四件事：

（1）提供适宜的温度环境是关键　如果兔场的所有兔舍整体控温有困难，可设置一个"环境控制舍"，即建筑一个隔热条件较好的房间，安装控温设备（如空调），使高温期兔舍内温度始终控制在最佳范围之内，避免公兔睾丸受到高温的伤害。使公兔舒舒服服度过夏季，以保证秋配满怀。如果种公兔数量较多，环境控制舍不能全部容纳，可将种公兔进行鉴定，保证部分最优秀的公兔得到保护。没有条件的兔场，可建造地下室或利用山洞、地下窖、防空洞等人工工事，也可起到一定的保护作用。

（2）防止睾丸外伤　阴囊具有保护、敷托睾丸和睾丸温度调节作用。睾丸温度始终低于体温4～6℃，主要依靠阴囊的扩张和收缩来实现的。在低温情况下，阴囊收缩，可使睾丸贴近腹壁，甚至通过腹股沟管进入腹腔"避寒"。在高温情况下，阴囊下垂，扩大散热面积，以最大限度地保证睾丸降温。大型品种的种公兔，睾丸体积大，阴囊下垂可到达踏板表面。如果踏板表面有钉头毛刺，很容易划破阴囊甚至睾丸，造成发炎、脓肿，甚至丧失生精机能。因此，在入夏之前，应对踏板全面检查和检修，防止无谓损失。

（3）营养平衡　有人认为夏季公兔不配种，没有必要提供全价营养。这是片面的。精子的产生是一个连续的过程，并非在使用前增加营养即可排出合格的精液。尽管公兔暂时休闲，但也不能降低饲养水平。当然，与集中配种期相比，饲喂的数量要减少，防止营养过剩而沉积脂肪过多而造成肥胖。一般可按照配种期饲喂量的80%饲喂即可。必需氨基酸和维生素的水平不可降低。

(4)长毛兔公兔剪毛　夏季毛兔剪毛，可有助于提高公兔的精液品质。兔毛越长，越不利于体温调节，对睾丸的生精越不利。因此，高温期没有必要考虑种公兔的毛长是否达到一级毛的长度与否。可2～3周剪一次毛。

三、秋季的饲养管理

1.抓好秋繁

秋高气爽，温度适宜，饲料充足，是家兔繁殖的第二个黄金季节。但是，秋季又存在一些对家兔繁殖的不利因素：一是家兔刚刚度过了夏季，体质较弱；二是第二次季节性换毛，代谢处于一种特殊时期，换毛和繁殖在营养方面发生了冲突；三是光照时间进入渐短期，不利于母兔卵巢的活动，母兔的发情周期出现不规律，发情征状表现不明显；四是经过夏季高温的影响，公兔睾丸的生精上皮受到很大的破坏，精液品质不良，配种受胎率较低，尤其是在长江以南地区，夏季高温持续时间长，公兔睾丸的破坏严重，这种破坏的恢复需要1.5个月的时间。

为了保证秋季的繁殖效果，应重点抓好以下工作：

(1)保证营养　除了保证优质青饲料外，还应注重维生素A和维生素E的添加，适当增加蛋白质饲料的比例，使蛋白质达到16%～18%。对于个别优秀种公兔可在饲料中搭配3%左右的动物性蛋白饲料(如优质鱼粉)，以尽快改善精液品质，加速被毛的脱换，缩短换毛时间。

(2)增加光照　如果光照时间不足14小时，可人工补充光照。由于种公兔较长时间没有配种，应采取复配或双重配。

(3)对公兔精液品质进行全面检查　经过一个夏天，公兔精液品质发生很大的变化，但个体之间差异很大。因此，对所有种公兔普遍采精，进行一次全面的精液品质检查。对于精液品质很差（如活率低、死精和畸形精子比例高等）的公兔，查找原因，对症治疗，暂时休养，不参加配种。每1～2周检测一次，观察恢复情况。对于精液品质优良的种公兔，重点使用，以防盲目配种所造成受胎率低的损失。

（4）提高配种成功率　秋季公兔精液品质普遍较低，而又处于家兔换毛期，受胎率不容乐观。为了提高配种的成功率，可采取重复配种和双重配种。对于种兔场，采用重复配种的方式，即母兔在一个发情期，用同一只公兔交配2次或2次以上。对于商品生产的兔场，母兔在一个发情期，可用两只不同的公兔交配。注意间隔时间在4小时以内。根据生产经验，每增加一次配种，受胎率可提高5%～10%，产仔数可增加0.5～1只。

2.预防疾病

秋季的气候变化无常，温度忽高忽低，昼夜温差较大，是家兔主要传染病发生的高峰期间，应引起高度重视。

（1）注意呼吸道传染病的预防　秋冬过渡期气温变化剧烈，最容易导致家兔暴发呼吸道疾病，特别是巴氏杆菌病对兔群造成较大的威胁。生产中，单独的巴氏杆菌感染所占的比例并非很多，而多数是巴氏杆菌和波氏杆菌等多种病原菌混合感染。除了注意气温变化以外，适当的药物预防作为预防的补充。应有针对性地进行疫苗注射。根据生产经验，单独注射巴氏杆菌或波氏杆菌疫苗效果都不理想，应注射其二联苗。

（2）预防兔瘟　兔瘟尽管是全年发生，但在气候凉爽的秋季更易流行，应及时注射兔瘟疫苗。注射疫苗应注意三个问题：一是尽量注射单一兔瘟疫苗，不要注射二联或三联苗，否则对兔瘟的免疫产生不利影响。二是注射时间要严格控制。断乳仔兔最好在40日龄左右注射，过早会造成免疫力不可靠，免疫过晚有发生兔瘟的危险。三是检查免疫记录，观察成年兔群，免疫期是否已经超过4个月。凡是超过或接近4个月的种兔最好统一注射。

(3)重视球虫病预防　由于秋季的气温和湿度仍适于球虫卵囊的发育，预防幼兔球虫病不可麻痹大意。应有针对性地注射有关疫苗、投喂药物和进行消毒。

(4)强化消毒　秋季的病原微生物活动较猖獗，又是换毛季节，通过脱落的被毛传播疾病的可能性增加，特别是真菌类皮肤病。因此，在集中换毛期，应用火焰喷灯进行1～2次消毒。这样也可避免脱落的被毛被家兔误食而发生毛球病。

3.科学饲养

秋季是家兔繁殖的繁忙季节，也是换毛较集中的季节，同时是饲料种类变化最大的季节。饲养应针对季节和家兔代谢特点进行。

(1)调整饲料配方　随着季节的变化，饲料种类的供应发生一定变化，饲料价格也发生一定的变化。为了降低饲料成本，同时也根据季节和家兔的代谢特点进行饲料配方的调整。以新的饲料替代以往饲料时，如果没有可靠的饲料营养成分含量，应进行实际测定。尤其是地方生产的大宗饲料品种，更应进行实际测定，以保证饲料的理论营养值和实际值的相对一致。

(2)预防饲料中毒　立秋以后，有些饲料产生一定的毒副作用。例如，露水草、霜后草、二茬高粱苗、棉花叶、萝卜缨、龙葵、蓖麻、青麻、苍耳、灰菜等，本身就含有一定的毒素。农村家庭兔场喂兔，一是要控制喂量，二是掌握喂法，防止饲料中毒。

(3)做好饲料过渡　深秋之后，青草逐渐不能供应，由青饲料到干饲料要有一个过渡阶段。由一种饲料配方到另一种配方要有一个适应过程。否则，饲料突然变化，会造成家兔消化机能紊乱。生产中可采取两种方式：一种是两种饲料逐渐替代法。即开始时，原先饲料占2/3，新的饲料占1/3，每3～5天，更替30%左右，使之平稳过渡；一种是有益菌群强化法。饲料改变造成腹泻的机理在于消化道内微生物种类和比例的失调。也就是说，平时以双歧杆菌、乳酸菌等占绝对优势，而大肠杆菌、魏氏梭菌等有害微生物处于劣势地位。当饲料突然改变后，导致家兔消化道不能马上适应变化的饲料，肠道的内环境发生改变，进入盲肠内的内容物也发生改变，为有害菌的繁殖提供机遇。欲防止肠道菌群的变化，也可以在饲料中或饮水中大量添加微生态制剂，使外源有益菌与内源有益菌共同抑制有害微生物，保持肠道内环境的稳定和消化机能的正常。

4. 饲料贮备

秋季是饲草饲料收获的最佳季节。抓住有利时机，收获更多更好的饲草饲料，特别是优质青草、树叶和作物秸秆等粗饲料，为家兔准备充足优质的营养物质，是每个兔场必须考虑的问题。应做到以下几点：

(1)适时收获　立秋之后，饲草结籽，各种树叶开始凋落，农作物相继收获，及时采收是非常重要的。否则，采收不及时，其营养物质的转化非常迅速，将有利于家兔消化吸收的可溶性营养物质转化成难以吸收利用的纤维素和木质素，营养价值大大降低。立秋之后，植物茎叶的水分含量逐渐降低，干物质含量增加，是收获的有利时机，应在它们的颜色保持绿色的时候收获。

(2)及时晾晒　秋季天高气爽，风和日丽，有利于青草的晾晒干制。要在晴朗的天气尽快将饲草晒干。但是有时候秋雨连绵，对饲草的晾晒造成很大的困难。有条件的饲草公司进行人工干燥，可保证青干草的质量。若自然干燥遇到不良天气，应及时避雨、经常翻动，防止堆积发酵。否则，很容易造成青草受损破坏。在晾晒期间，应与气象部门取得联系，获得最新气象信息，避开不良天气，趁晴朗天气抓紧将草晒干。

(3)妥善保管　青草或作物秸秆晒干后要妥善保管。由于其体积大，占据很大的空间，多垛在室外，然后用苫布保护。在保管过程中应注意防霉、防晒、防鼠、防雨雪。防霉即当草没有晒得特别干，或晾晒不均匀，在保存过程中预防回潮，霉菌滋生而霉坏；防晒即在保存过程中，避免阳光直射。刚刚干制的青干草是绿色的，如果长期暴露在阳光下，受紫外光的破坏作用，其颜色逐渐变成黄色和白色，丧失营养价值；防鼠及在保存过程中，防止老鼠对草的破坏和污染；防雨雪即在保存过程中，一定要防止苫布出现破洞而渗漏雨雪。

(4)定期抽查　在干草的保存过程中,应定期抽查,发现问题,及时解决。

四、冬季的饲养管理

1. 兔舍保温

冬季气温低,光照短,青绿饲料缺乏,给养兔带来诸多不便。保温是冬季管理的中心工作。应从减少热能的放散、冷空气的进入和增加热能的产生等几个方面入手。

(1)降低热能的放散　如关门窗、挂草帘、堵缝洞等措施,减少冷空气进入兔舍和热量从兔舍外散。在热能的放散过程中,由于热空气上行,兔舍的顶部单位面积散热最大。要使兔舍的天花板具有一定的隔热能力,可降低顶部散热;由于兔舍的墙壁面积最大,其散热总量最大,尤其是北部墙壁,直接受到北风侵袭,形成兔舍南北的温差。降低墙壁散热,可选用隔热系数大的建材,在我国北方地区应增加墙壁的厚度来缓解墙壁的热能放散。

(2)增加外源热能　一般采取获得太阳能和增加兔舍热源两个途径。在兔舍的阳面或整个室外兔舍扣塑料大棚。利用塑料薄膜的透光性,白天接受太阳能,夜间可在棚上面覆盖草帘,降低热能散失。安装暖气系统是解决冬季兔舍温度的普遍做法。有条件的兔场可利用太阳能供暖装置,或通过锅炉进行汽暖或水暖。小型兔场可安装土暖气,或直接生煤火。但一定要预防煤气中毒。

(3)建造保温舍　在高寒地区,可挖地下室,山区可利用山洞等。这样的兔舍不仅保温,夏季可起到降温作用。

2. 注意通风换气

冬季家兔的主要疾病是呼吸道疾病,占发病总数的60%以上,而且相当严重。其主要原因是冬季兔舍通风换气不足,污浊气体浓度过高,特别是有毒有害气体(如硫化氢)对家兔黏膜(如鼻腔黏膜、眼结膜)的刺激而发生炎症,黏膜的防御功能下降,病原微生物乘虚而入。

主要的疾病是传染性鼻炎，有时继发急性和其他类型的巴氏杆菌病。这种疾病仅仅靠药物和疫苗是不能解决问题的，而改善兔舍环境，加强通风换气，症状很快减轻。因此，冬季应解决好通风换气和保温的矛盾，在晴朗的中午应打开一定窗户，排出浊气。较大的兔舍应采取机械通风和自然通风相结合。为了减少污浊气体的产生，粪便不可在兔舍内堆放时间过长，每天定时清理，以减少湿度和臭气。生物法降低兔舍臭味的技术取得新的进展。以微生态在制剂——生态素，按 0.1%的比例添加在饮水中或直接喷洒在颗粒饲料表面，让兔自由饮水或采食，不仅有效地控制家兔的消化道疾病，而且使兔舍内的不良气味大幅度降低。

3.抓好冬繁

冬季气温低，给家兔的繁殖带来很大的困难。但是，低温同时也不利于病原微生物的繁衍。实践表明，在搞好保温的情况下，冬繁的仔兔成活率相当高，而且疾病少。因此，抓好冬繁是提高养兔效益的重要一环。冬繁需要解决的几个问题：

(1)保温问题　可采用多种方法进行增温和保温。冬季兔舍温度达到最理想的温度(15～25℃)是不现实的。根据生产经验，平时保持在 10℃以上，最低温度控制在 5℃以上，繁殖是没有问题的。

(2)产仔箱是关键　整体适温，局部高温是搞好冬繁的有效措施。所谓整体适温，是兔舍内的温度保持在 10℃以上。局部高温是指产仔箱温度要达到仔兔需要的温度。一方面产仔箱的材料具有隔热保温性，最好内壁镶嵌隔热系数较大的泡沫塑料板；一方面，产箱内填充足够的保温材料作为垫草。根据国外的经验，以薄碎刨花作为垫草效果最佳。另一方面，将垫草整理成四周高、中间低的浅锅底状，让仔兔相互靠拢，互相供暖，不容易离开，就可实现保温防寒的目的。

(3)增强母性　母性对于仔兔成活率至关重要。凡是拉毛多的母兔，母性强，泌乳力高。而母性的强弱除了受遗传影响以外，受环境的影响也很大。据观察，洞穴养兔，没有人去管理母兔，其自行打洞、拉毛、产仔和护仔，没有发现母性差的母兔。也就是说，人工干预越多，对家兔的应激越大，本性表现的就越差。据试验，建造人工洞穴，创造光线暗淡、环境幽雅、温度恒定的条件，就会唤起家兔的本性，母性大增。因此，在产值箱上多下功夫，可以达到事半功倍的效果。母兔拉下的腹毛是仔兔极好的御寒物。对于不会拉毛的初产母兔，可人工诱导拉毛，即在其安静的情况下，用手将其乳头周围的毛拉下，盖在仔兔身上，可起到诱导母兔自己拉毛的作用。

(4)精细管理　有些兔场冬季繁殖成活率低的主要原因是仔兔产后3天内死亡严重，与管理不当有关。如产仔前没有准备产箱。环境不安静是造成母兔箱外产仔和仔兔吊奶的主要原因。吊奶是母兔在喂哺仔兔时，受到应激而逃出产箱，将正在吃奶的仔兔带出产箱。如果没有及时发现，多数被冻死。产箱过大、垫草少，小兔不能相互集中，容易爬到产箱的角落被冻死。

(5)人工催产　如果冬季兔舍温度较低，白天没有产仔，夜间缺乏照顾的情况下产的仔容易被冻死。因此，对于已经到了产仔期，但白天没有产仔的母兔，可采取人工催产。方法有二：一是催产素催产。肌肉注射人用催产素，每支可注射3只母兔，10分钟内即可产仔。二是吮乳法诱导分娩。即让其他一窝仔兔吮吸待产母兔乳汁3～5分钟，效果良好。

4.科学管理

根据冬季气候特点，采取以下饲养管理方法：

(1)科学饲喂　冬季气温低，家兔维持体温需要消耗的能量较其他季节高，即兔子需要的营养要高于其他季节。无论是在喂料数量上，还是在饲料的组成上，都应作适当调整。比如，饲料中能量饲料适当提高，蛋白饲料相对降低。喂料量要比平时提高10%以上。在饲喂时间方面，更应注意夜间饲喂。尤其是在深夜人睡前，草架上应加满饲草，任其自由采食。

(2)适时出栏　冬季商品兔育肥的效率低，应采取小群育肥，笼养或平养。平养条件下，如果地面为水泥或砖面，应铺垫干柴草，以减少热量的传递，防止育肥兔腹部受凉。冬季育肥用于维持体温的能量比例高,因此,只要达到出栏的最低体重即可出栏。否则,饲养期越长,经济上越不合算。

(3)合理剪毛　冬季天气寒冷可刺激被毛生长。但是剪毛之后如果保温不当会引起感冒等疾病。因此,多采用拔毛的办法,拔长留短,缩短拔毛间隔,可提高采毛量。如果采取剪毛,在做好保温工作的同时,可预防性投药,或在饲料中添加抗应激制剂。

(4)预防球虫病　冬季保温良好的兔场,应注意球虫病的预防。

(5)注意防潮　冬季通风不良,兔舍湿度大,容易发生疥癣病和皮肤真菌病。因此,应做好防潮工作,注意传染性皮肤性疾病的发生。

第三节　商品肉兔的饲养管理

一、选择优良品种和杂交组合

育肥是在短期内增加体内的营养贮积,同时减少营养消耗,使肉兔采食的营养物质除了维持必需的生命活动外,能大量贮积在体内,以形成更多的肌肉和脂肪。育肥效果的好坏在很大程度上取决于育肥兔的基因组成。基因组合好可使肉兔生长快,饲养期短,饲料报酬高,肉质好,效益高。基因是实现肉兔快速育肥的基础。

在生产中肉兔的育肥有 3 条途径:

(1)用优良品种直接育肥　即选生长速度快的大型品种如弗朗德兔、塞北兔、哈白兔等,或中型品种如新西兰兔、加利福尼亚兔等进行纯种繁育,其后代直接用于育肥。

(2)采用经济杂交　用良种公兔和本地母兔或优良的中型品种交配,如弗朗德兔♂×太行山兔♀,塞北兔♂×新西兰兔♀,也可以 3 个品种轮回杂交。

(3)饲养配套系　如饲养伊拉肉兔、齐卡肉兔等配套系，育肥效果良好。综合以上3条途径，饲养优良品种比原始品种要好，经济杂交比单一品种的效果好，配套系的育肥性能和效果比经济杂交更好，是目前生产商品兔的最佳形式。不过目前我国配套系资源不足，大多数地区还不能实现直接饲养配套系。一般来说，引入品种与我国的地方品种杂交，均可表现一定的杂种优势。

二、抓断乳体重

育肥速度在很大程度上取决于早期增重的快慢。凡是断奶体重大的仔兔，育肥期的增重就快，就容易抵抗环境应激，顺利度过断乳期。相反，断奶体重越小，断奶后越难养，育肥期增重越慢。30天断乳个体重的标准：中型兔500克以上，大型兔600克以上。实现以上目标，应重点抓好以下几点：

1.提高母兔的泌乳力

仔兔在采食饲料之前的半月多的时间里，母乳是唯一的营养来源。因此，母兔泌乳量的高低决定了仔兔生长速度，同时，也决定了仔兔成活率的高低。提高母兔泌乳力，应该从增加母兔营养，特别是保证蛋白质、必需氨基酸、维生素、矿物质等营养的供应，保证母兔生活环境的幽静舒适。

2.调整母兔哺育的仔兔数

母兔一般8个乳房，1天哺喂1次。每次哺喂的时间，仅仅几分钟。因此，如果仔兔数超过乳头数，多出的仔兔就得不到乳汁。凡是体质弱、体重小的仔兔，在捕捉乳头的竞争中，始终处于劣势和被动局面。要么吃不到乳，要么吃少量的剩乳。久而久之饥饿而死，即便不死也成为永远长不大的僵兔，丧失饲养价值和商品价值。因此，针对母兔的乳头数和泌乳能力，在母兔产后及时进行仔兔调整，即寄养，将多出的仔兔调给产仔数少的母兔哺育。如果没有合适的保姆兔，果断淘汰多余的小兔也比勉强保留效益高。

3. 抓好仔兔的补料

母兔的泌乳量是有限的，随着仔兔日龄的增加，对营养要求越来越高。因此，仅仅靠母乳不能满足其营养需要，必须在一定时间补充一定的人工料，作为母乳的营养补充。一般仔兔 15 日龄出巢，此时牙齿生长，牙床发痒，正是开始补料的适宜时间。生产中一般从仔兔 16 日龄以后开始补料，一直到断乳为止。在 16～25 日龄仍然以母乳为主，补料为辅。此后以补料为主，母乳为辅。仔兔料注意营养价值要高，易消化，适当添加酶制剂和微生态制剂等。

三、过好断奶关

断乳对仔兔是一个难以逾越的坎。首先，由母子同笼突然到独立生活，甚至离开自己的同胞兄妹；第二，由乳料结合到完全采食饲料；第三，由原来的笼舍转移到其他陌生环境。无论是对其精神上、身体上，还是胃肠道都是非常大的应激。因此，仔兔从断奶向育肥的过渡非常关键。如果处理不好，在断奶后 2 周左右增重缓慢，停止生长或减重，甚至发病死亡。断奶后最好原笼原窝饲养，即采取移母留仔法。若笼位紧张，需要调整笼子，一窝的同胞兄妹不可分开。育肥期实行小群笼养，切不可一兔一笼，或打破窝别和年龄，实行大群饲养。这样会使刚断奶的仔兔产生孤独感、生疏感和恐惧感。断奶后 1～2 周内应饲喂断奶前的饲料，以后逐渐过渡到育肥料。否则，突然改变饲料，2～3 天内即出现消化系统疾病。断乳后前 2 周最容易出现消化道疾病——腹泻。预防腹泻是断乳仔兔疾病预防的重点。以微生态制剂强化仔兔肠道有益菌，对于控制消化机能紊乱是非常有效的。

四、直接育肥

肉兔在 3 月龄前是快速生长阶段，且饲料报酬高。应充分利用这一生理特点，提高经济效益。肉兔的育肥期很短，一般从断奶（30 天）

到出栏仅40～60天的时间。而我国传统的“先吊架子后填膘”育肥法并不科学。仔兔断奶后不可用大量的青饲料和粗饲料饲喂，应采取直接育肥法，即满足幼兔快速生长发育对营养的需求，使日粮中蛋白质(17%～18%)、能量(10.47兆焦/千克以上)保持较高的水平，粗纤维控制在12%左右。使其顺利完成从断奶到育肥的过渡，不因营养不良而使生长速度减慢或停顿，并且一直保持到出栏。

小公兔不去势的育肥效果更好。因为肉用品种的公兔性成熟在3月龄以后，而出栏在3月龄以前，在此期间其性行为不明显，不会影响增重。相反，睾丸分泌的少量雄激素会促进蛋白质合成，加速兔子的生长，提高饲料的利用率。生产中发现，在3月龄以前，小公兔的生长速度大于小母兔，也说明了这一问题。再者，不论采取刀骟也好，药物去势也好，由于伤口或药物刺激所造成的疼痛，以及睾丸组织的破坏和伤口的恢复，都是对兔的不良刺激，都会影响兔子的生长发育，不利于育肥。

五、控制环境

育肥效果的好坏，在很大程度取决于为其提供的环境条件，主要是指温度、湿度、密度、通风和光照等。温度对于肉兔的生长发育十分重要，过高和过低都是不利的，最好保持在25℃左右，在此温度下体内代谢最旺盛，体内蛋白质的合成最快。适宜的湿度不仅可以减少粉尘污染，保持舍内干燥，还能减少疾病的发生，最适宜的湿度应控制在55%～60%。

饲养密度应根据温度和通风条件而定。在良好的条件下，每平方米笼养面积可饲养育肥兔18只。在生产中由于我国农村多数兔场的环境控制能力有限，过高的饲养密度会产生相反的作用，一般应控制在每平方米14～16只；育肥兔由于饲养密度大，排泄量大，如果通风不良，会造成舍内氨气浓度过大，不仅不利于家兔的生长，影响增重、还容易使家兔患呼吸道等多种疾病。因此，育肥兔对通风换气的要求较为迫切；光照对家兔的生长和繁殖都有影响。育肥期实行弱光或黑暗，仅让兔子看到采食和饮水，能抑制性腺发育，延迟性成熟，促进生长，减少活动，避免咬斗，快速增重，提高饲料的利用率。

六、科学选用饲料和添加剂

保证育肥期间营养水平达到营养标准是肉兔育肥的前提。此外，不同的饲料形态对育肥有一定影响。试验表明，使用颗粒饲料比粉料增重提高8%～13%，饲料利用率提高5%以上。满足育肥兔在蛋白、能量、纤维等主要营养的需求外，维生素、微量元素及氨基酸添加剂的合理使用，对于提高育肥性能有举足轻重的作用。维生素A、维生素D、维生素E、微量元素锌、硒、碘等能促进体内蛋白质的沉积，提高日增重；含硫氨基酸能刺激消化道黏膜，起到健胃的作用，并能增加胆汁内磺酸的合成，从而增强消化吸收能力。还可以改善菌体蛋白质品质，提高营养物质的利用率。

常规营养以外，可选用一定的高科技饲料添加剂。如稀土添加剂具有提高增重和饲料利用率的功效；杆菌肽锌添加剂有降低发病率和提高育肥效果的作用；腐殖酸添加剂可提高家兔的生产性能；酶制剂可帮助消化，提高饲料利用率；微生态制剂有强化肠道内源有益菌群，预防微生态失调的作用；寡糖有提供有益菌营养、增强免疫和预防疾病的作用；抗氧化剂不仅可防止饲料中一些维生素的氧化，也具有提高增重、改善肉质品质的作用；中草药饲料添加剂由于组方不同，效果各异。总之，根据生产经验和兔场的实际情况，在饲料添加剂方面投入，经济上是合算的，生产上是可行的。

七、自由采食和饮水

我国传统肉兔育肥，一般采用定时、定量、少喂勤添的饲喂方法和“先吊架子后填膘”的育肥策略。现代研究表明，让育肥兔自由采食，可保持较高的生长速度。只要饲料配合合理，不会造成育肥兔的过食、消化不良等现象。自由采食适于饲喂颗粒饲料，而粉拌料不宜自由采食，因为饲料的霉变问题不易解决。在育肥期总的原则是让育肥兔吃饱吃足，只有多吃，才能多长。有的兔场采用自由采食出现家兔消化不良或腹泻现象，其主要原因是在自由采食之前采用少喂勤添的方法，突然改为自由采食，家兔的消化系统不能立即适应。可采取逐渐过渡的方式，经过1周左右的时间即可调整过来。为了预防因自由采食出现的副作用，可在饲料中增加酶制剂和微生态制剂，降低高增重带来的高风险。

水对于育肥兔是不可缺少的营养。饮水量与气温量呈正相关，与采食量呈正相关。保证饮水是促进育肥不可缺少的环节。饮水过程中注意水的质量，保证其符合畜禽饮用水标准。防止水被污染，定期检测水中的大肠杆菌数量。尤其是使用开放式饮水器的兔场更应重视饮水卫生。

八、控制疾病

肉兔育肥期很短，育肥强度大，在有限的空间内基本上被剥夺了运动自由，对疾病的耐受性差。一旦一天发病，同笼及周边小兔容易被传染。即便发病没有死亡，也会极大影响生长发育，使育肥出栏同期化成为泡影。因此，在短短的育肥期间，安全生产，健康育肥，降低发病，控制死亡是肉兔育肥的基本原则。

肉兔育肥期易感染的主要疾病是球虫病、腹泻和肠炎、巴氏杆菌病及兔瘟。球虫病是育肥兔的主要疾病，全年发生，以6～8月份为甚。应采取药物预防、加强饲养管理和搞好卫生相结合的方法积极预防。预防腹泻和肠炎的方法是提倡卫生调控、饲料调控和微生态制剂调控相结合，尽量不用或少用抗生素和化学药物，不用违禁药物。卫生调控就是搞好环境卫生和饮食卫生，粪便堆积发酵，以杀死寄生虫卵。饲料调控的重点是饲料配方中粗纤维含量的控制，一般应控制在12%，在容易发生腹泻的兔场可增加到14%。选用优质粗饲料是控制腹泻和提高育肥效果的保障。微生态制剂调控是一项新技术，其效果确实，投资少，见效快。预防巴氏杆菌病，一方面搞好兔舍的环境卫生和通风换气，加强饲养管理。另一方面在疾病的多发季节适时进行药物预防。对于兔瘟只有定期注射兔瘟疫苗才可控制。一般断奶后(35～40 日龄注射最好)每只皮下注射 1 毫升即可至出栏。对于兔瘟顽固性发生的兔场，最好在第一次注射 20 天后强化免疫一次。

九、适时出栏

出栏时间应根据品种、季节、体重和兔群表现而定。在目前我国饲养条件下，一般肉兔 90 日龄达到 2.5 千克即可出栏。大型品种，骨骼粗大，皮肤松弛，生长速度快，但出肉率低，出栏体重可适当大些。但其生长速度快，90 日龄可达到 2.5 千克以上。因此，3 月龄左右即可出栏。中型品种骨骼细，肌肉丰满，出肉率高，出栏体重可小些，达 2.25 千克以上即可。

春秋季节，青饲料充足，气温适宜，家兔生长较快，育肥效益高，可适当增大出栏体重。如果在冬季育肥，维持消耗的营养比例较高，尽量缩短育肥期，只要达到最低出栏体重即可出售。家兔育肥是在有限的空间内，高密度养殖。育肥期疾病的风险很大。如果在育肥期周围发生了传染性疾病，应封闭兔场，禁止出入，严防病原菌侵入。若此时育肥期基本结束，兔群已基本达到出栏体重，为了降低继续饲养的风险，可立即结束育肥。每批肉兔育肥，应进行详细的记录登记。尤其是存栏量、出栏量、饲料消耗和饲养成本。计算出栏率和料肉比。总结成功的经验和失败的教训，为日后的工作奠定基础。

第四节　商品皮兔的饲养管理

一、饲养优种和杂交组合

目前我国饲养的皮兔主要是獭兔，即力克斯兔。獭兔皮的生产可有 3 条途径：

（1）优良纯系直接育肥　即选育优良的兔群，繁殖出大量的优秀后代，生产高质量的皮张。

（2）系间杂交　目前我国饲养的獭兔主要有美系、德系和法系，据测定，美系獭兔的繁殖力最高，德系兔最低，法系兔居中（表 6-3）。但从生长速度来看，德系兔的生长潜力最大（表 6-4）。以美系獭兔为母本，以德系或法系为父本，进行经济杂交，可获得较理想的杂种优势；若以美系獭兔为母本，先以法系獭兔为第一父本进行杂交，从杂交后代中选择优秀母兔，再与第二父本——德系兔进行杂交，三元杂交后代直接育肥，其效果更好（表 6-5，表 6-6）。

（3）饲养配套系　目前我国在獭兔方面还没有成功的配套系，一些科研单位和大专院校正在着手培育配套系。如果配套系培育成功，其效益会成倍增加。

二、抓早期增重

獭兔的生长和毛囊的分化存在明显的阶段性。根据试验测定，在 3 月龄以前，无论是体重的生长，还是毛囊的分化，都相当强烈。而且被毛密度与早期体重呈现正相关的趋势，即体重增长越快，毛囊分化越快，二者是同步的。超过 3 月龄以后，体重增长和毛囊分化急剧下降。

表 6-3 不同品系獭兔繁殖性能统计

品系	统计胎数	胎均产仔	出生窝重/克	断乳仔兔数	30 日龄断乳窝重/克	断乳成活率/%
美系	120	7.76±1.78	397.31±75.52	7.09±1.33	3 249.71±571.04	91.33
德系	120	6.96±1.63	389.76±79.14	6.19±1.31	3 383.89±575.58	88.94
法系	120	7.28±1.74	391.63±74.52	6.58±1.42	3 362.45±550.45	90.45

表 6-4 不同品系生长发育和被毛密度统计

品系	断乳		3 月龄				5 月龄				
	只数	平均体重/克	只数	平均体重/克	被毛密度/（根/厘米²）	毛长/厘米	只数	平均体重/克	被毛密度/（根/厘米²）	毛长/厘米	皮张面积/厘米²
美系	850	458.35±46.76	350	1 788.46±135.22	11 522±1 044	1.75±0.12	300	2 676.44±145.73	13 983±1 152	1.76±0.11	1 150.16±86.95
德系	742	546.67±56.12	350	2 273.11±198.80	13 816±1 321	1.98±0.21	300	3 116.25±176.13	16 856±2 512	1.94±0.14	1 255.04±95.38
法系	807	511.01±54.76	350	2 160.21±181.40	13 435±1 239	1.86±0.18	300	3 013.46±155.62	16 388±2 223	1.89±0.12	1 231.48±93.56

表 6-5 不同组合繁殖性能统计

品系	统计胎数	胎均产仔	出生窝重/克	断乳仔兔数	断乳窝重/克	断乳成活率/%
德×美	120	7.73±1.35	407.24±63.54	7.15±1.34	3380.08±593.93	92.53
法×美	120	7.76±1.31	399.51±62.52	7.17±1.32	3363.45±585.16	92.42
法×德美	90	7.70±1.46	409.56±63.81	7.17±1.29	3481.41±595.25	93.12
德×法美	90	8.08±1.49	413.54±64.43	7.61±1.38	3464.35±588.89	94.23

表 6-6 不同组合生长发育和被毛品质统计

组合	断乳		3月龄				5月龄				
	统计只数	平均体重/克	统计只数	平均体重/克	被毛密度/（根/厘米²）	毛长/厘米	统计只数	平均体重/克	被毛密度/（根/厘米²）	毛长/厘米	皮张面积/厘米²
德×美	858	490.18±55.33	250	1 986.31±206.32	12 732±1 431	1.88±0.15	250	2 999.08±222.68	15 242±1 707	1.89±0.16	1 228.09±92.85
法×美	860	479.56±50.35	250	1 947.63±202.27	12 604±1 416	1.82±0.13	250	2 986.13±233.64	15 135±1 699	1.83±0.15	1 225.12±93.16
法×德美	430	519.59±55.07	250	2 376.11±246.84	13 834±1 552	1.87±0.21	250	3 135.53±245.34	16 553±2 003	1.89±0.19	1 259.37±95.82
德×法美	456	527.52±54.63	250	2 413.63±251.36	13 945±1 566	1.89±0.22	250	3 229.27±258.47	16 890±1 875	1.92±0.24	1 280.33±97.08

因此，獭兔体重和被毛密度在很大程度上取决于早期。提高断乳体重和断乳到3月龄的体重是养好獭兔的最关键时期。一般要求仔兔30天断乳重500克，3月龄体重达到2 000克以上，即可实现5月龄有理想的皮板面积和被毛质量。

为了探讨蛋白水平对早期生长发育和被毛密度的影响，在能量、纤维等营养相同的条件下，设计了高、中、低3种蛋白水平(17.5%、16.0%和14.5%)的日粮，结果间见表6-7，表6-8。

表6-7　不同蛋白水平对生长獭兔增重效果的影响　克

月龄	高蛋白组	中蛋白组	低蛋白组
1	453.41±44.63	450.73±46.24	452.84±43.77
2	1 029.10±82.45	995.22±84.21	915.36±73.60
3	1 788.17±125.04	1 655.34±131.47	1 406.60±139.68
4	2 358.35±138.86	2 163.35±146.15	1 799.22±141.37
5	2 718.51±146.02	2 514.40±137.40	2 218.36±143.93

表6-8　不同蛋白水平对生长獭兔被毛密度的影响　根/厘米^2

月龄	高蛋白组	中蛋白组	低蛋白组
1	6 125±655	6 133±637	6 129±661
2	7 974±689	7 243±676	6 388±694
3	11 522±1 044	10 037±1 028	8 493±1 069
4	12 866±1 076	11 122±1 117	9 320±1 083
5	13 983±1 152	12 455±1 139	10 658±1 064

由上面的结果可以看出，以高蛋白日粮饲喂生长獭兔，5月龄体重可达到2 718克，较低蛋白日粮组提高22.54%。被毛密度5月龄达到13 983根/厘米^2，较低蛋白组提高31.20%。由此可见，早期营养的重要性，还可以看出，被毛密度对蛋白水平的依赖性更强。

三、前促后控

獭兔的育肥期比肉兔时间长，不仅要求商品獭兔有一定的体重和皮板面积,还要求皮张质量,特别是遵循兔毛的脱换规律,使被毛的密度和皮板达到成熟。如果仅仅考虑体重和皮板面积,一般在良好的饲养条件下 3.5 月龄可达到一级皮的面积,但皮板厚度、韧性和强度不足,皮张的利用价值低。根据笔者试验,如果商品獭兔在整个育肥期全程高营养,有利于前期的增重和被毛密度的增加,但后期出现营养过剩现象(如皮下脂肪沉积),对皮张的处理产生不利影响。因此,采取前促后控的育肥技术:即断乳到 3.5 月龄,提高营养水平(蛋白质含量 17.5%),采取自由采食,充分利用其早期生长发育速度快的特点,挖掘其生长的遗传潜力,多吃快长。此后适当控制,一般有两种控制方法,一是控质法,一是控量法。前者是控制饲料的质量,使其营养水平降低,如能量降低 10%,蛋白降低 1～1.5 个百分点,仍然采取自由采食;后者是控制喂料量,每天投喂相当于自由采食 80%～90%的饲料,而饲养标准和饲料配方与前期相同。采取前促后控的育肥技术,不但可以节省饲料,降低饲养成本,而且使育肥兔皮张质量好,皮下不会有多余的脂肪和结缔组织。

四、公兔去势

在肉兔育肥过程中,公兔不需要去势,是由于肉兔的育肥期短,在 3 月龄甚至 3 月龄以前即可出栏,而性成熟在出栏以后,因此,无需去势。但獭兔的育肥期长(5～6 月龄出栏),性成熟(3～4 月龄)早,育肥出栏期在性成熟以后。如果不进行去势,群养育肥条件下,会出现以下严重问题:首先,公兔之间相互咬斗,大面积皮肤破损,降低皮张质量;其次,公兔追配母兔,或相互爬跨,影响采食和生长,或光吃不长,消耗饲料,增加成本;第三,公、母混养情况下,造成偷配乱配,母兔早期妊娠,影响生长和降低皮张质量;第四,如果实行群养,不便于管理。如果实行个体单养,占用大量的笼具,增加投入,降低房舍利用率。

针对獭兔的特殊性,对公兔可实行去势育肥。因为獭兔的睾丸生后在腹腔,2 月龄以后进入腹股沟。所以,去势过早睾丸不容易获得,去势过晚会影响饲养管理。因此，综合众多的试验研究，以 2.5～3 月龄进行最佳。以刀骟法简便，痛苦时间短，效果好。具体操作见日常管理部分。

五、适时出栏

獭兔的出栏与肉兔不同。后者只要达到一定体重，有较理想的肉质和产肉率即可出栏。很少考虑其皮张质量如何。因为肉兔的主产品是肉，副产品是皮等。獭兔不同，其主产品是皮，副产品是肉和其他。因此，屠宰时间以皮张和被毛质量为依据。

獭兔具有换毛性，又分年龄性换毛和季节性换毛。前者指生后小兔到 6 月龄之间进行 2 次年龄性换毛，后者指 6 月龄以后的獭兔一年中在春秋两季分别进行的一次季节性换毛。在换毛期是绝对不能打皮的。因此，獭兔的屠宰应错开换毛期。

獭兔皮板和被毛需经过一定的发育期方可成熟。被毛成熟的标志是被毛长齐，密度大，毛纤维附着结实，不易脱落；皮板成熟的标志是达到一定的厚度，具有相当的韧性和耐磨力。也就是说，在被毛和皮板任何一种没有达到成熟时，均不易屠宰。

对于商品獭兔，5～6 月龄时，皮板和被毛均已成熟，是屠宰打皮的最佳时机，提前和错后都不利。对于淘汰的成年种兔，只要错过春秋换毛季节即可。但母兔应在小兔断奶一定时间，腹部被毛长齐后再淘汰。

第五节　商品毛兔的饲养管理

一、商品毛兔的饲养

专门用作产毛的兔称为商品毛兔。尽管毛用种兔也产毛，但其主要任务是繁殖，在饲养管理方面与商品毛兔有所区别。

饲养商品毛兔的目的是生产量多优质的兔毛，而兔毛产量是由兔毛生长速度(即兔毛长度)、兔毛密度和产毛有效面积决定的。因此，围绕这 3 个方面加强饲养。

1.抓早期增重

加强早期营养可以促进毛囊分化，提高被毛密度，同时增加体重和皮表面积，这是养好毛兔的关键措施。一般掌握断乳到 3 月龄以较高营养水平的饲料饲喂，消化能 10.46 兆焦/千克，粗蛋白 16.8%～17%，蛋氨酸 0.7%。

2.控制最终体重

尽管体重越大产毛面积越大，产毛量越多，但是，体重并非越大越好。过大的体重产毛效率低，即用于产毛的营养与维持营养的比例小，利用时间短。体重一般控制在 4～4.5 千克。营养水平采取前促后控的原则。一般掌握能量降低 5%，蛋白降低 1 个百分点，保持蛋氨酸水平不变；也可以采取控制采食量的办法，即提供自由采食量的 85%～90%，而营养水平保持不变。

3.注意营养的全面性和阶段性

毛兔的产毛效率很高，高产毛兔的年产毛量可占其体重的 40%以上，远远大于其他产毛动物(如绵羊)。产毛需要较高水平的蛋白质和必需氨基酸，尤其是含硫氨基酸。据估算，毛兔每产毛 1 千克，相当于肉兔产肉 7 千克消耗的蛋白质，同时，其他营养(如能量、纤维、矿物质和维生素等)必须保持平衡。营养的阶段性是指毛兔剪毛前后环境发生了很大的变化，因而营养要求要适应这种变化的需要。尤其是在较寒冷的季节，剪毛后突然失去了厚厚的保温层，维持体温要求较多的能量，同时剪毛刺激兔毛生长，需要大量的优质蛋白。因此，在剪毛后 3 周内，饲料中的能量和蛋白水平要适当提高，饲喂量也应有所增加，或采取自由采食的方法，以促进兔毛的生长。为了提高产毛量和兔毛品质，可在饲料中添加含硫物质和促进兔毛生长的生理活性物质，如稀土添加剂、松针粉、土茯苓、蚕砂、硫磺、胆碱、甜菜碱等。

二、商品毛兔的管理

毛兔与肉兔和獭兔不同,在管理方面更需要精心。

1.笼具质量和单笼饲养

毛兔的被毛生长很快,可达到10多厘米。很容易被周围的物体挂落或污染,影响产量和质量。因此,饲养毛兔的笼具四周最好用表面光滑的物料,如水泥板。由于铁网笼具很容易缠挂兔毛,给消毒带来一定困难,同时还容易诱发毛球病,一般不采用这种笼具。为了防止毛兔之间相互接触而诱发食毛症,有条件的兔场应采取单笼饲养。

2.及时梳毛

兔毛生长到一定长度,容易缠结。特别是被毛密度较低的毛兔,缠结现象更加严重。梳毛没有固定的时间,主要根据毛兔的品种和兔毛生长状况而定。只要发现兔毛有缠结现象,应及时梳理。

3.适时采毛

兔毛生长有一定的规律性,剪毛后刺激皮肤毛球,使血液循环加快,毛纤维生长加速。据测定,剪毛后1～3周,每周兔毛增长5.1毫米,3～6周为4.7毫米,7～9周为4.1毫米,9～11周为3.7毫米。出现递减趋势。因此,增加剪毛次数可以提高产毛量。一般南方较温暖地区每年剪毛5次,养毛期73天,北部地区可剪毛4次或两年9次。为了提高兔毛质量和毛纤维的直径,可采取拔毛的方式采毛。在较寒冷地区冬天尤为适用。

4.剪毛期管理

正如上面所述,剪毛前后环境发生了很大的变化,管理工作必须跟上,否则,容易诱发呼吸道、消化道及皮肤疾病。剪毛应选择晴朗的天气进行,气温低时,剪毛后应适当增温和保温。剪毛对兔来说是一个较大的应激,在剪毛前后,可适当投服抗应激物质,如维生素C,或复合维生素(速补14,维补18等水可弥散型维生素、氨基酸和微量元素合剂);为了预防消化道疾病,可在饮水中加入微生态制剂;预防感冒可添加一定的抗感冒药物(以中药为佳);对于有皮肤病(疥癣和真菌病)的兔场,剪毛后7～10天进行药浴效果较好。

思考题

1. 家兔饲养管理的基本原则有哪些?
2. 家兔四季饲养管理的要点是什么?
3. 商品肉兔饲养管理主要抓好哪几个方面的工作?
4. 如何获得优质的獭兔皮?
5. 影响毛兔产量的主要因素是什么?
6. 笼养家兔有哪些优点?

第七章

兔健康养殖卫生消毒管理与防疫

导　　读　健康养殖并不意味着家兔不得病或不能得病，重要的是在兔的养殖过程中，建立防重于治的思想，将工作中心由注重兔病治疗转移到加强预防疾病发生上来，防患于未然。本章详细介绍家兔疾病发生的原因、致病因素；兔场防疫体系建设；预防用药物常识；兔病诊疗基本技术及疫病发生时应采取的措施等内容。重点强调加强兔场消毒降低病原微生物浓度，正确免疫接种提高兔特异性免疫力，及早预防用药、减少疾病发生等观点。

第一节　兔病概述

一、兔病发生原因

兔病发生的原因包括外界致病因素和内部致病因素两个方面。

1. 外界致病因素

外界主要有生物性、化学性、物理性、机械性和管理性五大类致病因素。

(1)生物性致病因素　包括各种病原微生物和寄生虫，主要引起传染病和寄生虫病，如兔瘟、兔球虫病等，可以给养兔场造成严重的损失。

(2)化学性致病因素　主要有强酸、强碱、重金属盐类、农药、化学毒物、氨气、一氧化碳、硫化氢等化学物质，可引起中毒性疾病。如有机磷中毒、食盐中毒、亚硝酸盐中毒、敌鼠钠中毒等。

(3)物理性致病因素　指高温、低温、电流、光照、噪声、气压、湿度等，这些因素达到一定强度或一定时间时，都可使兔体发生物理性损伤。如冻伤、中暑等。

(4)机械性致病因素　包括外力打击、机体的振荡等，可引起动物机体和组织的损伤。如外伤、骨折等。

(5)管理性致病因素　饲养管理不当或饲料中各种营养物质不平衡(营养过剩或不足)，常可引起兔病的发生。如兔维生素 A 缺乏症、兔黄曲霉毒素中毒等。

此外，追赶、捕捉、转群、参观、饲料变化、拥挤等应激因素，都可以造成家兔处于紧张状态，如果刺激强度太大，作用时间太长，动物体逐渐失去应付能力，从而表现衰竭、食欲减低、免疫力下降等，诱发疾病的发生。

2. 内部致病因素

机体对致病因素的易感性和防御能力与机体的内部因素，如免疫状态、遗传特性、内分泌状态、年龄、性别和品种等因素有关。免疫功能低下时，容易引起传染性疾病；遗传因素可引起兔的癫痫、脊髓空洞症等遗传性疾病的发生；不同年龄的兔对同一致病因素的易感性不同，如兔瘟主要危害青年兔和成年兔，幼兔特别是哺乳仔兔较少发生，又如兔传染性水疱性口炎主要危害 1～2 月龄幼兔，而成年兔较少发生；兔的品种不同其抗病力也不同，如日本白兔的抗病力较差，而丹麦白兔的抗病力则较强。

二、兔病的分类

根据发病的原因可将兔病分为传染病、寄生虫病和普通病3类，在工作中常把传染病和寄生虫病统称为疫病。

1.传染病

传染病是指由病原微生物侵入机体引起的具有传染性的疾病，在兔病中是最重要的一类，临床上也最多见，一旦发生，常可造成严重的经济损失，常见的传染病有以下3类：

(1)病毒性传染病　如兔瘟、传染性水疱性口炎、黏液瘤病等。

(2)细菌性传染病　如兔巴氏杆菌病、链球菌病等。

(3)真菌性传染病　如皮肤真菌病(癣或黄癣)、深部真菌病(曲霉菌性肺炎)等。

2.寄生虫病

寄生虫病是由寄生虫侵害兔体表或侵入体内而引起的一类疾病。在临床上，兔寄生虫病的感染和发生比较普遍，常见的兔寄生虫病有以下3种：

(1)原虫病　如兔球虫病、弓形虫病等。

(2)蠕虫病　如囊尾蚴病、兔蛔虫病、肝片吸虫病等。

(3)外寄生虫病　如兔虱病、兔疥螨病、兔痒螨病、兔蚤病等。

3.普通病

普通病是由一般性致病因素引起的一类非传染性疾病。引起兔普通病常见的病因有创伤、冷、热、化学毒物和营养缺乏等。临床上比较重要和常见的普通病有：

(1)营养性疾病　如维生素A、维生素D、钙、磷缺乏症等。

(2)中毒病　如氟中毒、有机磷化合物中毒、食盐中毒、有机氯化合物中毒等。

(3)其他病　如口炎、积食、腹泻、中暑等内科病；外伤、冻伤、眼结膜炎等外科病；难产、乳房炎、不孕症等产科病。

第二节 兔场建立防疫体系的原则

一、坚持预防为主，防重于治的原则

家兔的常见病、多发病中，疫病往往是第一死因，由疫病引起的直接死亡、生产力下降和防治费用升高给养兔业造成很大损失，因此，防制疫病成为兔场的关键措施之一。要防制兔疫病的发生，除要掌握科学的饲养管理，提高兔的抗病力外，必须坚持“预防为主，养防结合，防重于治”的基本原则，采取改善环境卫生、做好预防接种、严格检疫、定期消毒等综合性防疫措施，以控制疫病的发生、传播和蔓延，从而降低发病率和死亡率，提高养兔的经济效益。

二、确立疫病的多因论观点，采用综合性防疫措施

任何一种疫病的发生与流行都不是单一因素造成的，通常可将这些因素划分为致病因素、环境因素和宿主因素，三者相互依赖、相互作用，从而影响兔群的健康。采用单一措施常不能有效地预防、控制或消灭疫病，也不能很好地提高群体的健康水平，必须确立疫病的多病因论观点，在现代化养兔工作中采用综合性防制措施来防制疫病。

三、切断疫病的流行环节

针对疫病流行过程的 3 个基本环节（传染源、传播途径、易感动物群）及其相互关系，采取消灭传染源、切断传播途径、提高兔群抗病力的综合防疫措施，才能有效地降低疫病的危害。

(1)传染源　即病兔或带菌(毒、寄生虫)兔,它们可不断向外界排出病原体或虫卵。

(2)传播途径　指被尸体或病兔的排泄物、分泌物污染的外界环境,如兔舍、场地、用具、饲料、饮水等。

(3)易感兔群　指对某种疫病具有易感性(没有抵抗力)的兔群,一般为未经免疫接种或从未感染过该病的兔。

以上3个环节构成的疫病流行的链条,其中任何一个环节被阻断,疫病流行过程即可被中止。所以,消灭传染源(明确诊断、隔离、封锁、治疗或扑杀病兔)、切断传播途径(尸体处理、消毒)、提高机体抵抗力(加强饲养管理、免疫接种)是综合防制疫病的重要内容。

四、制定兽医保健防疫计划

现代养兔是一项系统工程,在系统内各个子系统相互关联,相互影响。兽医技术人员应熟悉其他子系统的情况,例如,生产工艺流程、养兔设备性能、不同品种兔的特性、饲料及其加工调制、管理与销售、资金流动等,依据现代养兔不同生产阶段的特点,合理制定兽医保健防疫计划。

第三节　兔场防疫体系的基本内容

兔病防制必须坚持“预防为主”的方针,加强饲养管理,搞好环境卫生,做好防疫、检疫工作,坚持定期驱虫和预防中毒等综合性防制措施。

一、防止疫病传播

1.兔场的选址与布局应合理

兔场应建在背风向阳、地势高而干燥的沙质土壤上,要易于排水、通风良好、水源充足,要远离交通要道、屠宰场、肉食品加工厂、皮毛加工厂、居民住宅区等,周围应建筑围墙。场内生产区与办公区和生活区分开,贮粪场、兽医室、病兔舍应设在距兔舍 200 米以外的下风向偏僻处,以利于防疫和环境卫生。

2. 防止引种带入疫病

兔场或养兔户应坚持自繁自养,尽量避免从外地购兔,必须购兔时,要从非疫区购买。购买前须经当地兽医部门检疫,购入兔经全身消毒和驱虫后方可引入。引进后应隔离观察至少 1 个月,进一步确认健康后,再并群饲养。

3. 建立健全防疫制度

养兔场要谢绝无关人员进入,工作人员进入兔场时须换鞋和穿戴工作服、帽;场外车辆、用具等不准进入场内;不从疫区和自由市场上购买草料;患有结核病和布鲁氏菌病的人不得饲养兔;不允许在生产区内宰杀或解剖兔;不准把生肉带入生产区或兔舍;消毒池的消毒药要定期更换,保持有效浓度。

4. 杀虫、灭鼠、防兽

老鼠、蚊、蝇和其他吸血昆虫是病原体的宿主和携带者,能传播多种传染病和寄生虫病。应当清除兔舍周围的杂物、垃圾和乱草堆等,填平死水坑,认真开展杀虫、灭鼠工作。同时,饲养区禁止犬、猫等动物进入,防止其粪便污染饲料和水源。

二、加强饲养管理

1. 加强检疫,净化兔群

对本场兔群,应针对某些特定疫病进行定期检疫,检出的阳性兔要及时采取隔离、治疗或淘汰措施,以达到逐渐净化的目的。

2. 适时分群饲养,掌握科学的饲养方法

为了管理方便和满足各种兔的营养需要,应按兔的年龄、性别、体重分群饲养。

3.创造良好的饲养环境,促进兔群的健康生长

家兔胆小怕惊,饲养人员在兔舍内动作要轻,不要大声喧哗、敲击物体等。兔舍要清洁舒适,通风良好,冬天要保温防寒,夏天要降温防暑,雨季要防潮。

4.稳定饲料配方,定时定量饲喂

家兔是食草动物,应以青、粗饲料为主,精料为辅。喂饲要定时定量,使兔养成定时采食的习惯。同时根据家兔的年龄、体重、季节特点及兔体对饲料的需要,定出每兔每天的喂量,不可忽多忽少,这样既可增强家兔的食欲,又可提高饲料的利用率,有利于促进兔的生长,减少疾病的发生。

5.不同季节的饲养管理

春季气候多变,又是配种季节和长毛兔剪毛期,故除注意幼兔和剪毛兔保暖防寒外,尤其要防止生殖器官疾病的发生。春季鲜嫩青草多,要防止家兔贪食导致腹泻。应适时进行各种疫苗的预防注射,防止疫病的发生与流行。夏季气温高,要防止兔中暑,多给清水和青草,饲料注意防霉,加强幼兔球虫病的药物预防。雨季要保持兔舍地面与兔笼的清洁干燥,做好卫生防疫工作,定期消毒,严防蚊子、苍蝇的叮咬。秋季也是配种的繁忙季节,配种前要认真进行检查,注射各种疫苗,防止发生生殖器官疾病和其他疫病。冬季要注意保暖防寒,温度相对恒定,饮用温水,注意防止鼠类及其他兽害。

6.培养健康兔群

在养兔生产中,要创造条件,建立健康兔群,作为繁殖兔的核心群。对核心兔群的公、母兔,从幼兔开始,要经常定期检疫和驱虫,淘汰病兔与带菌(毒、虫)兔,使其相对保持无病和无寄生虫侵害的状态。

总之,要根据不同的日龄、季节、气候实行合理的喂养制度,加强饲养,精心管理,防止“病从口入”。饲料搭配要合理,营养全面,调制得当,喂匀喂饱,做到“三宜”(早饲宜早、晚饲宜饱、夜草宜足)。供应充足的饮水。搞好环境卫生,做到“三勤”(勤打扫、勤消毒、勤换垫草)、“六净”(笼舍净、饲槽净、饲料净、饮水净、用具净、兔体净)。注意防潮、防

暑、防寒;分群管理,适量运动,保持兔舍通风、干燥、透光。良好的生活条件和卫生环境,可以增强家兔的抗病能力,大大减少疫病的发生。

三、兔场消毒

消毒是利用物理、化学和生物方法清除并杀灭外界环境中的病原微生物。及时正确的消毒对有效切断传播途径,阻止疫病的蔓延扩散有着重要的意义。因此,消毒是综合性防疫的重要措施之一,这就需要兔场工作人员一定要了解常用的消毒方法和常用消毒药的种类、剂型、配制方法等,能选择恰当的消毒药,会正确操作消毒设施和消毒设备;能够制定不同场地、物品的消毒操作程序,并遵守消毒制度。

(一)消毒的种类

根据消毒的目的不同分为预防消毒、临时消毒和终末消毒。

(1)预防消毒　又称平时消毒,在平时为预防疫病的发生而采取的消毒措施,如对兔舍、饲养用具、运输工具等进行的消毒。

(2)临时消毒　又称紧急消毒,在发生疫病期间,为及时清除、杀灭环境中病原体而采取的消毒措施,如对患病动物的排泄物、分泌物污染的环境及一切用具、物品、设施等进行的消毒。

(3)终末消毒　即在疫病控制、平息后,为了消灭疫区可能残留的病原体而采取全面、彻底的消毒。消毒对象包括患病动物、可疑患病动物及动物尸体所污染的兔舍、场地、土壤、水、饲养用具、运输工具、仓库、人体防护装备、兔产品、粪便等。

(二)常用的消毒方法

消毒方法一般有机械清除法、物理消毒法、化学消毒法和生物消毒法。

1.机械清除法

使用机械的方法清除病原体,如经常采用清扫、洗刷、通风和过滤等手段，清除存在于环境中的病原体，这种方法虽然不能直接杀灭病原体，但可大大减少环境中和物体表面病原体的数量，且简单易行，因此在工作实践中最常用。在使用过程中可以和化学消毒法结合，即先机械清除后，再用药物消毒效果较好。

2.物理消毒法

物理消毒法是用光、电、声、热、辐射、微波等物理因素消除或杀灭病原微生物的方法，包括紫外线消毒、干热消毒、湿热消毒等。

(1)紫外线消毒

①日光紫外线。日光中的紫外线对微生物有良好的抑制和杀灭作用，将需消毒的物体放在阳光下照射3～5小时，许多非芽孢菌和病毒，都能被杀死，适用于兔笼、食具、底板、垫草等消毒。

②人工紫外线消毒。人工紫外线可有效地杀灭空气、物体表面的病原体，但其穿透能力不强，不能穿透普通玻璃、尘埃等，可用于更衣室、实验室等处消毒。紫外线灯消毒效果与照射时间、距离、强度有关，一般灯管离地面约2米，照射时间1～2小时。紫外线对眼睛和皮肤有损伤作用，不能在紫外线灯下工作。

(2)干热消毒

①焚烧法。用于病兔尸体、垫草、病料以及污染的垃圾、废弃物等无价值物品的消毒，可直接点燃或在焚烧炉内焚烧。

②烧灼法。烧灼是直接用火焰灭菌，适用于实验室的接种针、接种环、试管口、玻璃片、金属性兔笼等不怕热的器材的消毒。

③热空气消毒法。利用热空气进行消毒，主要用于各种耐热玻璃器皿如试管、吸管、烧瓶及培养皿等实验器材的消毒，这种消毒法是在一种特制的电热干燥箱内进行的。由于干热的穿透力低，因此箱内温度上升至160℃后，保持2小时才可杀死所有病原体及其芽孢。

(3)湿热消毒　湿热消毒是由水蒸气导热，传热快，穿透力强，与干热消毒法相比，所需温度低、时间短。

①煮沸消毒法。煮沸消毒是最常用的消毒方法之一，此法操作简便、经济、实用且效果比较可靠，适用于一般器械如刀剪、注射器、针头

等的消毒。煮沸消毒可用有盖煮锅，也可用煮沸消毒器。

煮沸消毒法杀灭病原体能力较强，一般沸腾（100℃）后再煮 5～15 分钟，能杀死所有的病原体。但细菌芽孢的抗煮沸能力较强，有的需要煮沸 5～6 小时才将其杀灭。

煮沸消毒时，消毒时间应从水煮沸后开始计算，各种器械煮沸时间参考表 7-1，煮沸过程中不要加入新的消毒物品。被消毒物品应全部浸入水中，消毒注射器时，针筒、针芯、针头都应拆开分放。一次消毒物品不宜过多，一般应少于消毒容器量的 3/4，煮沸消毒棉织物时，应适当搅拌。

表 7-1　各类器械煮沸消毒所需要的时间

消毒对象	时间/分钟
玻璃类器械	20～30
橡胶类及电木类器材	5～10
金属类及搪瓷类器材	5～15
接触过疫病的器材	30 以上

②流通蒸汽消毒法。又称为常压蒸汽消毒法，是指在 1 个标准大气压（约 101 千帕）下，用 100℃左右的水蒸气进行消毒，这种消毒方法常用于不耐高温高压物品的消毒。

流通蒸汽消毒时，消毒时间应从水沸腾后有蒸汽冒出时开始计算，消毒时间同煮沸法。消毒物品包装不宜过大、过紧，吸水物品不要浸湿后放入。

在常压下，蒸汽温度达不到 100℃，维持 30 分钟，能杀死细菌的繁殖体，但不能杀死细菌的芽孢和霉菌孢子，所以有时必须采用间歇灭菌法，即用蒸汽灭菌器或用蒸笼加热约 100℃维持 30 分钟，每天进行一次，连续 3 天，在间歇期必须提供芽孢发育所需条件，对不具备芽孢发育条件的物品，则不能用此法灭菌。

③高压蒸汽灭菌法。高压蒸汽灭菌为杀菌效果最好的灭菌法，利用高压灭菌器进行灭菌。在密闭条件下，蒸汽压力愈大，则灭菌器内温

度愈高，杀菌效力愈强。通常在温度为121.3℃时，经30分钟即可杀灭所有的细菌繁殖体和芽孢，此法常用于耐高热的物品，如普通培养基、玻璃器皿、金属器械、敷料、针头等的灭菌。

3.化学消毒法

化学消毒法是采用化学消毒药品杀死病原微生物的一种方法。

(1)喷雾法　把药液装在喷雾器内，手动或机动加压使消毒液呈雾粒状喷出，均匀地滴落在物体表面或地面。消毒时一般从上到下，从里到外顺序进行。

(2)熏蒸法　将消毒药加热或利用药品的理化特性使消毒药形成含药的蒸汽，一般用于空间消毒或密闭消毒室内物品消毒，如用福尔马林配合高锰酸钾对密闭兔舍的消毒。

(3)喷洒法　一般是将药液先装入喷壶或消毒用的高压枪里，然后靠手动或电动加压，使消毒液均匀地洒到物体表面或地面，场地和圈舍消毒时常用此法，是生产中使用频率最高的一种方法。

(4)冲洗法　可采用各种不同的压力喷洗，冲洗的药液视不同的消毒对象而定。

(5)浸泡法　就是将消毒物品浸没在消毒液中，浸泡一定时间后再取出，如器械浸泡消毒。为了提高消毒效果，消毒物品必须在新配制消毒液中浸泡30分钟以上。

(6)洗刷法　用毛刷等蘸取适量消毒液，在动物体表或物品表面洗刷。对金属物品洗刷消毒时应禁用有腐蚀性的药品。

(7)涂擦法　用抹布蘸取消毒液在物体表面擦拭消毒，或用脱脂棉球浸湿消毒液在皮肤、黏膜、伤口等处进行涂擦等。此法也可用于驱除兔体表寄生虫。

(8)撒布法　就是将粉剂型消毒药均匀地撒布在消毒对象表面，如用生石灰撒布在潮湿地面、粪池周围及污水沟进行消毒。

(9)拌和法　对粪便、垃圾等内、外均有病原体的污物消毒时，可用粉剂型消毒药品与其拌和均匀，堆放一定时间，就能达到消毒目的。如将漂白粉与粪便按1∶5的比例拌和均匀，可进行粪便的消毒。

4.生物消毒法

生物消毒法是利用微生物间的拮抗作用或用生物热杀灭、清除病原体的一种方法。如利用粪便、土壤中嗜热菌繁殖产热可使温度升高到65～80℃,经过3～6周可杀死病原微生物、寄生虫幼虫、卵囊,但对芽孢菌无效。本法常用来处理被非芽孢菌、寄生虫幼虫及卵囊污染的粪便、污水等。

(三)常用的化学消毒药

1.常用消毒药的种类、剂型

(1)生石灰(氧化钙)　常用其10%～20%新鲜石灰乳剂,10%～20%石灰乳具有较强的消毒作用,可用于兔舍地面、墙壁、地板、天棚或排泄物消毒。石灰乳放置过久,容易与空气中的二氧化碳结合生成无消毒作用的碳酸钙,必须现配现用,不宜久贮。

(2)氢氧化钠(烧碱)　常用2%～4%的氢氧化钠热溶液,杀菌作用强,可用于被传染病污染的笼舍、场地、用具、车船等消毒。氢氧化钠属强碱类,有较强的腐蚀性,用时注意人畜安全,消毒12小时后应冲洗饲槽、水槽等。

(3)福尔马林　含37%～40%甲醛的溶液称福尔马林,0.5%的甲醛6～12小时能杀死所有芽孢和非芽孢的需氧菌,48小时能杀死产气荚膜杆菌;5%～10%浓度可用作环境消毒。本品还可用于熏蒸消毒,每立方米空间用福尔马林25毫升、高锰酸钾25克,加水12.5毫升,室温保持在18℃以上,密闭12～24小时,效果较好。消毒结束后,通风换气24小时以上,也可用浓氨水(每立方米2～5毫升),加热蒸发,消除甲醛刺激性气味。

(4)来苏儿(煤酚皂液、甲酚皂液)　常用浓度为2%～5%,用于兔台、笼具、排泄物消毒,10%溶液可作为兔场进出口处消毒池内的消毒液。

(5)新洁尔灭　对组织刺激性小,杀菌作用强,可用于创伤、手术器械、玻璃、搪瓷等的消毒。0.01%～0.05%溶液可冲洗黏膜及深部感染伤口;0.1%溶液可清洗手和术部,也可浸泡各种器具。忌与肥皂接触。

(6)过氧乙酸　广谱强氧化剂,对细菌、芽孢、霉菌、病毒均有较好的杀灭作用,无不良气味,无毒性残留。0.05%～0.1%溶液用于玻璃、塑料、毛巾等消毒;0.2%～0.5%溶液可用于动物体表、用具、兔舍的喷雾消毒。但本品遇热易分解爆炸,对金属制品有腐蚀作用,且稀释后不能久贮,应现配现用。

(7)克辽林　强力消毒剂,应用较广。3%溶液能杀灭疥癣,5%溶液用于被非芽孢菌污染的笼舍、饲养用具及排泄物的消毒。

(8)漂白粉　市售一般含有效氯 25%～33%,遇水产生极不稳定的次氯酸,通过氧化、氯化作用,呈现强大而迅速的杀菌作用。常用于饮水、污水、兔舍、用具、车船、排泄物等消毒。本品宜现配现用,对金属器械和衣物有腐蚀作用。

(9)菌毒敌(消毒灵、农乐)　为一种广谱、高效、低毒、无腐蚀性的复合酚消毒剂,可杀灭细菌、真菌和病毒,对球虫卵囊有很强杀灭作用。可用于兔舍、兔笼、用具消毒。

(10)其他消毒剂　其他消毒剂参见表 7-2。

表 7-2　其他消毒剂

药物名称	常用浓度	作用与用途
百毒杀	0.02%水溶液	笼舍、环境、用具喷洒或浸泡
乙内酰脲	0.1%混悬液	广谱、高效、低毒杀菌剂,喷雾消毒
抗毒威	喷雾 0.5%;饮水 0.01%	广谱消毒剂,能杀灭细菌、病毒,安全性好。可用于空气、饮水消毒
碘酊	2%～3%	能杀死细菌和芽孢,用于术前皮肤消毒和化脓创处理
硼酸	2%溶液	对组织无刺激,用于眼、鼻腔炎症和乳腺炎冲洗
龙胆紫	2%溶液	用于黏膜、皮肤溃疡、烧伤
酒精(乙醇)	70%～75%	消毒作用强,用于注射部位和器械消毒
过氧化氢	3%溶液	又称双氧水,抗菌、除臭,用于深部化脓疮或瘘管冲洗等
高锰酸钾	0.1%～0.5%溶液	杀菌、除臭比双氧水作用强而持久,可冲洗各种黏膜腔道和创伤

2.消毒药品的选择、配制

(1)消毒药品的选择　消毒药品的选择原则应考虑以下几个方面：

①对病原体杀灭力强且广谱。

②对人、兔及兔产品无毒、无残留，不易散发异味。

③不损坏被消毒物品。

④易溶于水，在消毒环境中比较稳定。

⑤价格低廉，使用简便。

(2)消毒药品的配制原则　大多数消毒药从市场购回后，都不能直接作消毒用，必须进行稀释配制成一定浓度的溶液后才能使用。

①配制前应准备好配制时常用的量筒、台秤、搅拌棒、盛药容器(最好是塑料或搪瓷等拒腐蚀制品)、温度计、橡皮手套等。

②配制消毒药时，应合理选择溶剂，大多数消毒药能溶于水，可用水作稀释液来配制，稀释用水应选择杂质较少的深井水或自来水。

③配制时准确称量，配制浓度应符合消毒要求，不得随意加大或减少。

④使药品完全溶解，混合均匀，必要时可适当加温或用热水配制。

⑤个别需储存待用的，要按规定用适宜的容器盛装，注明药品名称、浓度和配制日期等，并做好记录。

(3)常用消毒药品的配制方法　配制方法一般是先将稀释药品所需要的水倒入配药容器(盆、桶或缸)中，再将已称量的药品倒入水中混合均匀或完全溶解即成待用消毒液。常用消毒药品的配制如下：

①5%来苏儿溶液：取来苏儿 5 份加入清水 95 份(最好用 50～60℃温水配制)，混合均匀即成。

②10%～20%石灰乳：生石灰 5 千克，加水 5 千克，化成糊后再加入 40～45 千克水即成，要求现配现用，搅拌均匀。

③石灰粉(氧化钙)：生石灰块 5 千克，加水 2.5～3.0 千克，使其化为粉状。

④2%火碱(氢氧化钠)：取火碱 1 千克，加水 49 千克，充分溶解后

即成2%的火碱水。如加入少许食盐,可增强杀菌力。

⑤10%臭药水(克辽林):取臭药水5千克,加水45千克,搅拌均匀后即成10%乳状液。臭药水1.5千克,加水48.5千克,拌均匀即为3%的乳状液。

⑥70%~75%酒精(乙醇):取95%浓度酒精1 000毫升,加水267~357毫升,即成70%~75%浓度的酒精。

⑦0.1%新洁尔灭溶液:取5%新洁尔灭原液20毫升,加水至1 000毫升配制而成。

⑧0.1%高锰酸钾($KMnO_4$)溶液:在100千克水中加入高锰酸钾0.1千克,即配成0.1%高锰酸钾溶液。

⑨10%福尔马林溶液:福尔马林为40%甲醛溶液(市售商品)。按10毫升福尔马林加90毫升水比例配成(即4%甲醛溶液),如需其他浓度溶液,同样按比例加入福尔马林及水。

(四)兔场内不同消毒对象的消毒操作程序

1.兔舍的消毒

针对兔舍状态(使用或空置)不同,常采用以下程序消毒。

(1)空置兔舍的消毒 空舍在下次启用之前,必须用多种方法消毒,经全面彻底的消毒后,方可正常使用。

①机械清除:首先对空舍顶棚、墙壁、地面彻底打扫,对垃圾、粪便、垫草和其他各种污物全部清除,运到指定堆放点消毒处理。用清水洗刷料槽、水槽、笼具等设施;最后冲洗地面、走道、粪槽等,待干后用化学法消毒。

②化学法消毒:常用3%~5%来苏儿、0.2%~0.5%过氧乙酸、10%~20%石灰乳、2%~4%火碱等喷洒消毒。地面用药量每平方米800~1 000毫升,舍内其他设施每平方米200~400毫升。为了提高消毒效果,空舍消毒应使用2~3种不同类型的消毒剂进行2~3次消毒,必要时,对耐火烧的物品还可以使用酒精或煤油喷灯进行火焰消毒。

③熏蒸消毒:每立方米按25毫升福尔马林、12.5毫升水、25克高

锰酸钾的比例进行熏蒸，将福尔马林倒入瓷盒中，再加入水，最后倒入高锰酸钾，然后关闭门窗 12～24 小时，消毒完毕后，打开门窗，通风换气 3～5 天，此方法具有释放蒸气快，密封时间短的优点，但费用高、墙壁及顶棚易被熏黄(用等量生石灰代替高锰酸钾可消除此缺点)。

④场舍门口消毒池：放入新鲜消毒液或渗透消毒液的草袋，消毒池内药品常用 2%～4%氢氧化钠或 1%农福，冬天可加 8%～10%的食盐防止结冰。

(2)带动物圈舍消毒

①机械清除法：舍内每天都要打扫卫生，清除排泄物，包括料槽、水槽和用具都要保持清洁，做到勤洗、勤换、勤消毒。尤其幼兔的水槽、料槽每天都要清洗消毒一次。

②保证良好的通风换气：饲养密度较大的场舍应根据季节和温度变化，适时调整通风，保持舍内空气新鲜。

③每周至少用 0.1%～0.2%过氧乙酸或 0.1%次氯酸钠喷雾消毒设施、墙壁和地面一次。

④场舍门口消毒池定时添加消毒液，每周至少更换一次消毒液。

(3)地面、土壤的消毒　兔舍、运动场地面等被病原体污染的，将清除的粪便、垃圾和铲除的表层土按粪便消毒方法处理；土地面可用消毒液喷洒。若为水泥地面被污染，用常用消毒药喷洒。大面积污染土壤、运动场地面，可用犁、锹、镐等将地翻一下，在翻地同时撒布漂白粉，一般病原体污染时用量为每平方米 0.5 千克，漂白粉混土后，加水湿润压平。场区常用 3%～5%来苏儿或 20%石灰水喷洒消毒。

2.动物体表消毒

正常兔体表可携带多种病原体，尤其兔在脱毛、换毛期间，兔毛可成为一些疫病的传播媒介，因此在平时的饲养管理过程中，要做好兔体表的消毒，对预防疫病的发生有一定作用，特别在疫病流行期间采取此项措施意义更大。

3.运载工具消毒

运载工具主要包括进入养殖场内的各种车辆(人力车、畜力车、农用机动车、汽车等)，这些运载工具流动量大，活动范围广，进出频繁，受污染和传播病原体的机会最多，因此对此类工具的检疫和消毒要相当重视。

车辆在装运动物及其产品之后，都要先将污物清除、打扫、冲洗干净，然后再进行消毒，消毒后再用清水洗刷一次，用清洁的抹布擦干净。对有密封仓的车辆，可用福尔马林熏蒸消毒，其操作、用药量和要求同动物舍消毒，对疫病污染的运输车辆进行 2～3 次反复消毒。清除的污物(包括粪、尿、垃圾、垫草、污水、污染草料等)在指定地点进行生物热消毒，对疫病污染的采取焚烧法处理。

4.粪便的消毒

动物的粪便中有多种病原体，特别是患疫病动物的粪便中病原体的含量更多，是土壤、水源、草料、环境的主要污染源。及时妥善做好粪便的消毒，对切断疫病的传播途径具有重要的意义，常用的消毒方法有以下几种。

(1)生物热消毒法

①堆粪法：在与人畜居住的地方保持一定的距离，避开水源的地方，选一堆粪场。堆粪时在地面挖一浅长形沟或一浅圆形坑，沟的长短、坑的大小视被消毒粪便的多少而定，但沟的深度一般都是在 20～25 厘米。先将非传染性粪便或麦草、谷草或稻草等堆至 25 厘米做底层，上面堆欲消毒的粪便，高达 1～1.5 米，在粪便表面覆盖 10～20 厘米厚的健康动物粪便，最外层抹上 10 厘米厚的草泥封表。冬季不短于 3 个月，夏季不短于 3 周，即可作肥料用，用此方法消毒应注意粪便的干湿度，当粪便过稀应混合一些其他干粪土，若过干时应洒适量的水，含水量应在 50%～70%，堆积后最易发酵产热、灭菌效果好。

②发酵池法：选择发酵池的地点要求与堆粪法相同，发酵池的大小、形状依据粪便的多少而定。一般地下水位低时，池底和边缘可以不砌砖和水泥涂抹，否则就要砌砖和抹水泥。粪池建好后，将欲消毒的粪便、垃圾、垫草倒入池内，快满的时候，在粪的表面再盖上一层泥土封好，经 1～3 个月，即可出粪清池。此法适合于动物数量较多、规模较大

的兔场。

(2)掩埋法 漂白粉或生石灰1∶5与粪便结合，然后深埋地下2米左右，适合被烈性疫病污染的粪便处理。

(3)焚烧法 少量的带芽孢粪便可直接与垃圾、垫草和柴草混合焚烧。必要时地上挖一壕，宽75～100厘米，深75厘米，长以粪便多少而定，在距壕底40～50厘米处加一层铁梁，铁梁下放燃料，梁上放欲消毒粪便。如粪便太湿，可混一些干草，以便烧毁，仅适用于带芽孢粪便的销毁。

5.人员、衣物等消毒

饲管人员常接触动物，尤其接触患病动物或污染物，人员便成为传播媒介，因此，对于人员及衣物应严加管理、及时消毒。人员进出场应洗澡更衣，工作服、靴、帽等使用前先洗干净，然后放入消毒室，用每立方米28～42毫升福尔马林熏蒸30分钟备用。人员进出场舍都要用0.1%新吉尔灭或0.1%过氧乙酸消毒液洗手、浸泡3～5分钟。

6.饮用水的消毒

饮用水用含0.5～1.0毫克/升有效氯的漂白粉或氯制剂消毒，如漂白粉所含有效氯为25%，则需漂白粉2～4克；或者使用过氧乙酸1克/升水，30分钟后使用。

(五)影响消毒效果的因素

在实际工作中，为了充分发挥消毒剂的效力，应注意影响消毒效果的因素。

(1)微生物的敏感性 不同的病原微生物，对消毒剂的敏感性有很大的差异，因此在消毒时，应考虑病原微生物的种类，选用对其敏感的消毒剂。

(2)消毒剂的作用时间 一般情况下，消毒剂的效力同消毒作用时间成正比，与病原微生物接触的时间越长，其消毒效果就越好。作用时间太短，往往达不到消毒目的。

(3)消毒剂的浓度 一般来说，消毒剂的浓度越高，杀菌力也就越强。但消毒剂浓度过高，一方面造成消毒药的浪费，另一方面对动物、操作人员也有伤害。但有的消毒剂浓度越高杀菌效力反而下降，主要原因是高浓度可导致病原微生物表面形成一种膜蛋白，起着保护作用，如95%酒精的消毒效果要比70%～75%酒精的消毒效果差。消毒药液浓度过低，也起不到消毒效果，因此必须掌握最佳的消毒浓度。

（4）环境的温度、湿度　消毒剂的杀菌效力与温度成正比，温度增高，杀菌效力增强，研究表明，一般消毒液温度每升高10℃，杀菌力可提高1倍，但在选择药液的温度时，必须考虑动物所能承受的温度及高温对消毒药的影响（破坏或挥发）。大部分消毒液在0℃时失去消毒作用，因而夏季消毒效果比冬季要好。湿度对消毒效果影响也较大，如在福尔马林熏蒸消毒时，相对湿度在60%～80%消毒效果最好。

（5）酸碱度　如新洁尔灭、度米芬（消毒宁）、洗必泰等阳离子消毒剂，在碱性环境中消毒力强；石炭酸、来苏儿等阴离子消毒剂在酸性环境中消毒作用强。

（6）有机物的存在　当环境中存在大量的有机物如粪、尿、污血、炎性渗出物等，能阻碍消毒药与病原微生物直接接触，从而影响消毒剂效力的发挥。另一方面，由于这些有机物往往能中和并吸附部分药物，也使消毒作用减弱。因此在进行消毒之前，应首先对笼舍进行彻底清扫和冲洗，清除笼舍内的粪尿污物等，从而充分发挥消毒剂的有效作用。

四、免疫接种

免疫接种就是人为的把疫苗或菌苗等生物制品注入兔体内，激发兔体产生特异性免疫，从而使易感兔群转化为非易感兔群的一种方法，以预防传染病的发生和流行。免疫接种是预防和控制家兔传染病的一项极为重要的措施。

（一）疫苗的种类

1. 灭活苗（死苗）和活苗（弱毒苗）

（1）灭活苗（死苗）　灭活疫苗是选用免疫原性强的病原微生物经

人工培养后用理化方法将其灭活制成的疫苗,又称死苗。优点:①安全性高;②免疫剂量准确;③抗体水平一致;④更容易被制成联合疫苗;⑤产生的抗体高且维持时间长。缺点:①不易产生局部黏膜免疫;②引起细胞免疫能力较弱;③用量大、成本高;④免疫途径必须注射;⑤需免疫佐剂来增强免疫应答;⑥免疫诱导期长,必须在2～3周后才能刺激机体产生免疫保护力。

将灭活苗与矿物油佐剂按一定的比例混合,加适量的乳化剂乳化而成油苗。油苗应用广泛,其特点是起效慢,维持时间长。

(2)活苗(弱毒苗)　在一定条件下,使病原微生物毒力减弱或丧失,但仍保持良好的免疫原性或筛选自然弱毒株,扩大培养后制成的疫苗称为活苗或弱毒疫苗,生产中常被制成冻干苗。优点:抗体产生快,免疫应答全面且免疫效果好,免疫力坚强,免疫期长,对种用接种可使子代获得被动免疫,往往产生的抗体可以抵御野毒的攻击。缺点:存在散毒和造成新疫源的问题,同时由于免疫原性强,对机体刺激较大,应激较大。

2.单苗与联苗

(1)单苗　利用一种病原微生物菌(毒)株制备的疫苗,如兔瘟疫苗。

(2)联苗　联苗是指不同种微生物或其代谢产物组成的疫苗,以达到预防多种疫病的目的,如兔瘟-兔巴氏杆菌二联苗。

(二)疫苗的使用

1.常用疫苗的保存、运输和用前检查

(1)运输　要求包装完整,防止碰坏瓶子。运送途中避免日光直射和高温,并尽快送到保存地点或预防接种场所。冻干苗应在低温条件下运送,大量运送应用冷藏车,少量运送可放在装有冰块的保温瓶内。

(2)保存　各种疫苗应保存在低温、阴暗、干燥及清洁的地方。保存冻干苗一般要求放在－15℃以下保存,温度越低,保存时间越长;灭活苗(死苗)应保存在2～15℃的阴暗环境中;非冻干活菌苗(湿苗)应保存在4～8℃冰箱中，灭活苗和湿苗均不能冻结保存。保存温度应保持稳定，温度不能波动太大，尤其反复冻融能造成病毒、细菌的死亡。

(3)用前检查　疫苗使用前需仔细检查，有下列情况之一者不得使用：①没有标签或标签模糊不清，没有经过合格检查者；②过期失效者；③疫苗的质量与说明书不符者，如色泽、沉淀、制品内有异物、发霉和有臭味者；④瓶盖不紧或玻璃破裂者；⑤没有按规定方法保存者。

2.疫苗的使用

(1)疫苗的稀释

①器具消毒：一切用于疫苗稀释的器具，如注射器、针头、容器等，使用前必须洗涤干净，并经高压灭菌或煮沸消毒，防止疫苗污染。

②稀释剂选择：必须选择符合要求的稀释剂来稀释疫苗，注射用弱毒苗的稀释剂一般用灭菌生理盐水或灭菌蒸馏水，油苗不得稀释。

③稀释方法：稀释疫苗时，首先将疫苗瓶盖消毒，再用注射器将少量的稀释剂注入疫苗瓶中，充分振荡，使疫苗完全溶解后，再加入其余量的稀释剂。如果瓶太小，可将疫苗吸出放于另一灭菌容器中，再用稀释剂把原疫苗瓶冲洗若干次。

(2)疫苗稀释后尽快使用　疫苗应在用前由冰箱内取出，稀释后尽快使用，尤其是活疫苗稀释后，于高温条件下或阳光照射下易死亡。一般来说，疫苗应于2～4小时内用完，超过时间的要废弃，更不能隔天使用。

(3)疫苗接种途径及方法

①皮下注射：注射部位可选择皮肤疏松、皮下组织丰富而又没有大血管处为宜，兔常在颈部、背部。注射部位用酒精消毒后，用左手拇指和食指将皮肤捏起，形成褶皱，右手持注射器，在褶皱底部稍斜向下(或平行于躯干)把针头刺入皮肤与肌肉之间，将疫苗注入，完毕后拔出针头，立即用酒精棉球揉擦，使疫苗尽快散开。

②肌肉注射：应选择肌肉丰满、血管少、远离神经干的部位，兔常选择肌肉丰满的臀部。注射部位用酒精棉球消毒，以左手食指与拇指压住注射部位肌肉，右手持注射器稍直而迅速进针。

3.疫苗使用注意事项

①注射前仔细检查疫苗瓶有无裂缝,瓶盖是否松动,性状是否有所改变,凡确定有异常的都不能使用或与生产厂家联系征求意见,并要详细阅读说明书,严格按说明操作。

②对湿冻疫苗事先用冷水解冻。

③疫苗必须充分震荡均匀后使用。

④注射器与针头煮沸消毒,1只兔用1个针头,注射部位先用2%碘酊擦拭,再用75%酒精棉球脱碘。大群注射时,可直接以酒精消毒。

⑤每瓶疫苗启用后应一次用完,使用后的注射器、疫苗瓶或剩余的疫苗,不要随意乱扔,应该焚烧后再扔到固定的地方,并定期深埋。

⑥注意过敏反应,某些疫苗注射后动物可能发生暂时性的微热反应及食欲减退、精神不振等,属正常反应。如果个别兔出现呕吐、肌肉震颤等过敏反应,应及时肌注肾上腺素(0.5~1毫升)或地塞米松(0.5~1毫克),或静脉注射10%葡萄糖酸钙5~20毫升抢救。

⑦一般在注射疫苗后应观察1周,最好在免疫接种后2~3周抽样检测抗体水平,以判断疫苗免疫效果,便于采取补救措施,这在大型饲养场是十分必要的。

⑧注射疫苗应与驱虫时间间隔7天以上,减少过度应激反应。

⑨应保存留样疫苗,以备后查,利于事故处理和仲裁。

(三)免疫程序的制定

1.制定免疫程序的目的

通过有计划的多次疫苗免疫,使兔体内抗体浓度始终保持在有效保护浓度之上。体内的免疫抗体只有达到一定含量时,才能抵御病原微生物的感染,防止疫病发生。

2.确定免疫程序的依据

(1)当地疫病的流行情况　制定免疫程序首先考虑的是本地区疫情流行的情况,在免疫程序的制定过程中必须将当地经常流行、危害性大的疫病列入免疫范围。但对某些未查清流行情况的新病必须谨慎,不能盲目使用疫苗，以免接种疫苗后，引入新的病原导致暴发该病。

(2)疫苗的种类　疫苗种类不同，其抗体的消长规律、抗体的半衰期也不同，疫苗种类很多，各有优点，不能相互取代。

(3)母源抗体的影响　初次免疫时应考虑到母源抗体对免疫的影响，母源抗体水平高，能干扰疫苗的免疫作用，只有当母源抗体下降到一定水平，使用疫苗才能充分地发挥其免疫作用。当前免疫失败有相当一部分与母源抗体水平有密切的关系。

(4)疫苗间的互相干扰作用　有时两种疫苗互相干扰，导致免疫失败，一般两种疫苗免疫应间隔 7 天左右，如有可能最好选用联苗，因为联苗在研制生产中采用了特殊工艺，消除疫苗间的拮抗作用。

(5)疫苗的使用剂量要适当　使用剂量过少导致疫苗起不到免疫效果，剂量过大可导致免疫麻痹。

因此，免疫程序应根据本地区的疫病流行规律、兔的品种、年龄、母源抗体水平和饲养条件，以及使用疫苗的种类、性质、免疫途径等方面的因素制定，不宜作统一规定。免疫程序应随情况的变化而作适当的调整，不存在普遍适用的最佳免疫程序。

3.免疫失败的原因

虽然每年都按常规接种疫苗，但有的传染病几乎每年在全国范围内都有散发或地方流行，分析免疫失败的原因主要有以下几个方面：

(1)疫苗效价低　免疫后机体不能产生足够的抗体，兔群得不到有效保护。

(2)疫苗运输和保存不当　在运输时保温不好或封闭不严，在贮存时温度偏高都能造成效价降低。

(3)免疫剂量不足　没有详细看说明书或记错免疫剂量，注射时操作不当，看错刻度或漏免。

(4)免疫程序不当　没有按疫苗的免疫程序去做，疫苗免疫过早或过晚。

(5)疫苗解冻后存放时间过长　疫苗解冻稀释后必须在 2～4 小时内注射完，如果长时间放置，疫苗失活，造成免疫失败。

(6)同步接种产生的后果　夏季有些养兔场或户，对仔兔同步接种，使不同窝仔兔的日龄差别较大，部分仔兔可能已处于潜伏感染，当接种疫苗后会加重反应而出现症状。

(7)疫苗接种过早　在断乳后15天内接种疫苗，由于母源抗体的干扰，接种疫苗后，母源抗体中和了部分疫苗，其实质相当于免疫剂量不足而导致免疫失败。

(四)当前可用于兔免疫的疫(菌)苗及免疫程序

(1)兔病毒性出血症疫苗(兔瘟疫苗)　预防兔瘟，幼兔45日龄左右进行首免，每只0.5毫升，疫区可提前至30日龄首免，首免与二免间隔90天为宜。成年兔一年两免，春、秋两季进行，每次每只1毫升，免疫期6个月。

(2)兔巴氏杆菌灭活苗　预防兔巴氏杆菌病，15～30日龄的兔每只0.5毫升，间隔14天加强免疫1毫升，7天后产生免疫力，免疫期6个月。青年兔、成年兔每年免疫2次，每次皮下注射1毫升。

(3)魏氏梭菌性肠炎灭活苗　预防魏氏梭菌性肠炎，30日龄以上兔，每只皮下或肌肉注射1毫升，间隔14天再注射1毫升，免疫期为6个月。青年兔、成年兔每年免疫2次，每次2毫升。

(4)支气管败血波氏杆菌灭活苗　预防支气管败血波氏杆菌病，孕兔产前2～3周、仔兔断奶前1周，每只皮下或肌肉注射1毫升，7天后产生免疫力。青年兔、成年兔每年免疫2次，每次1毫升。

(5)伪结核耶新氏杆菌多价灭活苗　预防伪结核耶新氏杆菌病，仔兔断奶前1周，每只皮下或肌肉注射1毫升，7天后产生免疫力，免疫期6个月。青年兔、成年兔每年免疫2次，每次1毫升。

(6)沙门氏菌灭活苗　预防沙门氏菌病(下痢和流产)，仔兔断奶前1周、母兔妊娠初期，每只皮下或肌肉注射1毫升，7天后产生免疫力。青年兔、成年兔每年免疫2次，每次1毫升。

(7)兔黏液瘤疫苗　预防兔黏液瘤病，用黏液瘤兔肾细胞弱毒苗，按标签标明剂量加生理盐水稀释，兔断奶后皮下或肌肉注射 1 毫升，4 天后产生免疫力，免疫期为 1 年，以后每年一次。

(8)巴瘟二联苗　预防巴氏杆菌病和兔瘟，断奶后，每只皮下或肌肉注射 1 毫升，7 天后产生免疫力，免疫期 4～6 个月。青年兔、成年兔每年免疫 2 次，每次 1 毫升。

(9)巴魏二联苗　预防巴氏杆菌病和魏氏梭菌性肠炎，20～30 日龄仔兔，每只皮下注射 1 毫升，30 日龄后每只皮下注射 2 毫升，7 天后产生免疫力。青年兔、成年兔每年免疫 2 次，每次 2 毫升。

(10)魏瘟二联苗　预防魏氏梭菌性肠炎和兔瘟，断奶后每兔皮下或肌肉注射 1.5 毫升，7 天后产生免疫力，免疫期 4～6 个月。青年兔、成年兔每年免疫 2 次。

(11)瘟巴魏三联苗　预防兔瘟、巴氏杆菌病、魏氏梭菌性肠炎，断奶后每兔皮下或肌肉注射 1.5 毫升，7 天后产生免疫力，免疫期 4～6 个月，青年兔、成年兔每年免疫 2 次。

(12)兔巴氏杆菌、波氏杆菌灭活油佐剂二联苗　预防兔巴氏杆菌病、波氏杆菌病，30 日龄以上的兔，每兔注射 1 毫升，间隔 14 天再次免疫，每只兔注射 0.5 毫升，2 个月以上的兔每次注射 1 毫升，免疫期为 6 个月。青年兔、成年兔每年免疫 2 次。

(13)绿脓假单胞菌多价灭活苗　预防兔绿脓杆菌病，每兔肌肉或皮下注射 1 毫升，7 天产生免疫力，免疫期为 6 个月，青年兔、成年兔每年免疫 2 次。

(14)兔大肠杆菌灭活苗　预防兔大肠杆菌病，20～30 日龄的仔兔，肌肉或皮下注射 1 毫升，7 天后产生免疫力，免疫期为 4 个月。

(15)兔葡萄球菌灭活苗　预防因葡萄球菌感染引起的母兔乳房炎、仔兔黄尿病、脚皮炎等，皮下注射 2 毫升，母兔于配种前后注射，以后每 6 个月免疫 1 次。

(16)兔痘疫苗　兔群受到兔痘威胁时，可用牛痘疫苗作紧急预防接种，使用方法按标签说明。

五、药物预防

药物预防是指平时在兔的饲料和饮水中添加一定药物，以预防疫病的发生。由于有些兔疫病至今尚无有效的疫苗，或有些疫苗的免疫效果不理想，而使用一些高效的抗菌药物则可预防某些特定疫病的发生与流行，而且还可能促进兔的生长发育。因此，应有针对性地选择安全药物，加入饲料和饮水中进行群体药物预防。

（一）药物预防的原则

由于各种药物抗病原体的性能不同，所以预防用药必须有所选择，一般情况下应按照以下原则选用药物。

1. 有针对性的合理用药

①要根据所在地区兔疫病发生与流行的规律，有针对性地选择抗菌谱广、药效好、不易产生耐药性、安全可靠的药物，切不可盲目滥用药物。

②不同药物抑制和杀灭病原体的性能不同，必要时可进行药敏试验，以选择高敏感性药物，提高预防效果。

③在选择药物时，注意药物的性质，有些药物是水溶性的，有些是悬浮剂，有些则完全不溶于水只适合加入饲料中；有些药物只能在肠道中起作用（不能进入血液里），有些可进入血液中；有些药物要在短时期内大量使用才有效，有些是每天食少量而要长期服用才有效。因此，要了解药物的性质，合理选择和使用药物。

2. 剂量适当

①药物预防一定要按规定的用药剂量，均匀地拌入饲料或完全溶解于饮水中，用药剂量过大，造成药物的浪费，还可引起毒副作用。用药剂量不足、用药时间过长，不仅达不到药物预防的目的，还可能诱导细菌产生耐药性。

②要考虑动物的品种、性别、年龄与个体差异等慎重用药，幼龄兔、

老龄兔及母兔对药物的敏感性比成年兔高,用药剂量应相对小些;体重小、体质弱的兔较体重大、体质强的也应适当降低用药剂量。

3.要防止药物蓄积中毒和毒副作用

有些药物进入动物机体后排出缓慢,连续长期用药,可引起动物药物蓄积中毒。

4.注意配伍禁忌

两种或两种以上的药物配合使用时,配伍不当药物间会发生沉淀、分解、结块等理化反应,致使药效降低,达不到预防效果。

5.注意休药期

肉用兔要按照国家规定期限预留休药期,保证动物产品安全、卫生,无国家禁止的药物残留。

(二)预防用药的方法

不同的用药方法,可以影响药物在机体内的吸收速度、药效的发挥以及维持时间长短等,甚至引起药物性质的改变。常用的群体预防给药方法主要有混饲给药、混水给药等,生产中可以根据具体情况合理选用。

1.混饲给药法

将药物拌入饲料中,让兔通过采食获得药物。优点是省时省力,投药方便,适宜群体给药,也适宜长期给药,缺点是如药物搅拌不匀,就有可能发生有的兔采食药物量不足,有的兔采食药物过量而发生药物中毒。混饲给药时应注意以下问题:

①药物用量要准确无误;

②药物与饲料要混合均匀;

③饲料中不能含有对药效有影响的物质;

④饲喂前要把料槽清洗干净,并在规定的时间内喂完。

2.混水给药法

将药物加入饮水中,让兔通过饮水获得药物。优点是省时省力,方便实用,适用于群体给药,缺点是由于兔饮水时往往要损失一部分水,用药量要大一点；另外由于兔个体之间饮水量不同，每只兔获得的药量可能存在差异。混水给药时应注意以下问题：

①使用的药物必须能溶解于水中；

②要有充足的饮水器具，保证每只兔在规定的时间内都能喝到足够的水；

③饮水器具一定要清洗干净；

④饮用水要清洁卫生，水中不能含有对药效有影响的物质；

⑤药物使用的浓度要准确无误；

⑥药物饮水之前要停水，夏天停水 1～2 小时，冬天停水 3～4 小时，然后让兔饮用含有药物的水，这样可使兔在较短的时间饮到足量的水，以获得足量的药物；

⑦药物饮水要按规定的时间饮完，超过规定时间药效就会下降，失去作用。

(三)药物预防应注意的问题

①用于防治兔疫病的各种兽药、生物制品、药物添加剂及微生态剂等一定要从国家批准的生产厂家购买，并认定其批准文号、生产许可证、生产日期、质量标准、保存期等，严禁购买无证的假劣兽药，以免贻误疫病的防治，造成重大的经济损失。

②投放药量剂量要足，给药方法要准，混料搅拌要匀，混水溶解要完全，用药时间一般为 7～15 天。

③每次进行药物预防时，对使用的药物名称、剂量、方法及用药时间要详细记录，以便及时观察，随时处理可能出现的问题。

(四)临床常用的抗菌药

1. 青霉素

【作用与用途】抗菌谱较窄，临床适用于治疗各种敏感菌引起的感染，如肺炎、坏死杆菌病、支气管炎、乳房炎、链球菌病、葡萄球菌病、子宫内膜炎等。

【用法与用量】以灭菌生理盐水或注射用水溶解，供肌肉注射；以生理盐水或5%葡萄糖注射液稀释至每毫升5 000国际单位以下浓度，作静脉注射。每次每千克体重2万～4万国际单位，每天2～4次，连用3～5天。

【注意事项】青霉素水溶液极不稳定，必须现用现配；不宜与四环素、土霉素、氯霉素、卡那霉素、庆大霉素、维生素C、碳酸钠、磺胺钠盐、去甲肾上腺素、阿托品等混合使用；随着青霉素的广泛应用，耐药菌株逐渐增加，选用青霉素一定要给予足够的剂量和疗程，临床应用可适当加大剂量；青霉素钾(钠)遇湿易分解失效，其铝盖胶塞瓶装制剂不宜放置冰箱中；青霉素过敏反应是其主要的不良反应，在动物临床中较少发生，一旦出现可用肾上腺素进行抢救。

2.氨苄青霉素(氨苄西林)

【作用与用途】广谱半合成青霉素，本品对革兰氏阳性菌和革兰氏阴性菌如链球菌、葡萄球菌、炭疽杆菌、布氏杆菌、巴氏杆菌、大肠杆菌和沙门氏菌均有效，但对金黄色葡萄球菌和绿脓杆菌无效。本品对革兰氏阳性菌的作用不及青霉素G，对革兰氏阴性菌的作用不及庆大霉素、卡那霉素和多黏菌素，与氯霉素、四环素相似或略强。主要用于防治上述敏感菌引起的消化道、呼吸道、尿路感染和败血症。

【用法与用量】粉剂可内服，拌料、饮水，每次每千克体重15～25毫克，每天2～3次；针剂每支0.5克，每次每千克体重5～10毫克，肌肉或静脉注射，每天2次。

【注意事项】同青霉素。

3.羟氨苄青霉素

【作用与用途】临床上对呼吸道、泌尿道、皮肤、软组织等感染疗效较好。

【用法与用量】内服每次每千克体重15毫克，1日3次。肌肉注射，每次每千克体重25～30毫克，1日2次。

4.羧苄青霉素钠(卡比西林)

【作用与用途】临床上可用于治疗绿脓杆菌、变形杆菌、大肠杆菌所引起的烧伤、创伤感染，以及败血症、骨髓炎、腹膜炎、呼吸道和泌尿道感染等。因用量大一般只用于抢救绿脓杆菌引起的严重感染。与青霉素有交叉耐药性及交叉过敏反应。与庆大霉素、黏杆菌素、甲烷磺酸盐合用，对治疗绿脓杆菌感染有协同作用。

【用法与用量】粉针剂，静脉或肌肉注射，每千克体重 50～200 毫克，分 4～6 次注射。

5.头孢菌素Ⅰ(噻孢霉素钠、先锋霉素Ⅰ)

【作用与用途】临床上主要用于耐药性金黄色葡萄球菌、链球菌、肺炎球菌和巴氏杆菌、大肠杆菌、沙门氏杆菌等引起的呼吸道、泌尿道感染及牛乳腺炎等。

【用法与用量】粉针剂，用时加适量注射用水溶解，肌肉注射，每次每千克体重 35 毫克，每天 3 次。

【注意事项】内服吸收不良，只供注射；对肝、肾功能有影响，不宜与庆大霉素合用。

6.头孢噻啶(头孢菌素Ⅱ、先锋霉素Ⅱ)

【作用与用途】用于变形杆菌、葡萄球菌、沙门氏菌等引起的动物呼吸道、泌尿道等严重感染。

【用法与用量】粉针剂，用前加适量注射用水溶解，每次每千克体重 20 毫克，肌肉注射，1 日 2 次，连用 5 天。

【注意事项】对肾毒性较大，肝、肾功能不全者慎用。

7.头孢氨苄(苯甘孢霉素、头孢菌素Ⅳ、先锋霉素Ⅳ)

【作用与用途】本品对金黄色葡萄球菌、溶血性链球菌、大肠杆菌、变形杆菌等敏感菌所致的泌尿道、皮肤及软组织等部位感染有效，对绿脓杆菌无效。内服易吸收，主要从尿道排泄。适用于尿路感染，但肾功能严重受损者应减量。

【用法与用量】胶囊剂、片剂，内服，每次每千克体重 33 毫克，1 日 4 次。

8.红霉素

【作用与用途】抗菌谱与青霉素相似，对革兰氏阳性菌，如金黄色葡萄球菌、肺炎球菌、链球菌、炭疽杆菌、李氏杆菌、腐败梭菌、气肿疽梭菌均有较强抗菌作用，对某些革兰氏阴性菌，如嗜血杆菌、巴氏杆菌、布氏杆菌、放线菌也有较强作用，对某些螺旋体、支原体等也有抑制作用。临床适用于上述敏感菌引起的各种感染，亦可配成眼膏或软膏，用于皮肤和眼部感染。

【用法与用量】片剂，按每天每千克体重 10 毫克，分 2 次内服，或按每千克体重 4 毫克混饮给药，连用 3～5 天；混饲浓度为每千克体重2～4 毫克，连用 5 天。粉针注射，用乳糖酸红霉素制剂，用前用注射用水配成 5％注射液，然后用 5％葡萄糖注射液稀释成 0.5％注射液，缓缓静脉注射或分点肌肉注射。静脉、肌肉注射，1 次用量 50～100 毫克，每日 3 次，连用 3 天。

高力米先(强力米先、硫氰酸红霉素、水溶性红霉素)：高力米先含硫代氰酸盐基的红霉素，能完全溶于水。有 3 种剂型：①饲料预混剂，含红霉素 11％，按每千克饲料中加入本品 0.9～1.8 克，混饲连用 5 天。②注射剂，含红霉素 50 毫克/毫升，肌内注射，每千克体重 1～5 毫克。③水溶性粉剂，每克含红霉素 46～56 毫克，按 1 千克饮水中加入 2.2～2.5 克，连续饮用 3～5 天。

【注意事项】忌与酸类药物配伍，粉针剂为乳糖酸盐，用生理盐水等含无机盐类溶液稀释易产生沉淀。

9.泰乐菌素

【作用与用途】对革兰氏阳性菌和部分革兰氏阴性菌，如金黄色葡萄球菌、化脓链球菌、肺炎链球菌、化脓棒状杆菌等有抗菌作用；对霉形体有高效，对螺旋体也有效，对革兰氏阳性菌的作用较红霉素稍弱。

【用法与用量】内服，每千克体重 20～40 毫克，每天 1～2 次；混饮浓度，0.012％～0.03％，连服 5 天；混饲浓度，0.02％～0.05％，连服 5 天。肌内注射，每次每千克体重 10 毫克，每天 1～2 次。

【注意事项】本品水溶液遇铁、铜、铝、锡等离子多形成络合物而减效。

10. 林可霉素（洁霉素）

【作用与用途】主要对革兰氏阳性菌，如金黄色葡萄球菌、链球菌、肺炎球菌、破伤风杆菌、炭疽杆菌、大多数产气荚膜杆菌等有较强抗菌作用，特别适用于耐青霉素、红霉素菌株及对青霉素过敏的患兔；对革兰氏阴性菌、肠球菌作用较差；也用作促生长饲料添加剂。

【用法与用量】内服，每次每千克体重 15～30 毫克，每天 1 次，连服 3～5 天。肌内注射或静脉注射，每次每千克体重 10～30 毫克，分 2 次注射。

11. 硫酸链霉素

【作用与用途】主要对结核杆菌、多种革兰氏阴性杆菌，如巴氏杆菌、布氏杆菌、沙门氏菌、大肠杆菌、痢疾杆菌、嗜血杆菌及支原体等有抑菌（低浓度）和杀菌（高浓度）作用，可用于防治各种敏感菌引起的畜禽呼吸道感染、尿路感染、放线菌病、钩端螺旋体病、细菌性胃肠炎、乳腺炎、败血症等。

【用法与用量】粉针剂：每支 100 万国际单位（1 克），肌肉注射，用注射用水稀释，每次每千克体重 4 万国际单位，每天 2 次。内服 1 次量，0.25～0.5 克，每天 2 次。

【注意事项】本品遇酸、碱或氧化剂、还原剂均易受破坏而失活。在弱碱性环境中抗菌作用增强，治疗泌尿道感染时，宜同时内服碳酸氢钠。与两性霉素、红霉素、新生霉素钠、磺胺嘧啶钠在水中相遇会产生混浊沉淀，故在注射或饮水给药时不能合用。易产生耐药性，长期用药，对听神经等有不良反应。

12. 硫酸庆大霉素（硫酸正泰霉素）

【作用与用途】广谱抗生素，对葡萄球菌、链球菌、肺炎球菌、炭疽杆菌等革兰氏阳性菌和大肠杆菌、沙门氏菌、绿脓杆菌、巴氏杆菌等均有良好杀菌作用，对支原体、结核杆菌的杀菌力也较强。用于上述敏感菌引起的消化道、呼吸道、泌尿道感染及败血症、烧伤等。

【用法与用量】内服，每千克体重 10～15 毫克，分 2～3 次内服；肌肉注射，每次每千克体重 3～5 毫克，每天 2 次，连用 4～5 天。

【注意事项】本品对肾脏和听神经有毒性，对兔肾脏毒性大，用时应注意。

13. 硫酸卡那霉素

【作用与用途】广谱抗生素，对大多数革兰氏阴性菌，如大肠杆菌、产气杆菌、巴氏杆菌、沙门氏菌均有强大抗菌作用，对耐药性金黄色葡萄球菌、链球菌和结核杆菌也有效。用于防治敏感菌引起的各种感染。

【用法与用量】肌肉注射，每次每千克体重 10～20 毫克，1 日 2～3 次；内服，每千克体重 20～30 毫克，分 3～4 次内服。

【注意事项】对肾脏和听神经有毒害作用，不宜与钙制剂合用。

14. 硫酸新霉素

【作用与用途】与卡那霉素相似，对革兰氏阴性菌和阳性菌，如大肠杆菌、沙门杆菌、葡萄球菌及放线菌、钩端螺旋体、阿米巴原虫等均有抑制作用。可内服或气雾给药治疗肠道、呼吸道感染，局部应用对皮肤、创伤和眼、耳感染及子宫内膜炎、乳腺炎等也有良效。

【用法与用量】内服每千克体重 10～25 毫克，分 2～4 次服。肌肉注射，每日每千克体重 15 毫克，分 4 次注射。硫酸新霉素眼膏、软膏供外用。

【注意事项】对肾、耳毒性较强；肉兔不能用此药。

15. 盐酸金霉素(氯四环素)

【作用与用途】与土霉素相似。对革兰氏阳性菌、金黄色葡萄球菌感染的疗效较土霉素好。亦可用作饲料添加剂。

【用法与用量】肌肉注射：每千克体重 40 毫克，每天 2 次。口服：每天每千克体重 50 毫克，分两次服完，连用 4 天。

16. 多黏菌素

【作用与用途】对革兰氏阴性菌有强大抗菌作用，绿脓杆菌尤为敏感，对革兰氏阳性菌的作用较差。主要用于治疗绿脓杆菌、大肠杆菌、沙门氏菌、巴氏杆菌等革兰氏阴性菌引起的败血症及呼吸系统、泌尿道、消化道、烧伤创面感染和乳腺炎等。

【用法与用量】硫酸多黏菌素 E(硫酸黏菌素、硫酸抗敌素)内服，每千克体重 1.5 万～5 万单位，每天 1～2 次。多黏菌素 B 和多黏菌素 E 肌肉注射，每日每千克体重 1 万～5 万单位，分 2 次注射。

【注意事项】对肾脏和神经系统有明显毒性，用药不应超过 5 天。肾功能不全者禁用。

17. 痢菌净

【作用与用途】广谱抗菌药。用于防治细菌性肠炎和痢疾。

【用法与用量】混料：每千克体重 5～10 毫克拌料，每日 2 次，连用 3～5 天。

18. 灰黄霉素

【作用与用途】对小孢子菌、表皮癣菌和毛癣菌等皮肤真菌均有抑制作用，但对深部真菌无效。主要用于治疗兔浅表真菌感染。治疗以内服为主，外用几乎无效。

【用法与用量】内服，每日每千克体重 25 毫克，皮肤毛癣连用 3～4 周，直至痊愈。

【注意事项】肝脏病兔和妊娠家兔不宜应用。

19. 制霉菌素

【作用与用途】广谱抗真菌药，对念珠菌、曲霉菌、毛癣菌、表皮癣菌、小孢子菌、组织胞浆菌、皮炎芽生菌、球孢子菌等均有抑菌或杀菌作用。主要用于防治胃肠道和皮肤黏膜真菌感染及长期服用广谱抗生素所致的真菌性二重感染。气雾吸入对肺部霉菌感染效果好。

【用法与用量】内服，10 万～20 万单位/只，每天 3～4 次。软膏剂、混悬剂（现用现配）供外用。

20. 两性霉素 B

【作用与用途】抗深部真菌感染药，组织胞浆菌、念珠菌、皮炎芽生菌、球孢子菌等对本品敏感。主要用于治疗上述敏感菌所致的深部真菌感染，对曲霉病和毛霉病亦有一定疗效。对胃肠道、肺部真菌感染宜用内服或气雾吸入，以提高疗效。

【用法与用量】静脉注射，每千克体重 0.15～1.0 毫克，每周 3 次，连用 2～4 周。

【注意事项】本品与氨基甙类抗生素、氯化钠等合用药效降低，与利福平、氟胞嘧啶合用疗效增强。

21. 克霉唑（抗真菌Ⅰ号）

【作用与用途】广谱抗真菌药，对皮肤癣菌类的作用与灰黄霉素相似，对深部真菌的作用类似两性霉素B。内服适用于治疗各种深部真菌感染，外用治疗各种浅表真菌病也有良效。

【用法与用量】口服：每只兔每天0.02～0.05克，分3次口服，连用5～7天。

22. 氟哌酸

【作用与用途】为吡啶酮类抗菌药，抗菌谱广，对大肠杆菌、巴氏杆菌、沙门氏菌、绿脓杆菌等革兰氏阴性菌及葡萄球菌、链球菌、支原体有很强的抗菌作用，对耐庆大霉素、氨苄青霉素等的菌株也有良好的作用。主要用于上述敏感菌所致的败血症、肠道及泌尿系统的感染，有良好效果。

【用法与用量】内服，0.01%～0.02%浓度拌料，连用3～5天；饮水，按0.1%浓度，连用3～5天。

23. 环丙沙星

【作用与用途】广谱抗菌药，对革兰氏阴性菌，如大肠杆菌、巴氏杆菌、沙门氏菌、嗜血杆菌、波氏杆菌、绿脓杆菌、布氏杆菌、李氏杆菌及支原体等均有极强的抗菌作用，对葡萄球菌、链球菌等革兰氏阳性菌亦有较强作用。广泛适用于上述敏感菌所致的呼吸道、消化道、泌尿生殖道、皮肤及软组织、眼等部位的感染及创伤化脓、外耳炎等的防治，有良好效果。

【用法与用量】混饲浓度为0.01%（每千克饲料加本品0.1克），连续喂服2～3天。肌肉注射，每次每千克体重10～20毫克，每天2次，或每次每千克体重20毫克，每天1次，连用3～5天。饮水，每千克水0.1～0.2克，连用3天。

【注意事项】与氯霉素合用，药效降低，故使用过氯霉素的兔，48小时内不宜用本药；忌与含铝、镁等金属离子的药物同用；本药空腹用效果好。

24. 恩诺沙星

【作用与用途】与环丙沙星和氟哌酸相似，但抗菌作用更强，为氟哌酸的2～10倍，是防治兔细菌病，尤其是急、慢性呼吸道病及顽固性腹泻的效果好。

【用法与用量】混饲：每千克饲料0.1～0.2克，连用3～5天；饮水：每千克水0.1克，连用3～5天。

【注意事项】同环丙沙星。

25. 氧氟沙星（氟嗪酸）

【作用与用途】同恩诺沙星。具有广谱、高效、低毒之优点。对使用其他喹诺酮类药物效果欠佳的畜禽细菌病，应用本品效果良好，是目前防治畜禽细菌病，尤其是急、慢性呼吸道病及顽固性腹泻的首选药物。

【用法与用量】饮水：每千克水2.5～5克，连用3～5天；肌肉注射：每千克体重10～20毫克，每天2次，连用3天。

【注意事项】同环丙沙星。此外，本品与青霉素联用，对金黄色葡萄球菌有协同作用。

26. 磺胺嘧啶（SD）

【作用与用途】抑菌力强，疗效较高，副作用小，吸收快，排泄慢，易进入组织和脑脊液，是治疗脑部感染的首选药物。常用于治疗巴氏杆菌病、沙门氏杆菌病、住白细胞虫病、弓形虫病等，肺炎、上呼吸道感染具有良好作用。

【用法与用量】内服或肌肉注射，每次每千克体重0.07～0.1克，每天2次，首次量加倍，连用3天。

【注意事项】针剂呈碱性，忌与酸性药物配伍，不能与维生素C、氯化钙等药物混合使用。

27. 磺胺脒（SG）

【作用与用途】内服吸收少，在肠内可保持较高浓度，适用于肠炎、腹泻等肠道细菌性感染。

【用法与用量】内服1次量，每千克体重0.1～0.3克，分2～3次内服，首次量加倍。

28. 磺胺甲基异嗯唑（新诺明，SMZ）

【作用与用途】抗菌作用较其他磺胺药强，与抗菌增效剂 TMP 合用，抗菌作用可增强数倍至数十倍。主要用于治疗呼吸道、泌尿道感染及巴氏杆菌病、沙门氏菌病、大肠杆菌病、葡萄球菌病等。

【用法与用量】内服或肌内注射，首次量，每千克体重 0.1 克，维持量，每千克体重 0.07 克，每天 2 次。

复方新诺明片：内服，每次每千克体重 20～25 毫克，每天 2 次，连用 3 天。

29. 磺胺对甲氧嘧啶（磺胺-5-甲氧嘧啶，消炎磺，SMD）

【作用与用途】对革兰氏阳性菌和革兰氏阴性菌均有良好的抗菌作用，但较制菌磺弱。对尿路感染疗效显著，对生殖、呼吸系统及皮肤感染也有效。与 TMP 合用可增强疗效。

【用法与用量】内服，首次量，每千克体重 0.1 克，维持量，每千克体重 0.07 克，每 24 小时 1 次。增效磺胺对甲氧嘧啶钠注射液，肌肉注射 1 次量，每千克体重 0.1～0.2 毫克，1 日 1～2 次。

30. 磺胺间甲氧嘧啶（磺胺-6-甲氧嘧啶，制菌磺，SMM，DS-36）

【作用与用途】是体内外抗菌作用最强的磺胺药，对球虫和弓形虫也有显著作用。用于防治各种敏感菌所致的畜禽呼吸道、消化道、泌尿道感染及球虫病、弓形虫病等。与 TMP 合用可增强疗效。

【用法与用量】片剂，内服 1 次量，每千克体重 0.07 克，每天 2 次，首次量加倍。肌内注射，每次每千克体重 0.025～0.05 克，每天 2 次。

31. 磺胺间二甲氧嘧啶（磺胺-2，6-二甲氧嘧啶，SDM）

【作用与用途】抗菌作用与磺胺嘧啶相似，抗原虫作用比磺胺喹嗯啉和呋喃唑酮强。主要用于防治巴氏杆菌病、沙门氏菌病、畜禽球虫病、住白虫病、弓形虫病等。

【用法与用量】内服，兔球虫病，按每千克体重 0.075 克混饲投药，每日 1 次，连用 3 天为 1 疗程。间隔 7 天再进行第 2 疗程，共用 3 个疗程。

32. 磺胺邻二甲氧嘧啶(SDM)

【作用与用途】抗菌作用同磺胺嘧啶，但稍弱。内服吸收迅速。主要用于轻度或中度呼吸道、消化道和泌尿道感染。

【用法与用量】内服，每千克体重 0.05～0.1 克，每天 1 次。肌肉注射或静脉注射，每千克体重 0.025 克，每天 1 次。

33. 甲氧苄氨嘧啶(三甲氧苄氨嘧啶，TMP)

【作用与用途】广谱抗菌药，其抗菌谱与磺胺相似而作用较强，对革兰氏阳性菌和革兰氏阴性菌均有效。与磺胺药及抗生素合用，抗菌活性增加数倍至数十倍，甚至呈现杀菌作用，并可减少药物用量及不良反应。本品与磺胺药的复方制剂，对兔呼吸道、消化道、泌尿道等多种感染和皮肤、创伤感染、急性乳腺炎等，均有良好的防治效果。

【用法与用量】内服或肌肉注射，每千克体重 10 毫克，每天 2 次。本品与各种磺胺药的复方制剂配比为 1∶5。

【注意事项】妊娠初期不宜应用，复方注射液由于碱性甚强，能与多种药物的注射液产生配伍禁忌。

34. 二甲氧苄氨嘧啶(敌菌净，DVD)

【作用与用途】与 TMP 相同但作用较弱。内服吸收不良，在消化道内可保持较高浓度，因此，用于防治肠道感染的抗菌增效作用比 TMP 强。常与磺胺类药联合，用于防治兔球虫病及肠道感染等。

【用法与用量】内服，每千克体重 10 毫克，每天 2 次。

35. 病毒灵(吗啉胍)

【作用与用途】抗病毒药，可用于防治病毒性流感、疱疹等。据报道，对病毒性肠炎有一定疗效。

【用法与用量】片剂，内服每次 0.1 克。针剂：5%，10 毫升/支，每次 5～15 毫升，肌肉注射，每天 2 次。

36. 病毒唑(利巴韦林)

【作用与用途】抗病毒药，可用于病毒性呼吸道感染和疱疹病毒病，如腺病毒性肺炎、病毒性结膜炎等。

【用法与用量】针剂：每支 1 毫升(含 100 毫克)，肌肉注射或静脉滴注，每千克体重10～15毫克，每天2次。眼药水：含本品0.1%～0.5%，每天6次滴眼，每次数滴。

(五)动物微生态制剂

动物微生态制剂是近些年发展起来的一种新型的添加剂，无毒副作用，无耐药性，无药物残留，具有保健、促进生长、提高饲料利用率等功效，作为一种可望取代抗菌药物的天然的生物活性制剂，并广泛有效地应用于畜禽养殖业中。随着抗菌药作为预防药物或治疗药物，在畜牧生产和兽医临床上的广泛应用，其种种弊端已逐渐暴露出来，破坏动物体内有益菌、使病原菌产生抗药性、畜产品药物残留等。随着对抗菌药不良后果认识的加深，微生态制剂作为抗菌药的替代品有不可比拟的优越性，已被广泛使用。我国对微生态制剂的开发利用起步较晚，但起点较高，发展较快，目前正由研究试验阶段进入产业化生产应用阶段。因此，微生态制剂在我国具有广阔的开发市场。

1.动物微生态制剂的概念

动物微生态制剂是将动物体内的有益细菌通过人工筛选培育，经过生物工厂化生产出来，再回归其原宿主的原生态环境，从而调整动物体内的微生态平衡一种微生物制剂。

动物微生态制剂具有以下特点：

(1)安全性　菌株是动物体内正常存在的菌群，在体内繁殖不产生任何毒素或有害物质。

(2)稳定性　菌群在不断繁殖过程中不易产生变异，能有效到达消化道特定部位并大量繁殖，对消化道内的消化酶、温度、湿度等有一定的耐受性。

(3)生长快速　菌株在干燥状态时代谢被抑制但不能死亡，在进入肠道后恢复代谢快速，占位繁殖，阻止有害细菌、病毒在消化道的吸附。

(4)生物活性　有益菌株在消化道大量繁殖的同时能分泌乳酸、短链脂肪酸、杀菌素等，能提高机体的免疫能力，有防病抗病作用。

(5)经济性　单位含活菌量高、繁殖速度快、添加量小、使用成本抵。

2. 动物微生态制剂的种类

我国农业部公布了可用于制造动物微生态制剂的主要菌种有乳酸杆菌、粪链球菌、双歧杆菌、芽孢杆菌、酵母菌等。根据制剂的用途及其作用机制可分为微生物生长促进剂和微生态治疗剂；依据微生物种类又可分为乳酸菌制剂、芽孢杆菌制剂、酵母菌类制剂和复合微生态制剂。

兽用微生态制剂主要分两类：

(1)防病治病的动物微生态制剂　主要以预防和治疗疾病为目的。多采用乳酸杆菌、双歧杆菌、蜡状芽孢杆菌等活菌制剂，用于防治畜、禽、兽、鱼的消化道、泌尿道疾病。

(2)饲料添加剂微生态制剂　长期在饲料中添加使用，可提高动物抗病能力，提高饲料消化、吸收及利用能力，还可给动物提供营养，合成蛋白质和维生素，如酵母菌。

3. 动物微生态制剂的作用机理

目前人们对微生态制剂的作用机理研究还不够深入，主要有以下3种学说：优势菌群学说、菌群屏障学说、微生物夺氧学说。具体归纳为以下几点。

(1)抑制病原菌生长，维持和调整胃肠道微生态平衡，净化肠道环境　动物胃肠道菌群的相对平衡如果遭到破坏，会使病原菌大量生长，微生态制剂作为优势菌群进入动物胃肠道后可抑制病原菌生长，弥补正常菌群数量，从而恢复肠道菌群平衡。肠道内的腐败菌、大肠杆菌等生长，会产生一些有害物质，如吲哚、氨、生物胺、酚等，微生态制剂可抑制这些物质的产生，以净化肠道环境。

(2)生物拮抗作用　微生态制剂作为正常菌群，可直接参与肠道正常菌群的生物防御，参与生物屏障结构，拮抗病原菌的生长繁殖。

(3)营养作用　微生态制剂如乳酸杆菌等在消化道内繁衍增殖，促进消化道内氨基酸、维生素等营养物质的消化吸收，促进畜禽生长，提高生产性能。

(4)刺激机体免疫系统，提高机体免疫力　微生态制剂作为非特异免疫调节因子，通过细菌本身或细胞壁成分刺激宿主免疫细胞，通过产生抗体和提高噬菌体活性等作用刺激免疫系统，激发免疫功能，提高机体的抗病能力。

(5)生物夺氧　正常动物肠道的优势菌群为厌氧菌，当动物处于应激状态时，兼性厌氧菌增加，可导致动物腹泻、营养不吸收，添加微生态制剂可恢复优势菌群，需氧的微生物如芽孢杆菌能消耗肠道内氧气，造成局部需氧环境，促进有益厌氧微生物的生长，使失调菌群平衡。

4.动物微生态制剂使用应注意的问题

(1)科学保存　微生态制剂属于活菌制剂，若保存条件不当，都会造成活菌失活，必须根据要求进行保存，一般应保存在干燥、阴暗的地方，适宜的保存温度在15℃以下为好，但不宜长时间存放。已经开启但未用完的微生态制剂，应在保持干燥、阴暗的同时，加强密封管理，因为氧气可使其中的厌氧菌失活。

(2)配伍合理　使用微生态制剂时，一般不要与抗生素及其他抑菌、杀菌药物混合使用，如果病情确实需要使用这些药物，也应间隔24小时以上先后使用。一般是先用抗菌性药物清理肠道，消除病原菌，然后再服用微生态制剂，这样就可以达到较好的使用效果。

(3)添加时机适当，剂量充足　给刚出生的动物投喂微生态制剂，可尽快形成优势菌群，预防疾病，保健的效果最好。而且剂量要够，才能充分发挥微生态制剂的作用。

六、定期驱虫

(一)有计划进行预防性驱虫，以控制和消除感染源

1.有计划的实施预防驱虫措施

多数兔寄生虫病都呈慢性过程，常被人们忽视，使兔生长缓慢，影响皮毛质量。因此要在没有出现明显症状或引起严重损失之前，及时

将动物体内感染的虫体驱除。预防性驱虫要根据当地寄生虫病的流行特点有计划地进行，一般每年驱虫2～3次。

2.治疗患病动物

经过诊断，确认动物患某种寄生虫病后，应根据患病动物的体质和病情制订治疗方案。治疗中的原则是"标本兼治，扶正驱邪"，采用特效药物和对症治疗相结合的原则，治疗病兔必须建立在正确诊断的基础上。驱虫过程中要对患病动物进行精心护理，安静休息，给以足够的恢复时间，必要时，在治疗一段时间后，再次进行寄生虫检查，以判定疗效。治疗不受时间和季节的限制，只要发现病兔立即进行。

3.驱虫的基本原则和方法

(1)驱虫药物选择原则　不论是预防还是治疗寄生虫病，应选择高效、低毒、广谱、价廉、使用方便的药物，即选择能驱除多种寄生虫，且对寄生虫成虫和幼虫都有高度驱除效果的药物；药物的治疗量不能造成动物中毒或出现其他副作用；给药方法简便；价格与其他同类药物相比低廉。但最主要是依据当地存在的主要寄生虫病选择高效驱虫药。

(2)驱虫用药方法　可单独用药，也可联合用药，从而可扩大驱虫范围，增强驱虫效果。根据不同的药物，可采用不同的给药方式，一般有：口服、灌服、注射、外用涂擦、气雾、饮水等。可个体投药或群体给药，不论哪种给药方法，均要预先测量动物体重，精确计算药量。

(3)驱虫的注意事项

①药品质量要可靠，用药计量要准确，药物使用要规范，给药途径要正确，保证药物全部进入体内。用药前要停食或早晨空腹投药，用药时饮水中加入速溶多维，可减少应激。

②投药后仔细观察动物反应，有轻微中毒表现的动物，如食欲不振、拉稀、轻微腹痛等症状，一般不需治疗，若出现严重不良反应，应及时解救(洗胃、补液、解毒、强心)。调药用具不能用金属制品，用水应是凉开水，现配现用，不能提前配制，投药后3小时方可饮水。对病兔可暂时不驱虫，康复后再驱虫。

③大群驱虫治疗或预防时，应先选出少部分动物做试验，观察药物

效果及安全性。

④驱虫时应隔离动物，驱虫后5天内的排泄物要集中堆积发酵，做无害化处理，以消灭虫卵。

（二）消灭外界环境中的虫体或虫卵，切断传播途径，防止健康动物受到感染

1. 动物粪便要堆积发酵，进行生物热除虫处理

寄生在动物体内的寄生虫，在繁殖过程中随粪便将大量的虫卵、幼虫或卵囊排到外界环境，在外界可发育到感染期。因此，杀死粪便中的虫卵、幼虫或卵囊，可以防止动物的再感染。寄生虫的虫卵、幼虫或卵囊对化学消毒药物有较强的抵抗力，常用浓度的消毒药对它们没有杀灭作用，但对热较敏感，在50～60℃的温度下，足以被杀死。而粪便堆积起来进行发酵，10～20天后，粪堆内温度可升到60～70℃，几乎可以完全杀死粪便中的病原体，所以杀死它们最有效的方法是进行粪便发酵。要经常清除动物的粪便，集中到固定的场所，堆积起来发酵处理。

2. 消灭中间宿主和传播媒介

消灭中间宿主和传播媒介可阻止寄生虫的发育，起到消除感染和阻断感染途径的双重作用。中间宿主和传播媒介主要指螺、蚯蚓、蝇、蜱及吸血昆虫等无脊椎动物。主要采用以下方法：

（1）物理方法　主要是改造生态环境，使中间宿主和传播媒介失去必需的栖息场所，如采取排水、交替升降水位、清除隐蔽物等措施。

（2）化学方法　使用化学药物杀死中间宿主和传播媒介，在兔舍、河流、池塘、草地等喷洒杀虫剂，但要注意环境污染和对有益生物的危害，必须在严格控制下实施。

（3）生物方法　养殖捕食中间宿主和传播媒介的动物对其进行捕食，如养鸭和食螺鱼灭螺等。

3. 加强卫生检验，防止食入带虫食物

喂给兔的饲料一定要进行严格的管理和检疫，不能将污染寄生虫或虫卵的饲草饲喂动物。

(三)加强饲养管理,增强动物体质,提高抗病能力

1.改善饲养条件,提供全价营养,保障动物机体有较强的抵抗力。

2.注意饲养管理卫生

(1)安全饮水　不能饮用不流动的或较浅水池、湖泊、水塘、沼泽地等处的水,最好饮用井水或自来水。用作饮水的水源禁止被粪便、垃圾或动物尸体污染,禁止将尸坑、粪坑、垃圾点设在水源附近。

(2)饲料卫生　动物的饲料要保管好,防止被粪便等污染。

(3)兔舍卫生　兔舍应保持干燥,通风良好,舍内保持清洁,及时清除排出的粪便和垃圾,粪便和垃圾要堆积发酵处理。

3.保护幼兔

一般成兔抵抗力强,不易感染,感染后发病较轻或不发病,但往往是重要的感染来源。幼兔抵抗力弱,易感染,感染后发病严重,死亡率较高。生产中应将幼兔与成兔分开饲养,减少幼兔被感染的机会;哺乳仔兔应及早训练补饲,早断奶,断奶后立即分群,安置在新建的或经过除虫处理的兔舍饲养。

(四)抗寄生虫药

1.盐酸噻咪唑(驱虫净)

【作用与用途】是一种广谱、低毒驱虫药,对畜禽 70 多种寄生虫的成虫和幼虫都有很好驱虫效果,特别是对肺线虫病有特效。

【用法与用量】盐酸噻咪唑片:内服,每次每千克体重 10～20 毫克。盐酸噻咪唑注射液:每支 5 毫升(0.25 克)、10 毫升(0.5 克),肌肉或皮下注射,每次每千克体重 12～15 毫克。

2.盐酸左旋咪唑(左咪唑)

【作用与用途】作用与噻咪唑相同,驱虫活性比噻咪唑高 1 倍。

【用法与用量】盐酸左旋咪唑片,内服,每次每千克体重 5～10 毫克。盐酸左咪唑注射液,每支 2 毫升(0.1 克)、5 毫升(0.25 克)、10 毫升(1 克),肌肉或皮下注射,每次每千克体重 10 毫克。

3. 甲苯咪唑(甲苯唑)

【作用与用途】驱虫药,对多种胃肠道线虫、某些绦虫有良效,是治疗旋毛虫的有效药品之一。

【用法与用量】甲苯咪唑粉,用前应磨成极细粉末,可供内服或混到饲料中给药。一次量,每千克体重 22 毫克。

4. 硫苯咪唑

【作用与用途】驱虫药,对胃肠道线虫的成虫和幼虫有高效。对吸虫、片形吸虫、绦虫也有较好药效,而且具有抑制产卵的作用。

【用法与用量】硫苯咪唑粉,拌到饲料中内服给药,每次量,20～50 毫克(可直接投服或制成悬浮液灌服)。

5. 丙硫咪唑

【作用与用途】驱虫药,具有广谱、高效、低毒、低残留等特点,能同时驱除胃肠道线虫、绦虫、吸虫。

【用法与用量】丙硫咪唑粉,内服,一次量,每千克体重 25～50 毫克。本品适口性差,如混饲给药,应少添多喂。

6. 灭绦灵(氯硝柳胺)

【作用与用途】驱虫药,对多种绦虫有高效,对移行在胃和小肠中前后盘吸虫的幼虫有效。

【用法与用量】氯硝柳胺粉,内服,每次每千克体重 200 毫克。

7. 吡喹酮

【作用与用途】本品为新型广谱驱绦虫和抗血吸虫药,可使进入螺体的幼虫发育受阻,对绦虫成虫及未成熟虫体有效。

【用法与用量】吡喹酮片,每片 0.1 克、0.5 克,内服。每日每千克体重 50～60 毫克,连用 5 天。

8. 依维菌素(灭虫丁、虫克星)

【作用与用途】广谱抗寄生虫新药,高效、低毒、安全、无残留。对家畜体内外寄生虫如线虫、蜱、螨、虱等具有高效驱杀作用,一次用药可同时驱除体内多种寄生虫。

【用法与用量】

片剂：每片（粒）2毫克、5毫克、10毫克，口服，每千克体重0.3～0.4毫克，首次用药后7天可重复用药一次。

针剂：2毫升（20毫克）、5毫升（50毫克），皮下注射，每千克体重0.2毫克。

9.磺胺喹噁啉

【作用与用途】本品属磺胺类药物，兽医临床上主要用作抗球虫药。其抗球虫作用机理与抗菌作用相类似，主要作用于球虫的无性繁殖期，抑制第二次裂殖体的发育，对第一次裂殖体也有一定作用。本品能有效地对抗球虫，降低卵囊的产生，减轻感染，减少死亡率。

【用法与用量】一般常用间断法给药，如与氨丙啉和增效剂合用效果更好。对兔球虫病用0.025%混饲，连用30天，或以0.1%混饲，连用2周。预防可按0.02%～0.03%饮水浓度，连用3～4周。

【注意事项】用于肉用兔时，应在宰前10天内停药，并保持箱内干燥，饲槽和饮水器不得被粪便污染。

10.硫双二氯酚（硫氯酚、别丁）

【作用与用途】本品对畜禽的吸虫和绦虫有驱杀作用。一般对成虫效佳而对幼虫效差。

【用法与用量】口服：每千克体重50～100毫克，连用5～7天。

11.氯苯胍（双氯苄氨胍、双氯苯胍）

【作用与用途】主要作用于球虫第一代裂殖体，对其他发育阶段亦有作用，活性峰期在感染后第3天。临床主要用于兔球虫病的防治。

【用法与用量】混饲连用，每千克饲料中，预防量100克；治疗量150克，混饲3～7天后改为预防量。内服按每千克体重10～15毫克，连用2周，停1周再服1周，连用2次。

12.球痢灵

【作用与用途】主要作用于球虫第一代裂殖生殖后期，作用峰期在感染后第3天。特别是对毒害艾美耳球虫作用最强。对兔球虫病有较好的防治效果。

【用法与用量】混饲，按每千克体重 50 毫克，内服，每天 2 次，连用 5 天。

13.氯嗪苯乙腈(地克珠利，杀球灵，球必清，球虫净)

【作用与用途】是一种新型广谱、高效、低毒、低浓度抗球虫药。主要作用于球虫子孢子和裂殖生殖早期，对其他发育阶段亦有作用。临床上主要用于预防兔的各种球虫病，均有极好效果，亦有较好的治疗效果。

【用法与用量】兔可混饲，连用 3～5 天，每千克饲料添加 1 克。商品预混剂含氯嗪苯乙腈 0.5%。

14.甲基三嗪酮(百球清)

【作用与用途】广谱、高效抗球虫新药。对球虫所有细胞内发育阶段的虫体均有显著杀灭作用，以对第二代裂殖体作用最强。临床上主要作治疗用药，对鸡、火鸡、鸭、鹅、鸽、兔等畜禽球虫病均有极好治疗效果，对住肉孢子虫、弓形虫亦有活性。

【用法与用量】饮水给药，每千克饮水中添加 25 克，连用 2 天。百球清为含 2.5%甲基三嗪酮的液体制剂。

15.敌百虫

【作用与用途】具有接触毒、胃毒和吸入毒作用。广谱驱虫杀虫药，不仅广泛用于驱除家畜消化道线虫，对姜片吸虫、血吸虫等亦有一定效果。外用为杀虫药，可用于杀灭蝇蛆、螨、蜱、虱、蚤等。

【用法与用量】外用，1%～2%水溶液，局部涂擦或喷洒，可防治蜱、螨、虱等。杀灭蚊、蝇、蠓等外寄生虫，可用 0.1%～0.5%溶液喷洒环境。

【注意事项】用本药大规模驱虫前应先做安全试验。在水溶液中易水解失效，应现用现配。忌与碱性药物、禁与胆碱酯酶抑制药配伍应用，否则毒性大为增强。若发生中毒，可用阿托品解毒。

16.敌敌畏

【作用与用途】同敌百虫，但驱杀虫效果是敌百虫的 8～10 倍。

【用法与用量】外用：配成 0.1%～0.15%浓度的温水溶液涂擦

患部。

【注意事项】同敌百虫。

七、预防中毒

1.防止农药中毒

常用的农药(如有机磷化合物),主要用作农作物杀虫剂和治疗动物的外寄生虫病,如果家兔采食了刚喷洒过农药的植物,或饲料源被农药污染,或治疗外寄生虫时用药不当,均可引起家兔中毒。为防止中毒应注意以下几点:①严格防止饲料源被农药污染。②严格控制青饲料的来源,已知喷洒过农药的饲料作物或青草,不能立即割喂。③用于治疗外寄生虫病时,要严格遵守使用规则,防止家兔啃咬。

2.防止饲料中毒

常见的饲料中毒有发霉饲料中毒(霉菌中毒)、棉籽饼中毒、马铃薯中毒、有毒植物中毒等。预防办法如下:

(1)防止霉变饲料中毒　贮放饲料间要干燥、通风,温度不宜过高,以防饲料发生霉败;饲料出现发霉就应废弃,严禁饲喂。

(2)防止棉籽饼中毒　日粮中不能以棉籽饼作为主体精料。如果按比例(重量)在棉籽饼中加入10%面粉,掺水煮沸1小时后,可使棉籽饼无毒。

(3)防止马铃薯中毒　马铃薯应存放在干燥阴凉处,防止发芽、变绿;不用发芽、发绿和腐烂的马铃薯喂兔,如果要喂应去掉绿皮、胚芽和腐烂部分,并煮熟后再喂;应用马铃薯茎叶做饲料时,喂量不宜过大,或用开水浸泡后再喂。

(4)防止有毒植物中毒　了解本地区的毒草种类;饲养人员要提高识别毒草的能力;凡不认识或怀疑有毒的植物,一律禁喂。

3.防止灭鼠药中毒

灭鼠药毒性大,兔误食后可引起出血性胃肠炎或急性致死,在兔舍放置毒饵时,要特别注意,勿使家兔接触误食;饲料间内严禁布放灭鼠毒饵，以防污染饲料。

4.中毒病的一般救治原则

家兔发生中毒后，在确诊的基础上，应不失时机地进行紧急救治，一般原则如下：

(1)促进毒物排出，减少毒物吸收

①洗胃：有毒物质经口摄入，在食后2～4小时内毒物尚在胃内。洗胃前最好进行镇静或全身麻醉，经口插入导管，用温水反复冲洗，排出胃内容物。在洗胃水中加入适量的活性炭可以提高洗胃效果。

②缓泻：中毒发生时间较长，大部分毒物已进入肠道时，应灌服泻剂。在泻剂中加入活性炭，以吸附毒物，效果更好。一般用盐类泻剂，常用硫酸钠，内服量为每千克体重1克。

(2)应用解毒剂　解毒剂分通用解毒剂、一般解毒剂和特效解毒剂。

①通用解毒剂对一般毒物都有一定的解毒作用，在毒物性质未确定之前使用。常用配方是：活性炭或木炭末两份、氧化镁一份、鞣酸一份混合均匀，内服5～10克。

②一般解毒剂的应用时机是毒物在胃内未被吸收的时候。分中和解毒(酸类中毒，服碳酸氢钠、石灰水等；碱类中毒内服食醋等)、沉淀解毒(用于生物碱及重金属盐类中毒)和氧化解毒(使毒物氧化而解毒)。

③特效解毒剂是对某种毒物具有特异的解毒作用。如解磷啶对有机磷化合物中毒具有解毒作用，对其他毒物没有解毒作用。

(3)放血、利尿　毒物吸入血液时，可采取放血疗法。如果是在尿中能排出的毒物，可应用利尿剂。

(4)维护全身机能，对症处置　为稀释毒物，促进毒物排除，增强肝脏解毒能力，可采取输液疗法。心脏衰竭时，可应用强心剂，如安钠咖等。家兔不安时，可应用镇静剂，如溴化钠、安溴注射液等。呼吸功能衰竭时，可应用尼可刹米，以兴奋呼吸中枢。

第四节 疫病的扑灭措施

兔场一旦发现病兔、死兔，首先应弄清是否为疫病，如确定发生了疫病，应按“早、快、严、小”的原则，迅速将其就地扑灭，防止病原体扩散，造成更大损失。

一、早发现、早诊断

生产一线的工作人员（饲养人员、技术人员等），他们直接和兔接触，在工作中一定要有高度的责任心，细心观察，及时发现动物的异常表现，并尽早通知相关人员，做好应急准备。

正确诊断是扑灭疫病的重要前提，应仔细检查病兔症状，了解免疫接种及饲养管理情况，有条件的可同时采取多种诊断方法如流行病学调查、临床诊断、病理解剖学诊断、微生物学诊断、免疫学诊断等综合诊断方法，明确诊断，及早采取相应措施。

二、建立疫情报告制

发生疫情后，应以最快的速度上报有关部门，以取得各方面的帮助和支持，同时要让周围养兔场（户）注意疫病的预防。

三、隔离与封锁

当兔群发生疫病时，应立刻对全群进行详细检查，将病兔、可疑病兔及假定健康兔进行分群隔离饲养（饲养员、饲料、用具均应分开），严禁人员、用具等相互流动，以便控制、消灭传染源。

1. 病兔

症状明显的病兔，应单独或集中隔离，由专人饲养管理，严禁无关人员进出。原饲养场所及用具彻底消毒，对病情严重或垂死的兔可立即扑杀销毁，严防疫病向外传播扩散。

2. 可疑病兔

与病兔或其污染的环境有过接触的家兔，虽然没有明显症状，但有可能正处于潜伏期，应定为可疑病兔。对可疑病兔，应在严格消毒后，限制其活动场所和范围，严密观察其健康状态，进行预防性用药或接种，若在1～2周后仍无发病，将其转为假定健康兔。

3. 假定健康兔

虽然在同一饲养场，但与病兔及其场所并无任何接触，也未表现出任何症状的正常兔，应分开饲养，必要时可转移饲养场所，但仅限于本场内。

在隔离期间应划区封锁，严禁人员参观及未经消毒的人员及用具出入，停止市场交易；来往行人、车辆及被污染对象（兔舍、用具、草料等）均须消毒；周围建立防疫带，易感兔全部进行免疫接种。至最后一头病兔痊愈或死亡，如经过2周场内家兔不再发病，对环境进行彻底消毒（称终末消毒）后，方可解除封锁。

四、紧急消毒

发生疫情后，应对污染的兔笼、兔舍、饲料、垫草、用具、食槽、水盆和粪便等进行消毒。通常根据不同的消毒对象，选择相应的方法，每3～5天消毒一次。兔舍、兔笼、地面，可选用3%来苏儿、2%烧碱液、5%漂白粉、10%石灰乳、0.02%百毒杀、0.5%过氧乙酸等进行冲洗、喷洒消毒；水盆、料槽、瓢勺等可用沸水浸泡或用2%烧碱水消毒后，清水冲洗干净；兔舍空间可用福尔马林熏蒸，兔毛用环氧乙烷熏蒸（每立方米0.7千克，作用24小时）；污水可在每立方米中加漂白粉8～10克，或放入沼气发酵池；粪便、污物可将其堆积，利用生物发酵法（70℃以上,3 个月后使用)消毒。同时采取杀虫、灭蝇、灭鼠等措施。

五、对病兔进行及时、合理的治疗或淘汰

发生疫情后,采取适当的治疗方法,是控制疫病的方法之一,从流行病学观点来看,疫病的治疗还应考虑经济问题,最少的花费取得最佳治疗效果。如果经济上不合算,则不予治疗,目前对各种动物疫病的治疗方法虽不断有所改进,但仍有一些疫病尚无有效的疗法。当认为动物无法治愈,或治疗需要很长时间,所有医疗费用超过患病动物痊愈后的价值;或当患病动物对周围的人畜有严重的传染威胁时,可以淘汰。尤其是当某地传入一种过去没有发生过的危害性较大的新病时,为了防止疫病蔓延扩散,造成难以收拾的局面,应在严密消毒的情况下将病兔淘汰处理。在一般情况下,我们既要反对那种只管治不管防的单纯治疗观点,又要反对那种从另一个极端曲解"预防为主"、"防重于治",认为重在预防,治疗就可有可无的偏见。

(一)针对病原体的疗法

一般可分为特异性疗法、抗生素疗法和化学疗法等。

1. 特异性疗法

应用针对某种传染病的高度免疫血清、痊愈血清(或全血)等特异性生物制品进行治疗,因为这些制品只对某种特定的传染病有疗效,而对别种病无效,故称为特异性疗法。

高免疫血清主要用于某些急性传染病的治疗,一般在诊断确实的基础上在病的早期注射足够剂量的高免疫血清,常能取得良好的疗效。一般高免疫血清很少生产,而且并非随时可以购得,因此在兽医实践中的应用远不如抗生素或磺胺类药物应用广泛。

2. 抗生素疗法

抗生素为细菌性传染病的主要治疗药物,合理地应用抗生素,是发挥抗生素疗效的重要前提,不合理地应用或滥用抗生素往往引起种种

不良后果。一方面可能使敏感病原体对药物产生耐药性,另一方面可能对机体引起不良反应,甚至引起中毒。

3. 化学疗法

使用有效的化学药物能帮助动物机体消灭或抑制病原体的治疗方法,称为化学疗法。治疗传染病最常用的化学药物有:磺胺类药物、抗菌增效剂、硝基呋喃类药、喹诺酮类药、抗病毒药等。

(二)针对动物机体的疗法

在动物传染病的治疗工作中,既要考虑帮助机体消灭或抑制病原体,消除其致病作用,又要帮助机体增强一般的抵抗力和调整、恢复生理机能,促使机体战胜疫病,恢复健康。

1. 加强护理

传染病动物的治疗,应在严格隔离的兔舍中进行;冬季应注意防寒保暖,夏季注意防暑降温。隔离舍必须光线充足,通风良好,应保持安静、干爽清洁,并经常进行随时消毒,严禁闲人入内;应供给病兔充分的饮水,每天更换清洁的饮水。给以新鲜而易消化的高质量饲料,少喂勤添,必要时可人工灌服。根据病情的需要,亦可用注射葡萄糖、维生素或其他营养性物质以维持其生命。

2. 对症疗法

在传染病治疗中,为了减缓或消除某些严重的症状,调节和恢复机体的生理机能而进行的疗法称为对症疗法,如使用退热、止痛、止血、镇静、兴奋、强心、利尿、轻泻、止泻、防止酸中毒和碱中毒、调节电解质平衡等药物以及某些急救手术和局部治疗等,都属于对症疗法的范畴。

3. 针对群体的治疗

目前集约化饲养规模日益扩大,在大的饲养场传染病的危害更为严重。除对病兔进行护理(改善饮水、饲料、通风等)和对症疗法之外,主要是针对整个群体的治疗。除药物治疗外,还需紧急注射疫(菌)苗、血清等。

六、正确处理尸体

因疫病而死亡的家兔尸体带有大量的病原体，必须妥善处理，防止病原向外扩散。尸体处理的方法应根据疫病的性质不同而定，以不散播病原且尽量减少损失为原则。采取的方法有：用化学药物浸泡后，在远离兔场的地方深埋；放入粪堆深处进行生物发酵；焚烧处理；化制工业油或煮熟、产酸处理等。

七、紧急接种

在发生疫病后，必须对疫区疫点和受威胁区尚未发病的家兔采取应急性免疫接种措施。应用这种措施之前，必须对受威胁的所有家兔进行详细检查，仅对正常未发病的家兔接种，对有症状的家兔必须在严格的消毒情况下立即采取隔离措施，不能再接种疫苗，而可改用免疫血清接种。在外观貌似正常的家兔中，可能混有一部分潜伏期的患兔，这部分家兔在接种疫苗后，可能会加速发病或死亡过程。因此，在紧急接种后的一段时间内家兔发病的数目会有所增加。但由于急性疫病的潜伏期一般较短，而且疫苗接种后能产生抵抗力，故发病数目会很快下降，最终疫情得到控制。

第五节　兔病的诊疗技术

一、捕捉和保定方法

兔性情温和、行动敏捷、被毛光滑，又具有防御的天性，会用牙齿和爪来防卫。在进行疾病的诊断、治疗、母兔的发情鉴定及妊娠检查时，均需先捕捉家兔，操作稍有不慎，会被兔抓伤或咬伤。同时兔胆小怕惊，在捕捉和保定时如方法不当，家兔会因挣扎而造成损伤。

(一)捕捉家兔的方法

对仔兔，因其个体小，体重轻，可以直接抓其背部皮肤，或围绕胸部大把轻轻抓起，切不可抓握太紧。

对中兔，应悄悄接近，先用手抚摸，消除兔的恐惧感，静伏后，大把连同两耳将颈肩部皮肤一起抓住，兔体平衡，不会挣扎(图 7-1,图 7-2)。

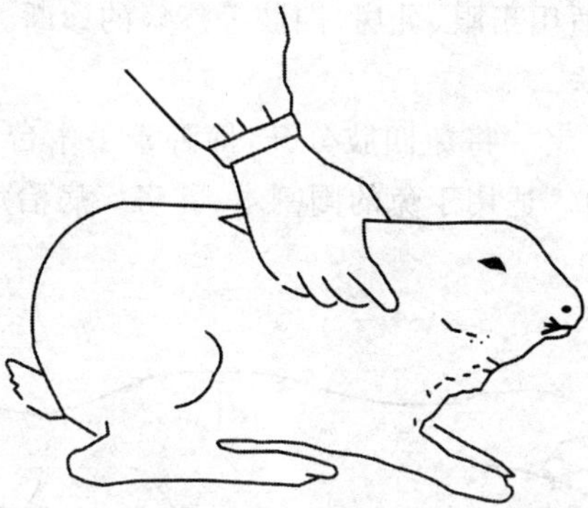

图 7-1 兔的捕捉法

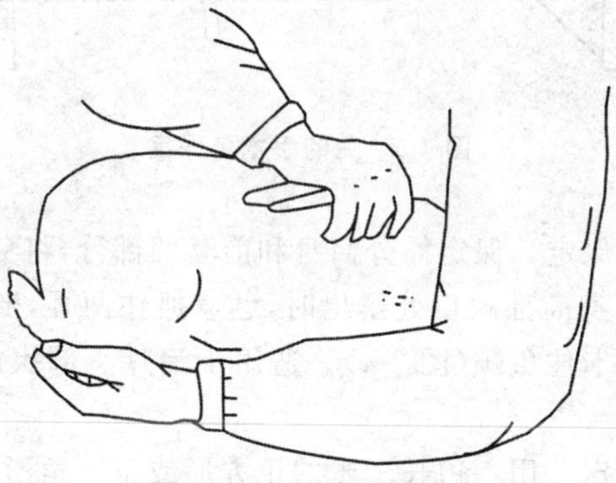

图 7-2 兔的徒手搬运法

对成年兔，方法同幼兔，成年兔体重大，操作者需要一手捕捉，一手置于股后托兔臀部，以支持体重。

在操作时应避免仅抓住两耳或后肢，因为抓住两耳或后肢会使兔挣扎或跳跃，损伤耳、腰、后肢。对成年兔直接抓其腰部也不对，这样会损伤皮下组织或内脏，有时会造成孕兔流产。

(二)兔的保定方法

1.徒手保定法

用手连同两耳将颈肩部皮肤大把抓起，另一手托住臀部皮肤和尾部使腹部向上。适用于眼、乳房、四肢等疾病的诊断。

2.器械保定法

(1)手术台保定　将兔四肢分开，仰卧于手术台上，然后分别固定头和四肢(图7-3)。适用于兔的阉割术、乳房疾病治疗及腹部手术。

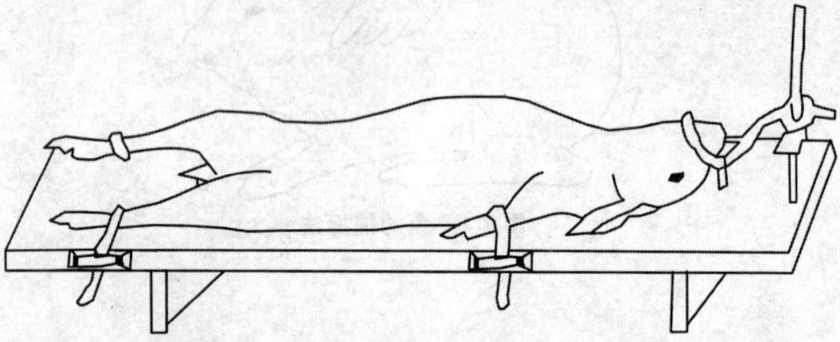

图7-3　兔的手术台保定

(2)保定筒保定　保定筒分筒身和前套两部分，将兔从筒身后部塞入，当兔头在筒身前部缺口处露出时，迅速抓住两耳，随即将前套推进筒身，两者合拢卡住兔颈(图7-4)。适用于治疗头部疾病、耳静脉注射及内服药物。

(3)包布保定　用一边长1米的正方形或正三角形包布，其中一角缝上两根30～40厘米长的带子，把包布展开，将兔置于包布中心，把包

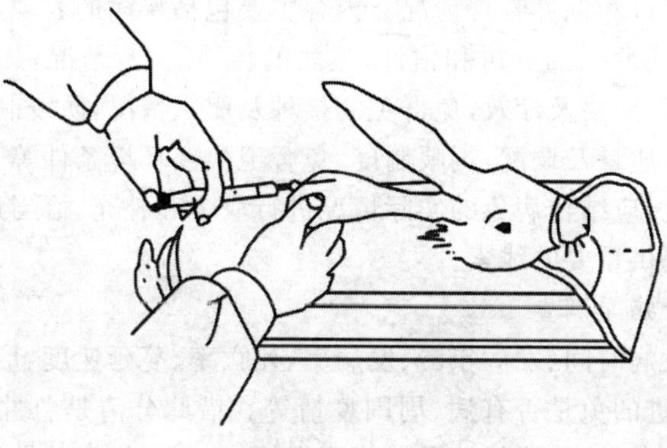

图 7-4　兔保定筒保定及耳静脉注射

布折起，包裹兔体，露出兔耳及头部，最后用带子围绕兔体并打结固定。适用于耳静脉注射、经口给药或胃管灌药。

3.化学保定法

主要是应用镇静剂和肌松剂，如静松灵等使家兔安静，无力挣扎。

二、兔病诊断技术

兔病的诊断是对兔病本质的判断，就是查明病因、确定病性，为制定和实施防制兔病措施提供依据。兔病诊断是防治工作的前提，只有及时准确的诊断，防治工作才能顺利进行，取得良好效果，否则，由于诊断错误会使防治失败，给养兔业带来重大的损失。

兔病诊断常用的方法有：病史调查、兔群观察、临床诊断、病理剖检和实验室检查等，由于每种病的特点不同，所以常需要根据具体情况进行综合诊断，有时仅需要采用其中的一两种方法就可以及时做出诊断。

（一）病史调查

病史调查即在检查病兔之前或检查过程中，向饲养管理人员了解发病及其经过和饲养管理情况。内容主要包括疾病的表现，发病时间、地点，对发病原因的分析和估计，疾病的传播、流行情况，病的经过，是否治疗，所用药物及疗效，兔群免疫接种及驱虫情况，防疫制度，日粮的种类、组成、质量及调配，饲喂制度，兔舍卫生及环境条件等。询问的内容十分广泛，应结合病兔的实际情况进行取舍和补充，恰当地问诊可为疾病确诊提供重要的线索。

1.流行病学调查

了解发病时间、发病年龄、发病率、死亡率、蔓延速度、形式，有无引进种兔，引进的兔是否有病、周围疫情等。借此分清是急性还是慢性，是群发还是散发，从流行情况寻找流行规律，判断疾病的性质。

2.病兔的主要表现

兔的许多疾病都有共同的临床表现，如打蔫、食欲下降、独卧不动或狂奔、狂跳、生长缓慢等，这些症状只标志着兔发病了；还应注意有无特征性表现，如咳嗽、喘气、腹泻、流涎等。

3.病史和防疫情况

要了解兔场过去曾发生过什么重大疫情，其经过和结果如何，周围兔场有无类似疾病发生，免疫接种、消毒等情况，借此来分析本次发病与过去疾病的关系，本场与周围兔场的关系，是否有疫病发生的可能。

4.饲养管理情况

询问兔群的饲养管理规程，临床诊断前兔群表现，有无受惊和外界剧烈刺激，有无饲料变化或饲喂霉变饲料、多汁饲料、高能量高蛋白低纤维饲料，以及饲料的来源、贮存、加工等。这些都有助于查明兔群的病因及发展规律。

5.治疗情况

询问兔场预防和治疗所用药物的品种、剂量、使用方法、疗程等，查明对疾病的防治效果，可推断疾病的性质。治疗情况的了解对下一步的诊断和治疗具有很重要的参考价值。

(二)兔群观察

通常即以一般检查的方法进行,对兔群进行全群或抽样检查,可定期实施,必要时可随时进行。首先着眼于兔群的周围环境及兔群的总体情况,再从中挑出患病个体并进行详细诊查。

对兔群,应注意其运动状态、采食活动、排便性状、精神与营养等。特别在饲喂中或饲喂后进行观察,着眼于饲料的品质、数量、采食、咀嚼状态,有否剩草、剩料,排粪、排尿情况及粪便有否异常,呼吸活动及有否咳嗽、鼻液等。

根据营养、发育状态的改变;精神、姿势、运动、行为的异常;表被状态及表在的病变;消化、呼吸、排泄活动的变化及腹泻、咳嗽等病情而挑出病弱的个体,再进行细致检查。在群体检查的总体印象和抽样的个体临诊结果的基础上,结合兔群病史及饲养、管理、卫生、防疫条件进行综合分析,做出判断。

(三)临床诊断

临床检查是通过视诊、触诊、叩诊、听诊、嗅诊等方法对病兔进行详细客观的检查。临床检查包括一般检查和系统检查两方面。

1. 一般检查

(1)体格发育和营养状态　体格发育良好的家兔,其体躯各部匀称,肌肉丰满,被毛光滑,骨骼棱角不突出,在肩部、背部或后躯看不出任何骨质突起,同时触摸这些区域的肌肉有坚实感。发育不良的家兔,则表现躯体矮小,结构不匀称,表现消瘦,被毛粗乱,无光泽,皮肤缺乏弹性,骨骼外露明显。必要时测量体重以确定是否符合标准。

(2)姿势　健康的动物,姿势自然,动作灵活而协调,家兔蹲伏时,前肢伸直并互相平行,后肢合适地置于体下,由后肢支撑大部分体重。走动时轻快敏捷。除采食外,大部分时间都在假眠和休息。夏天常倒卧、伏卧和伸长四肢,寒冷天则蹲伏,全身成为蜷缩状态。休息时处于完全醒觉,眼张开,呼吸动作明显。假眠时则眼半闭,呼吸动作较轻微,稍有动静，就睁眼醒觉。完全睡眠时，呼吸微弱，同时双眼全闭。

(3)精神状态　动物的精神状态是衡量中枢神经机能的标志，可根据其对外界刺激的反应能力及行为表现做出判定。健康家兔经常保持警戒状态，对外界刺激反应灵敏，外耳易活动并能彼此独立动作，轻微的声音使兔立刻抬头并两耳竖立，转动耳壳，小心地分辨外界的情况。家兔的听觉和嗅觉特别灵敏。当中枢神经机能发生障碍时，在临诊上就表现为过度兴奋或抑制。

①抑制：精神沉郁时可见兔对环境冷漠，动作缓慢，离群呆立，反应迟钝，头低耳耷，目光呆滞或暗淡，无力抬举肢腿，严重时表现卧地不起，闭目似睡，给以强烈的刺激才引起轻微的反应等昏睡症状，有些病例出现意识完全丧失，各种反射消失等重度昏迷症状。

②兴奋：轻者惊恐不安，重则表现狂奔，转圈，啃咬物体，肌肉强直，颤抖，甚至角弓反张等异常反应。有时表现异常兴奋，无目的走动，冲撞、转圈或者乱咬东西等。

(4)被毛与皮肤　健康家兔被毛浓密、柔软，富于弹性而有光泽。如果被毛稀疏蓬乱，暗淡无光，玷污粪便不洁，则为不健康表现，可能患有腹泻病、寄生虫病等。如背部、腿部、颈部被毛成块脱落，并有疱疹和结痂，体表可能患有霉菌病。一般每年秋季发生的脱毛过程从肩前部开始，并继续向下跨过腹侧，向腹部发展，直到最后长出新的被毛为止。如果秋季换毛后仍黄暗无光，就是营养不良或患病的标志。

健康家兔的皮肤富有弹性，要注意检查皮肤完整性，如鼻端、眼圈、耳背、颈后及其他部位有没有脱屑、结痂（螨病、毛癣的症状），短毛兔的后脚掌（或前脚掌）是否有红肿、溃疡。皮肤检查应注意温度、湿度、弹性、肿胀及外伤等。母兔腹部呈暗紫色或硬结，可能患有乳房炎；幼兔腹部发青，是膨胀或消化不良；如腹部和背部有脓性结痂，可能患有葡萄球菌病；如嘴、鼻、两耳和爪等器官周围的被毛脱落，并有鳞片结痂，可能患有疥癣病；公兔睾丸皮肤若有糠麸样皮屑，肛门及外生殖器官的皮肤有结痂，可能患有梅毒病等。

(5)体表淋巴结检查　体表淋巴结检查，在诊断某些疾病上具有很重要的意义。兔体表浅表淋巴结甚小，平时不易摸到，主要检查下颌淋巴结、肩前淋巴结、股前淋巴结、腘淋巴结。淋巴结发炎、肿胀、发热、疼痛多属急性传染病，无热无痛的淋巴结增生，可能与结核、肿瘤等有关。

(6)耳、鼻检查 健康兔耳色粉红，血管明显，无口涎、鼻涕流出或无其他任何分泌物等。如发现耳色潮红，手触有烫热感，即为发热；如耳色青紫，耳温过低，则有重病可疑；耳壳内存在黄褐色的积垢则意味着发生过中耳炎的可能性；病兔口、鼻周围常有口涎和分泌物，鼻端、耳背有结痂或脱屑等现象则可疑患有疥螨或毛癣病；两耳及头部皮肤高度肿胀，可能是黏液瘤病。如鼻黏膜中的黏液腺细胞分泌黏液增加，致使鼻液外流，沾湿了鼻孔周围的兔毛，可能是呼吸道发生炎症；如鼻液变混浊，呈棕黄色，可能是肺脏发生坏死。

(7)体温测定 一般采用肛门测温法，测温时，先将体温表甩至35℃以下，用70%酒精棉球搽拭后，涂以润滑油，用左臂夹住兔体，左手提起尾巴，右手持体温计徐徐插入肛门，角度稍向腹部前方倾斜，深度3.5～5厘米，保持3～5分钟，用酒精棉球搽拭净体温表后读数。家兔的正常体温为38.5～39.5℃，幼兔为40℃左右。当排除生理因素(如年龄、性别、品种、营养、生产性能、兴奋、活动等)和气候条件的影响后，体温的升高或降低即为病态的表现。测温对早期诊断和群体检查很有意义，测温后根据发热和体温过低的不同形式进行分析和判断，患细菌性、病毒性疾病时，都会引起体温升高。

(8)呼吸数测定 应在家兔安静时测定其呼吸数，健康兔的呼吸数为50～80次/分钟。幼兔的呼吸次数更高，仔兔可超过100次/分钟。其测定方法是观察家兔的胸腹部起伏动作，一起一伏为一次呼吸。也可用听诊器听诊气管或胸廓，直接听取其呼吸数。影响呼吸数的因素有年龄、性别、品种、营养状态、姿势、胃肠充盈度、活动、外界温度等。如果排除这些因素造成的呼吸次数改变，就认为是病理性的，呼吸急促多为急性热性传染病。

(9)脉搏(心跳)次数检测 健康成年兔的脉搏为80～100次/分钟，幼兔为100～160次/分钟。一些生理因素(如年龄、性别、品种、生产性能、兴奋、恐惧、外界温度等)可引起脉搏次数发生变动。检查脉搏可以了解心脏活动与血液循环状态,对诊断和预后判定都有实际意义。检查脉搏应从次数、节律及性质(包括脉搏的强度、动脉的充满度与动脉壁的紧张性几方面的指标)出发,进行全面考虑。热性病、传染病或疼痛时,脉搏数增加;脉搏次数减少,是心动迟缓的指征,大多预后不良,见于某些中毒病及脑病。

(10)眼睑检查　健康兔的眼睛圆瞪明亮,活泼有神,眼睑红润,眼角干净,无分泌物。如眼睑沉滞无神,半张半闭,反应迟钝,或眼睑干燥,多为急性传染病;如眼睑流泪,有脓性分泌物,可能是结膜炎和慢性巴氏杆菌病。

(11)可视黏膜检查　可视黏膜包括眼结膜、鼻黏膜、口腔黏膜及阴道黏膜等。健康家兔的眼结膜红润,结膜呈弥漫性潮红,是充血现象。结膜发红,多见于巴氏杆菌病。结膜呈暗红色,常见于急性热性病或伴有呼吸困难的病。结膜局限性潮红并表现明显的树枝状充血,多为脑部充血、心脏疾患或淤血性肺部疾病。结膜呈斑点出血,多见于急性传染病或慢性出血性疾病。结膜逐渐变白,多见于慢性消耗性疾病(如贫血、消化不良、寄生虫病、慢性传染病)。结膜急性苍白,见于大出血(如去势创口裂开,肝、脾破裂等)及其他性质严重的内出血。结膜发黄,见于各种肝炎、小肠黏膜卡他、溶血性疾病、黄曲霉中毒、钩端螺旋体病等。结膜发绀,呈蓝紫色,可见于肺炎、肺水肿、心力衰竭、中毒病等。

(12)母兔生产检查　妊娠末期及产后及时检查母兔和仔兔,对母兔健康和仔兔健壮发育都十分重要,主要观察兔窝、巢穴。妊娠末期,母兔从腹部扯下被毛,用以在褥草中垫窝和产仔;在分娩后,应从窝中取出可能留存下来的胎衣、死胎及衰弱的仔兔,此外,还要观察母兔的奶头是否适应产仔数,同时淘汰明显的畸形兔。

(13)引进兔的检查　购买的新兔,有可能将某些传染病和寄生虫病带入兔群,而且由于运输、饲料和环境改变,机体抵抗力降低,使原来潜伏在体内的病原微生物产生致病作用。因此,对引进的新兔至少要有4～6周的隔离检疫时间。在某些传染病暴发时,要停止贸易,防止病原带入兔群。检疫隔离间应有专人照管，严格消毒。

2. 系统检查

(1)消化系统检查

①食欲及采食的观察：家兔在采食时，对于经常吃的饲料，嗅后立即放口采食，采食速度相当快。食欲旺盛的家兔，对正常喂量的饲料，在15～30分钟吃光。饲槽里充满食物，如果不是饲料品质问题，就提醒人们要注意疾病的问题。所以，应注意观察摄食量、饮水量、采食和咀嚼动作。食欲减退，多见于消化不良、胃肠炎、热性病及肝病；食欲废绝，多见于胃扩张及各种重剧疾病；异常摄食，喜吃粪、石片、布片等，多见于维生素和矿物质缺乏等。

②口、咽、食道检查：健康兔不流涎，门齿整齐。若有遗传性疾病，门齿错位咬合。口腔、唇、舌等部位的黏膜溃疡是传染性口炎的特征，以1月龄幼兔多发；用手触摸咽部及食道外部，若表现疼痛反抗，多提示食道炎、咽炎等。

③腹部检查：家兔腹部检查多采用视诊、触诊、听诊相结合的办法。腹部视诊主要观察腹部形态和腹围大小。腹部触诊时，令助手保定好家兔的头部，检查者立于尾部，用两手的指端同时从左右两侧压迫腹部。健康兔腹部柔软并有一定的弹性。除了母兔在妊娠期腹围逐渐增大之外，一般无增大的情况。若腹部上方明显膨大，肷窝突出是肠积气的表现；若腹下部膨大，触诊有波动感，改变体位时，膨大部随之下沉，是腹腔积液体征；腹壁紧张，触之敏感疼痛，见于腹膜炎；肠音高亢、蠕动次数增多，多见于腹泻、中毒等。如果腹围增大，触摸盲肠大并有气体和水样感，可能是魏氏梭菌性肠炎。腹大，盲肠大而软，可能是球虫病、大肠杆菌病。如果触摸到肾有肿大之感，则可能是肾母细胞瘤。如果食欲不佳，触摸胃大，并有异物之感，则是毛球病。

④粪便检查：健康兔每天排泄硬粪150～200克，粪球圆而光滑，略呈黑褐色。如粪量减少，粪粒坚硬、细长带尖，或软粪增加，尾根和后肢粘有稀粪而呈黑色，则为下痢疾病表现；粪球细小，过分干燥或粪量减少，是便秘的表现；粪便成堆呈长条形，或稀薄呈水样，是消化不良的表

现;粪便稀似湿粉状,带透明胶冻黏液或有气泡、血液,多为细菌性肠炎或球虫病的表现。

(2)呼吸系统检查

①呼吸方式检查:健康家兔呈胸腹式(混合式)呼吸,即呼吸时,胸壁和腹壁的运动协调,强度一致。出现胸式呼吸时,即胸壁运动比腹壁明显,表明病变在腹部,如腹膜炎。出现腹式呼吸时,即腹壁运动明显,表明病变在胸部,如胸膜炎、肋骨骨折等。

②咳嗽检查:健康兔偶尔咳一两声,借以排除呼吸道内的分泌物和异物,是一种保护性反应。如出现频繁或连续性的咳嗽,则是一种病态。病变多在上呼吸道,如喉炎、气管炎等。

③鼻液检查:健康家兔鼻孔清洁、干燥。当发现鼻孔周围有泥土粘着,说明鼻液分泌增加。应对它的表现、鼻液性状做进一步的检查。如鼻液增加,并伴有瘙痒感,用两前肢搔抓鼻部或向周围物体上摩擦并打喷嚏,提示为鼻道的炎症。如鼻液中混有新鲜血液、血丝或血凝块时,多为鼻黏膜损伤。如鼻液污秽不洁,且有恶臭味,可能为坏疽性肺炎,这时可配合做鼻液的弹力纤维检查。

④胸部检查:家兔的胸部检查应用不多。怀疑肺部有炎症时,可进行胸部透视或摄片检查,可以提供比较可靠的诊断。

(3)泌尿系统检查

①排尿姿势检查:排尿姿势异常主要有排尿失禁和排尿带痛。尿失禁是家兔不能采取正常排尿姿势,不自主地经常或周期性地排出少量尿液,是排尿中枢损伤的指征。排尿带痛是家兔排尿时表现不安、呻吟、鸣叫等,见于尿路感染、尿道结石等。

②排尿次数和尿量检查:家兔排尿次数不定,日排尿量约为100～250毫升。尿色常与饲料种类有关,幼兔的尿液多呈无色,不含任何沉淀物;成年兔的尿液多呈柠檬、琥珀或红棕色。排尿量增多见于大量饮水后、慢性肾炎或渗出性疾病(渗出性胸膜炎等)的吸收期。排尿量减少,次数也减少,见于急性肾炎、大出汗或剧烈腹泻等。产生血尿的疾病有肾炎、膀胱炎;呈茶色尿主要为肝脏损伤性疾病,如肝片吸虫、豆状

囊尾蚴病、肝硬化等;呈乳白色为腹腔结核病、肿瘤等;尿中带脓液为肾盂肾炎或尿路感染,妊娠母兔也可出现乳糜尿。

(四)病理剖检

病理剖检是解剖病死兔的尸体,观察其器官、组织病理变化,是现场诊断兔病的一个重要的方法,实用性很强,既简便迅速,又能做出较准确的诊断。

尽管病兔的病理变化很复杂,但每种病总有它自己固有的病理变化。虽然有些不很明显,但多数病例还是会出现明显的或比较明显的特征性病理变化。若碰到病变不明显,或缺乏特征性病变的病例,可多剖检几只兔,或许可见到特征性病变,这样就可快速准确地对疾病做出诊断。

1.剖检前的准备

为了使剖检工作能顺利进行,剖检前应根据剖检目的、要求做好充分的准备。准备的内容有:

(1)器械准备　常用的剖检器械有解剖刀、外科剪、镊子、骨钳、骨剪。如需进行微生物检查,需准备灭菌培养皿、灭菌试管、培养基、接种棒、酒精灯等。剖检人员还应准备工作服、手套、胶鞋等。

(2)药品准备　1%～3%来苏儿溶液或克辽林(臭药水)、10%石灰水,用于剖检场地和尸体消毒;0.1%新洁尔灭、0.05%洗必泰等可用作器械消毒;组织固定液用10%福尔马林或95%酒精;3%碘酊、2%硼酸、70%酒精等备作剖检人员的消毒用。在整个尸体剖检过程中,都应保持清洁和严格消毒。

2.剖检的注意事项

①剖检要尽早进行。动物死亡后,尸体过久会发生腐败,从而掩盖其原来的病变,造成识别困难。另外,剖检应尽量在自然光下进行,在人工光源下,病变器官的色泽不易判断。

②剖检前应进行详细的检查。认真做好剖前尸体检查,了解其营养状况、被毛、皮肤光泽度及完整性,可视黏膜色泽、分泌物性状等。

③剖检最好在专门的剖检室进行，便于消毒和清洗。如现场剖检，应选择远离兔舍和水源的场所进行。

④剖检过程中，术者手上、器械上的脓血，应及时冲洗，保持清洁。在采取某一脏器之前，应首先仔细检查该器官，未经检查的脏器、器官，不用水洗，以免改变其颜色和性状。

⑤尽量减少血水、粪便等污物的污染范围，严防病原扩散。同时要做好自身防护，剖检结束，尸体应深埋或焚烧，切忌随意抛弃，剖检场地要进行认真消毒。

3.剖检方法

一般将兔体腹部朝上，置于解剖台或搪瓷盘上。四肢用绳子固定。除非必要，一般不剥皮。用消毒液或清水将腹部打湿后，从耻骨前缘开始，用镊子提起耻骨前部的皮肤及腹壁，沿腹白线向前至剑状软骨剪开腹壁，然后从切口前端至腰区剪开两侧皮肤及腹壁，即可打开腹腔。观察腹腔渗出物的有无、多少及性状，并可直接涂片检查或培养。然后仔细检查腹腔器官及淋巴结等。

沿胸骨两侧用剪刀剪断肋骨并去除胸骨及前部胸壁，暴露胸腔器官，检查心脏、肺脏、上呼吸道、食管、胸膜、胸水及肋骨等。

如有必要，可打开口腔、鼻腔及颅腔。检查颅腔时，可在枕骨与第一颈椎的关节处断头，将头与尸体分开，把头放在解剖盘上。以两内眼角连一条直线，在此直线两端向枕骨大孔各连一条线，用外科刀沿此3条直线破坏骨组织，拨开头盖骨，再钝性破坏环骨与硬膜连接的组织，去掉头盖骨，用镊子提起脑膜，用剪刀剪开，即可检查颅腔液体的数量、颜色及脑膜的状况。

4.病变的检查

(1)腹腔脏器检查

①腹腔：如有多量透明液体，可怀疑肝球虫病；串珠状囊泡附于脏器表面或游离于腹腔内，应怀疑为豆状囊尾蚴病；腹腔积脓，并有纤维素样物附着于脏器表面，可怀疑为巴氏杆菌病、葡萄球菌病。

②肝脏：是最容易发现病变的器官，检查时应注意肝脏的颜色、体

积、被膜紧张度、胆囊是否胀满及表面的坏死灶等。切开肝脏检查实质，注意其切面的颜色、有无外翻等。若肝实质呈淡黄色，间质增宽，则可能有病毒性出血症；肝脏针尖大的灰白或淡黄色小结节，应考虑沙门氏菌病、巴氏杆菌病等；肝有脓肿，则可能有葡萄球菌、波氏杆菌或巴氏杆菌引起；表面有绿豆大小圆形或椭圆形黄白色结节，结内有白色脓样物，应怀疑肝球虫病；肝表面有绿豆大的半透明囊泡，则可能是豆状囊尾蚴。

③胃肠道：检查时，应对胃和大、小肠分段检查，注意各段浆膜有无病变。然后看其内容物的数量、性质及膨胀度，各段黏膜的颜色、完整性及有无附着物等。如见胃肠黏膜溃疡，应怀疑魏氏梭菌病；胃肠浆膜、黏膜出血、充血，应考虑巴氏杆菌病、大肠杆菌病、魏氏梭菌病；如盲肠蚓突肥厚、圆小囊肿大变硬，而且浆膜下有很多灰白色小结节，则可能是伪结核；肠壁增厚，尤其是小肠黏膜有许多白色小结节，则可能是肠球虫病。

④脾脏：注意脾脏的大小、色泽、被膜紧张度、光泽度、边缘厚薄的程度。为检查脾脏的实质，可将脾脏从基部到顶部纵向切开，注意检查脾髓状况、色泽和硬度。必要时，用刀背轻刮脾切面，若较易刮下，则可怀疑是败血症。如脾肿大淤血，要考虑巴氏杆菌病、病毒性出血症；脾肿大，有大小不一、数量不等的灰白色结节，且内部呈干酪样或脓肿，则很可能伪结核、沙门氏菌病，而结核病的结节呈淡黄色或灰白色硬的坏死灶，中央是坚硬的钙化物。

⑤肾脏：注意肾脏颜色、包膜紧张度、光泽度及剥离的难易程度。必要时可将其横剖成腹背两个半面，注意其皮质、皮质与髓质的交界处及肾盂等部位。肾淤血时，呈暗红色；脂肪变性时呈淡黄色。如果肾有结节，则有结核的可能；局部肿大、突出，似鱼肉样，则为肾母细胞瘤、淋巴肉瘤等。

⑥生殖器官：注意子宫的体积、内容物。如子宫肿大、有积脓，则可能是巴氏杆菌或葡萄球菌引起的；黏膜增厚、充血，有粟粒样坏死结节，应怀疑为沙门氏菌病。

(2)胸腔器官检查

①胸膜及胸腔:注意胸膜是否光滑、厚薄如何,有无渗出物及数量、性状等。如胸腔中纤维素样渗出物并与胸膜粘连,可能由巴氏杆菌、波氏杆菌、葡萄球菌引起。

②肺脏:注意肺的大小、色泽、弹性及附着物。若弹性降低、色泽较淡,则为肺水肿;如体积高度膨大、色苍白,为肺气肿;若明显充血、出血、水肿,应考虑病毒性败血症、巴氏杆菌病、波氏杆菌病;肺有脓肿,应怀疑巴氏杆菌病、葡萄球菌病等;如肺有粟粒大小黄白色硬结,突出于表面,切面呈干酪样,很可能是肺结核病。

③心包及心脏:注意心包的光洁度、心包腔有无积液及性质如何,心外膜、心肌有无出血等。心包积有纤维素样物或心包有附着物,则可能是巴氏杆菌病;心肌、特别是心冠状脂肪出血是病毒性出血症的特征;心肌和心尖有灰白色条纹,则有泰泽氏病的可能。

(3)其他器官检查

①上呼吸道:注意上呼吸道的分泌物数量及性质,黏膜充血及出血情况。若鼻腔、喉头黏膜充血、出血、气管环间溢血,鼻腔内有白色脓性分泌物,应怀疑巴氏杆菌病。

②脑的检查:应注意脑膜有无充血、出血,脑沟中液体的数量及有无水肿等。

(五)实验室检查

在兔病诊断过程中,有些疾病尤其是传染病应配合实验室检查才能确诊。但是检查的结果必须结合流行病学、临床症状、病理剖检结果进行综合分析,切不可单纯依靠化验结果做结论。

1.病料的采集、保存和运送

当怀疑是烈性传染病、寄生虫病或急性中毒病时,应及时将病料送化验室检验。为了能使实验室诊断取得较理想的结果,及时而科学地选送被检病料是十分重要的。挑选被检病、死兔时,应选能代表全群发病症状的、不同发病阶段的、活的或刚死的病兔。送检数量,一般 3～5

只。采取什么组织和器官，要依所需诊断的疾病而定。

(1)血样采集　家兔可从耳静脉、颈静脉、心脏和股静脉采血。常用的抗凝剂为草酸钾、乙二胺四乙酸二钠（EDTA-Na_2）、肝素等。

(2)病理组织材料的采集和送检　采集病理组织材料，应注意选择病变典型的器官组织，刀剪要锐利，组织块大小以长和宽1厘米左右、厚0.3～0.5厘米为宜，组织块浸在10%福尔马林液或95%酒精中固定，固定液量要充足，应为组织块体积的10～20倍，太少易腐败变质。固定时间1～2天，固定好的病料块用固定液浸润的脱脂棉包裹，装入不漏水的双层塑料袋内，封口后，装入木盒邮寄即可，送检时应说明固定液名称、病料种类及数量。

(3)微生物检验材料的采集和送检　对疑似传染病的病兔，尸体剖检时应采集病料进一步检查，病料必须在死亡后立即采集，选择的病兔应在生前未使用过抗菌药物，取材时严格按无菌操作，尽量避免污染，并在打开胸腹腔时立即取材。兔场离检验单位不太远时，最好把症状明显的病兔或刚死的病兔装入塑料袋内或密闭的容器内，直接送到实验室作检验。离检验单位较远时，采取病料应根据疾病的表现和受损害部位来定。采取材料时用的刀、剪、镊子等都要灭菌（如放锅中煮沸），操作时尽量避免杂菌污染，病料放入灭菌干净的玻璃容器或瓶子内，外面用塑料袋包裹。在短时间内（夏天不超过20小时，冬季不超过2天）能送到检验单位的病料，可把装有病料的容器直接放入装有冰块的保温瓶内送检。短时间内不能送到的病料，必须用化学药品保存，供细菌检验的病料保存于灭菌饱和盐水或灭菌液体石蜡中，供病毒检验的材料浸在50%甘油生理盐水中，并放入装有冰块的保温瓶内。

(4)毒物材料的采集和送检　为了获得准确的分析结果，对毒物检样的数量和种类有一定的要求，除收集可疑的饲料、饲草（约100克）、饮水（约2升）外，应根据毒物的种类、中毒时间及染毒途径选择尸体样品。一般经消化道急性中毒死亡的病例以胃肠内容物为主，慢性中毒则应以脏器及排泄物为主。一般取样包括肝、肾（各100克）、胃内容物（500克）、血液（10毫升）、尿（50毫升），必要时可取皮、毛及骨骼等。

送检的病料不要污染消毒剂，送检时也不要在容器中加入防腐剂，并避免任何化学药品的污染。病料采集后应分装在洁净的广口瓶或塑料袋内（不宜用金属器皿），注明检样名称，在冷藏条件下尽快送检。

（5）采取病料注意的问题

①采集要及时。采取病料必须在死亡后立即进行，一般不迟于3～5小时。因死后过久，尸体容易发生腐败，病原体死亡或肠道内的细菌从肠道侵入尸体内，而使内脏污染造成检验困难、准确性差。

②病例典型。应选择临床症状和病变典型的病例，最好是未经抗菌药或杀虫药物治疗的，否则会影响微生物和寄生虫的检出结果。

③无菌操作。病料采取应无菌操作，为减少污染，一般先采取微生物学检验材料，然后再取病理检验材料（取病理组织材料不必无菌操作）。在剖检取材之前，应先对病情、病史加以了解和记录，并详细进行剖检前的检查；病料应在容器上或塑料袋上写编号，附送检单，并派专人送到检验单位。

2. 血液学检查

（1）血液常规检查及诊断意义　血液常规检查的内容包括红细胞计数、白细胞计数、白细胞分类计数、血红蛋白含量测定等。检验方法与人和其他动物相同，其正常值如表7-3所示。

表7-3　健康家兔血液学参数

项目	正常值
红细胞/（$\times 10^{12}$/升）	4.88～7.52
血红蛋白/（克/升）	98.00～174.00
血浆总蛋白/（克/升）	33.40～88.00
血小板/（$\times 10^{9}$/升）	270.00～656.00
白细胞/（$\times 10^{9}$/升）	5.20～12.5
中性粒细胞/%	36.40～54.00
嗜酸性粒细胞/%	0.50～3.50
嗜碱性粒细胞/%	2.40～7.50
淋巴细胞/%	28.00～52.10
单核细胞/%	4.00～13.40

红细胞数增多一般为机体脱液水造成血液浓缩，使红细胞数相对增多，见于剧烈腹泻、渗出液与漏出液的形成、广泛性水肿等。红细胞数减少见于引起贫血的各种疾病，如消化道寄生虫病、白血病、某些中毒及营养不良等。

血红蛋白含量的测定对血液疾病，尤其对贫血的诊断非常重要，血液中血红蛋白含量与红细胞数的增减多数成正比。

白细胞数增加常见于各种细菌感染性疾病；白细胞数减少主要见于某些病毒性疾病及慢性中毒，白细胞数急剧下降，表示病情严重，提示预后不良。

白细胞分类计数时中性粒细胞增多见于细菌性传染病，减少往往见于病毒性疾病。嗜酸性粒细胞增多见于某些内寄生虫病（如肝片吸虫、球虫等）、某些过敏性疾病、湿疹、疥癣等皮肤病，减少见于毒血症、尿毒症、中毒、饥饿等。淋巴细胞增多见于某些慢性传染病（如结核病）、急性传染病的恢复期、某些病毒性疾病（如流行性感冒）。当中性粒细胞绝对值增多，常常伴随淋巴细胞减少。

（2）血液生化检查　测定血液化学成分的主要目的是了解疾病过程的性质，血液是机体重要的内环境之一，又是物质在机体内与外界环境交换的媒介，家兔血液的化学成分保持着相对的恒定，机体遭受某些病理因素的刺激，常常会引起机体的代谢紊乱，导致血液内某些成分的浓度发生相应的改变，有些病理状态中，体内发生的细微变化，临床检查往往不易发现，而进行血液某些成分的测定，可及时查明这种不显著的隐性过程及并发症。同时血液化学检查可判断机体的状况和各种器官的机能，了解机体蛋白质、矿物质、维生素及微量元素等营养物质及酸碱平衡的代谢水平，还可观察疗效，并做出适当的预后判断。在疾病诊断过程中根据需要可有选择地测定某些血液生化指标，结合其他化验、全面的体格检查以及病史，可以帮助兽医工作者做出最后的诊断和评价预后，提出有效的防治措施。

3.微生物学检查

兔场的兽医工作人员除应掌握各种疾病的特征性症状和流行病学

特点外，还必须掌握简单的实验室检测技术。兔的某些疾病仅靠一般的检查和剖检有时很难确诊，因此，实验室检查是确诊兔病的重要诊断方法之一。当怀疑为传染病时，应及时进行微生物学检验，包括细菌学检查和病毒学检查。

(1)细菌学检查

①涂片镜检：这种方法比较简单，将病料涂于清洁的载玻片上，干燥后在酒精灯火焰上方来回快速地移动 3～4 次，使之固定，选用单染色法(如美蓝染色)、革兰氏染色法、抗酸染色法或其他特殊染色法染色镜检，根据所观察到的细菌形态特征，做出初步判断或确定进一步检查的步骤。有些真菌感染时不需要染色可以直接在显微镜下观察菌丝和孢子。

②分离培养：从被检病料中分离细菌，要采用相应的适宜该菌生长的培养基，进行培养后，利用特殊培养基进行形态学、培养特征、生化特性、致病力和抗原特性鉴定。

③动物试验：接种感染实验动物，观察临床症状，将病料或分离培养物以灭菌生理盐水制成 10 倍悬液，用皮下、肌肉、腹腔、静脉或脑内等途径接种于易感动物，如小鼠、大鼠、豚鼠等。接种后按常规隔离饲养管理，注意观察，有的还要求定时测体温，死亡后或经过一定时间剖杀，进一步进行微生物学检查。

(2)病毒学检查

①样品的处理：无菌取出病料组织，以灭菌磷酸缓冲液在无菌室内反复洗涤 3 次，然后将病料剪碎、磨细，加磷酸缓冲液制成 10 倍悬液(血液可直接制成 10 倍悬液)，以 2 000～3 000 转/分钟离心沉淀 15 分钟，取上清液加入青霉素和链霉素各 1 000 单位/毫升，放入冰箱中待用。

②病毒的分离鉴定：检验病毒的样品要通过组织培养进行分离，分离得到的病毒要以电子显微镜检查、血清学试验及动物实验等进行物理化学和生物学特性鉴定，予以确认。

③动物实验：将经上述方法处理的待检样品或细胞培养物，接种易

感动物，进行动物实验，其方法可参照细菌学检验。

4.免疫学检查

动物传染病的免疫学检验主要有凝集反应、沉淀反应、补体结合反应、中和反应、免疫扩散、变态反应、荧光抗体技术、酶标记技术、载体凝集试验、放射免疫、单克隆抗体技术等。这些方法具有灵敏、快速、简易、准确的特点，用于传染病的诊断，大大地提高了诊断水平，应用十分广泛。

5.寄生虫病检查

(1)粪便检查　寄生蠕虫的卵、幼虫、虫体及其断片以及某些原虫的卵囊、包囊都是通过粪便排出的。因此，粪便检查是寄生虫病生前诊断的一个重要手段。采取新鲜的粪便，进行虫卵检查，常用下列方法。

①直接涂片法。在干净的载玻片上滴1～2滴清水，用火柴棍取少量粪便放入其中，涂匀，剔去粗渣和多余的粪块，于粪液上覆盖盖玻片，置显微镜下检查。

②粪便集卵法。

滤筛法　将粪便加水混匀后用40～60目铜筛过滤，虫卵可通过筛孔，粪中的粗大物被滤除。将滤液再通过260目的尼龙筛，根据所检虫卵的大小确定虫卵是通过筛孔在滤液中还是截流在筛上。截流在筛上的虫卵可直接取筛上的粪渣，做抹片置显微镜下检查；滤液中的虫卵，可取滤液离心沉淀后，取沉渣做抹片检查。

沉淀法　是利用一般虫卵相对密度均大于1(水的相对密度)的原理，以去除粪中较水轻的杂质和水溶性成分的方法，使虫卵检查时粪渣较少，背景清晰。其方法是在烧杯中加清水40毫升，取病兔的粪便4克放入烧杯中，充分搅拌后用铜筛过滤，将滤液离心1～3分钟，倒去上清液；取沉淀物镜检。也可在沉渣中加饱和食盐水，搅拌后再离心1～2分钟，用吸管向离心管内加饱和食盐水使液面稍突出于管口，经5～15分钟后，用玻片轻贴液面蘸取粪液，迅速翻转，加盖玻片进行显微镜检查，此法检出率较高。

漂浮法　是利用一些虫卵比重小于饱和食盐水的原理，使虫卵浮集于饱和盐水的表面，以提高虫卵检出率的方法。适用于比重较轻的线虫卵和绦虫卵，对比重较大的吸虫卵，可以改用硫酸锌或硝酸钠的饱和溶液代替饱和食盐溶液。其具体方法为：取 2 克病兔粪便放入烧杯中，加入 10 倍的饱和食盐水，充分搅拌后用铜筛过滤，将滤液分装于试管中并使液面稍突出于管口，经 5～15 分钟后用载玻片蘸取粪液镜检。也可将滤液静置 20 分钟后，用直径 0.8～1 厘米的有柄铁丝圈接触滤液表面，则在铁丝圈内形成一层薄膜，然后将这层薄膜滴在载玻片上，置显微镜检查。

(2)寄生虫虫体检查

①蠕虫虫体检查。将兔粪数克盛于盆内，加 10 倍生理盐水，搅拌均匀，静置沉淀 20 分钟，弃去上清液。将沉淀物重新加入生理盐水，搅匀，静置后弃去上清液，如此反复 2～3 次。弃上清液，挑取少量沉渣置于黑色背景上，用放大镜寻找虫体。

②线虫幼虫检查法。取兔粪 3～10 个粪球放在培养皿内，加入适量的 40℃温水。10～15 分钟后，取出粪球，将留下的液体在低倍镜下检查，可检出幼虫。

③螨检查法。家兔体外的寄生虫主要是螨虫，其实验室诊断方法为选取患病较重的部位，在边缘刮取皮屑，放在载玻片上，滴加煤油，覆以盖玻片，搓压盖玻片，使病料散开，置显微镜下检查。若要观察活螨，则改用石蜡油或 50％甘油水溶液。若病料中螨的数量少，可取较多的病料(皮屑)置于试管中，加入 10％氢氧化钠溶液，浸泡过夜或在酒精灯上煮沸 2～3 分钟，使皮屑在氢氧化钠中溶解，虫体从皮屑中分离出来，自然沉着于管底，弃去上清液，取沉渣检查。也可将沉渣再加入 60％硫代硫酸钠溶液或饱和糖溶液，直立半小时，蘸取表面液膜，置载玻片上进行镜检。

三、家兔的给药方法

给药的途径不同，不仅影响作用的快慢和强弱，有时甚至改变药物的基本作用。如内服硫酸镁产生泻下作用，而静脉内注射则产生镇静、抗惊厥等作用。药物的性质不同，也需要不同的给药途径，如油类制剂不能静脉内注射，氯化钙等强刺激剂只能静脉注射，而不能肌肉注射，否则会引起局部发炎坏死。所以，临床工作中应根据病情的需要、药物的性质、动物的大小等选择适当的给药途径。

1.经口给药法

此法操作简单，使用方便，适用于多种药物，尤其是治疗消化道疾病。缺点是药物易受胃、肠内环境的影响，药量不易掌握，显效慢，吸收不完全。

(1)混饲或饮水法　将药物按一定比例拌入饲料或饮水中，让兔自由采食或饮用，适用于毒性小、适口性好、无不良气味的药物，多用于大群预防性给药或驱虫。治疗性药物混饲法所用饲料不能多，含药的料最好在短时间内吃完；存放太久影响药效。当药量小、饲料多时，要注意混合均匀。

(2)投服法　适用于药量小，有异味的片、丸剂药物，或食欲废绝的病兔，由助手保定病兔，操作者一手按住兔头部并捏住兔面颊使口张开，用弯头止血钳、镊子或筷子夹取药片(丸)，送入会厌部，使兔吞下。

(3)灌服法　适用于用药量大、有异味的药物或食欲废绝的病兔。把药碾细，加少量水调匀，用注射器或滴管吸取药液，从口角齿槽间隙处向口腔后部插入，徐徐注入药液，使病兔自行吞咽，也可用小药匙盛药插入口角，让病兔一口一口地咽下。注意，不要误灌入气管内，造成异物性肺炎。

(4)胃管投药　用胃导管直接把药液注入胃内，对刺激性大或有不良气味的药物可采用此法。助手保定家兔，固定头部，用开口器(木或竹制，长10厘米，宽1.8～2.2厘米，厚0.5厘米，正中开一比胃管稍大的小圆孔)插入左右齿槽间隙处，压住舌部，用人医导尿管作兔的胃管，涂上润滑油或肥皂，由开口器小孔插入，沿咽后壁徐徐送入食道下部，深度约20厘米即到达胃部(图7-5)。插入过程中要令兔头、颈、躯干成一直线，不要弯曲，当确认已进入胃内后，连接漏斗或注射器，即可投药；投药完毕，用手指堵住管口，慢慢拔出胃管，取下开口器。

图 7-5　兔胃导管投药法

2. 注射给药方法

（1）皮下注射　主要用于免疫接种、药液注射量较大或不易吸收的油乳剂。选在颈部、背部等皮肤松软、易移动的部位，局部剪毛，先用碘酊消毒后，再用 70％酒精棉球擦去碘，左手拇指、食指和中指捏起皮肤呈三角形，右手于三角形基部垂直于皮肤刺入皮下，不见回血后注药。注射完毕，拔出针头，用酒精棉球压迫针孔片刻，操作正确时可见局部隆起。

（2）皮内注射　皮内注射多用于免疫接种、过敏试验、诊断等，通常在腰部和肷部。局部剪毛消毒后，将皮肤展平，针头与皮肤呈 30 度角刺入真皮，缓慢注射药液。注射完毕，拔出针头，用酒精棉球轻轻压迫针孔，以免药液外溢，注意每点注射药量不应超过 0.5 毫升，推药时感到阻力很大，在注药部出现一小丘疹状隆起为正确。

（3）肌肉注射　选在臀部和大腿部肌肉丰满处，局部剪毛消毒后，用左手固定注射部位的皮肤，针头垂直于皮肤刺入肌肉，回抽无血液后缓缓注入药液，注射完后用酒精棉按压片刻。肌肉注射适用于多种药物，水剂、油剂、混悬剂均可，但强刺激剂，如氯化钙等不能肌肉注射。

(4)静脉注射　多用于补液，通常选择兔两耳外缘的耳静脉为注射部位。将兔确实保定妥当后，左手拇指与无名指及小指捏住耳尖部，以食指和中指夹住耳静脉的向心侧，使其充血怒张，如果静脉不明显，可用手指弹击耳壳数下或用酒精棉球反复涂擦刺激静脉处皮肤。用右手持注射器，针头的斜面向上刺入耳静脉，注射速度要慢。静脉注射时应注意：

①药液内不能含有气泡，否则因栓塞而造成死亡；

②注射钙剂，要缓慢；

③药量多时要加温；

④如发现耳壳皮下隆起小泡，或感觉注射有阻力，说明没有注入血管内，应拔出针头，重新注射；

⑤第一次注射，先从耳尖的静脉部分开始，渐次向耳根部位移动，就不会因初次注射造成的血管损伤或阻塞，而影响以后的注射；

⑥注射完毕拔出针头，即以酒精棉球压迫局部，防止血液流出。

(5)腹腔内注射　主要用于补液(当静脉注射困难或心力衰竭时)，注射部位选在脐后部腹底壁，偏腹中线左侧 3 毫米，一般用 2.5 厘米长的针头。剪毛消毒后，使兔后躯抬高，对着脊柱方向刺针，回抽活塞，如无气体、液体和血液后注药。刺针不应过深，以免损伤内脏。如怀疑有肝、肾或脾肿大时，要特别小心。当胃和膀胱空虚时，进行腹腔注射比较适宜，药液应加热与体温相同。

(6)气管内注射　在颈上 1/3 下界正中线上，剪毛消毒后，垂直刺针，刺入气管后阻力消失，回抽有气体，然后慢慢注药。气管内注射用于治疗气管、肺部疾病及肺部驱虫等，但药液应加温，每次用药的剂量不宜过多。药液应为可溶性并容易吸收。

3.*灌肠方法*

当发生便秘、毛球病时，可用本法辅助治疗。

先将药液加热接近体温，病兔保定，后躯稍高，用一条口径适中的橡皮管(如人用导尿管)，在前端涂上滑润剂，缓慢地插入直肠 8～10 厘米，再接上吸有药液的注射器，把药液注入直肠内。

4.局部给药

(1)点眼　用手指将下眼睑内角处捏起，滴药液于眼睑与眼球间的结膜囊内，每次滴入2～3滴，每隔2～4小时滴1次。如为膏剂，则将药物挤入结膜囊内。药物滴入(挤入)结膜囊内后，稍活动一下眼睑，不要立即松开手指，以防药物被挤出。常用于结膜炎时的治疗。

(2)洗涤　将药液配成适当浓度的水溶液，清洗眼结膜、鼻腔及口腔等部的黏膜或感染创的创面等。常用的有生理盐水、0.3%～1.0%过氧化氢溶液(双氧水)、0.1%新洁尔灭溶液、0.1%高锰酸钾溶液等。

(3)涂擦　将药液制成膏剂或溶液剂，涂擦于局部皮肤、黏膜或创面上，主要用于局部感染和疥螨病等的治疗。

(4)洗浴　将药液配制成适宜浓度溶液，对兔进行洗浴。要掌握好时间，时间长易引起中毒，主要用于杀灭体表寄生虫。

思考题

1.兔病发生有哪些原因？

2.导致家兔发病有哪些因素？

3.如何对兔舍彻底消毒？

4.兔场卫生管理主要有哪些内容？

5.兔常规免疫程序主要包括哪些内容？

6.兔场发生疫情时应采取哪些措施？

参考文献

范光勤.工厂化养兔新技术.北京:中国农业出版社,2002.
白明祥.獭兔高效饲养新技术.郑州:中原农民出版社,2000.
杨正.仔兔饲养与疾病防治问答.北京:中国农业出版社,1999.
沈幼章,王启明.现代养兔实用新技术.北京:中国农业出版社,1999.
陶岳荣.科学养兔指南.北京:金盾出版社出版,1998.
王子轼.兔场兽医.北京:中国农业出版社,2006.
孙效彪,郑明学.兔病防控与治疗技术.北京:中国农业出版社,2008.